高职高专电子信息类“十二五”规划教材

数据库技术与应用

主编　冯寿鹏

西安电子科技大学出版社

内 容 简 介

本书以数据库技术应用为主线，以 Access 2003 为数据库系统开发平台，以解决实际问题为目标，围绕管理信息系统的设计，比较详细地介绍了数据库基础知识、数据库与表、查询、窗体、报表、数据访问页、宏、VBA 程序设计基础等知识，并给出了“教学管理系统”实例。此外，本书对重要知识点均配有实例，且语言通俗易懂，课后练习与教学内容相辅相成，注重可接受性和再现性。

本书可作为高职高专院校相关专业的教材，也可作为 Access 2003 初学者的自学用书。

图书在版编目(CIP)数据

数据库技术与应用/冯寿鹏主编. —西安：西安电子科技大学出版社，2012.2

高职高专电子信息类“十二五”规划教材

ISBN 978-7-5606-2732-8

Ⅰ. ① 数…　Ⅱ. ① 冯…　Ⅲ. ① 数据库系统—高等职业教育—教材　Ⅳ. ① TP311.13

中国版本图书馆 CIP 数据核字(2012)第 000632 号

策　　划　成　毅　郭建明

责任编辑　买永莲　成　毅

出版发行　西安电子科技大学出版社（西安市太白南路 2 号）

电　　话　(029)88242885　88201467　邮　　编　710071

网　　址　www.xduph.com　　电子邮箱　xdupfxb001@163.com

经　　销　新华书店

印刷单位　陕西华沐印刷科技有限责任公司

版　　次　2012 年 2 月第 1 版　2012 年 1 月第 2 次印刷

开　　本　787 毫米×1092 毫米　1/16　印张 13.5

字　　数　312 千字

印　　数　1～3000 册

定　　价　22.00 元

ISBN 978 – 7 – 5606 – 2732 – 8 / TP・1322

XDUP 3024001-1

前　言

随着科学技术的发展，当今社会已经进入信息时代。作为信息技术的核心，数据库技术是信息工程学科中最重要的工具之一。管理信息系统(MIS)、办公自动化(OA)和决策支持系统(DSS)等都离不开数据库技术的支持。掌握数据库技术，具有计算机应用能力是现代社会对人才的基本要求。

作为一种数据处理的工具软件，Access 2003 具有强大的功能、丰富的设计工具及开发手段、友好的界面、简捷的数据存储方式、良好的兼容性及真正的可编译性，是目前较为可靠的数据库管理系统。Access 2003 提供的界面操作直观，易学易用，不需要记忆具体的命令，即使没有英文基础的人，也能迅速掌握其使用方法。

本书内容经精心编排，各部分之间既相互联系又相对独立。本书从应用角度出发，通过多个实例介绍了数据库基本原理与基本概念、数据库系统的组成以及数据库系统的设计过程，理论联系实际。读者通过阅读本书，再结合上机操作就能够在较短的时间内掌握Access 2003 及其应用技术。书中的所有实例均在 Access 2003 集成开发环境下测试通过。

本书由冯寿鹏教授担任主编，包家庆、袁春霞、严丽娜担任副主编，闫志军、王若莹、钱利红等为参编，谢文佳、徐莎莎、颉轶萍等做了大量的文字校对工作。在本书的编写过程中还得到了西安通信学院各级领导和计算中心全体人员的大力支持和帮助，在此表示衷心的感谢。

由于作者水平有限，书中难免有不当之处，敬请各位读者批评指正。

编　者

2011 年 11 月

目　录

第 1 章　数据库系统导论

◆◆

问题：

1. 什么是数据？数据是如何管理的？
2. 数据库是什么，由哪些部分组成？
3. 关系数据库具有什么特点？

数据库系统(Database System)是指引进了数据库技术的计算机系统。数据库技术是从 20 世纪 60 年代末开始逐步发展起来的计算机软件技术，它的产生推动了计算机在各行各业信息管理中的应用。学习 Access 2003 就是要学习如何利用计算机完成对大量数据的组织、存储、维护和处理，从而方便、准确和迅速地获取有价值的数据，为各种决策活动提供依据。要学习和使用 Access 2003，必须了解和掌握有关数据库的一些基础知识。

1.1　数据、信息和数据处理

数据库管理系统是处理数据的有效手段，因此首先需要了解数据、信息和数据处理的概念以及计算机数据管理技术的发展过程。

1.1.1　数据和信息

数据和信息是数据处理中的两个基本概念，有时可以混用，如平时所讲的数据处理其实就是信息处理，但有时必须分清。

1. 数据

数据(Data)是指存储在某一种媒体上的能够识别的物理符号。数据的概念包含两方面的内容：一是描述事物特性的数据内容；二是存储在某一种媒体上的数据形式。在实际应用中，数据的形式较多，如表示成绩、工资的数值型数据，表示姓名、职称的字符型数据，以及图形、图像、声音等多媒体数据等。

2. 信息

信息(Information)是对客观事物属性的反映。通俗地讲，信息是经过加工处理并对人类社会实践和生产活动产生决策性影响的数据。不经过加工处理的数据只是一种原始材料，对人类活动产生不了太大的作用，它的价值仅在于记录了客观世界的事实。只有经过提炼和加工，原始数据才会发生质的变化，给人们以新的知识。

3. 数据和信息的关系

数据和信息既有区别又有联系。数据是表示信息的，但并非任何数据都是信息。信息是有用的数据，数据是信息的具体表现形式。信息是通过数据符号来传播的，数据如不具有知识性和有用性，则不能称其为信息。

1.1.2　数据处理

数据处理也称为信息处理。所谓数据处理，实际上就是利用计算机对各种类型的数据进行处理，包括对数据的采集、整理、存储、分类、排序、检索、维护、加工、统计和传输等一系列操作。数据处理的目的是从大量的、原始的数据中获得所需要的资料并提取有用的数据成分，作为行为和决策的依据。

1.1.3　数据管理技术的发展过程

随着计算机硬件、软件技术和计算机应用的发展，数据管理技术经历了由低级到高级的发展过程，大体包括人工管理、文件系统、数据库系统、分布式数据库系统和面向对象数据库系统等几个阶段。

1. 人工管理阶段

20 世纪 50 年代中期以前，计算机主要用于科学计算。在硬件方面，外存储器只有卡片、纸带、磁带，没有像磁盘这样的可以随机访问、直接存取的外部存储设备。在软件方面，没有专门管理数据的软件，数据由计算或处理它的程序自行携带。数据管理任务(包括存储结构、存取方法、输入输出方式等)完全由程序设计人员自行负责。

人工管理阶段数据管理技术的特点：

(1) 数据与程序不具有独立性，一组数据对应一组程序。

(2) 数据不能长期保存，程序运行结束后就退出计算机系统，一个程序中的数据无法被其他程序使用。因此程序与程序之间存在大量的重复数据，这称为数据冗余。

2. 文件系统阶段

20 世纪 50 年代后期至 60 年代中后期，计算机开始大量地用于管理中的数据处理工作。大量的数据存储、检索和维护成为紧迫的需求。在硬件方面，可直接存取的磁盘成为联机的主要外存。在软件方面，出现了高级语言和操作系统。操作系统中的文件系统是专门管理外存储器数据的管理软件。

文件系统阶段数据管理技术的特点：

(1) 程序与数据有了一定的独立性，程序和数据分开存储，有了程序文件和数据文件的区别。

(2) 数据文件长期保存在外存储器上，可以被多次存取。

(3) 在文件系统的支持下，程序可以按文件名访问数据文件。

然而，文件系统中的数据文件是为了满足特定业务领域或某部门的专门需要而设计的，服务于某一特定的应用程序，数据和程序相互依赖，因此，同一数据项可能重复出现在多个文件中，导致数据冗余度大。

3. 数据库系统阶段

从 20 世纪 60 年代后期开始，需要计算机管理的数据量急剧增大，并且对数据共享的需求日益增强，文件系统的数据管理方法已无法适应开发应用系统的需要。为了更为有效地管理和存取大量的数据资源，实现计算机对数据的统一管理，达到数据共享的目的，人们发展了数据库技术。

数据库系统阶段数据管理技术的特点：

(1) 提高了数据的共享性，使多个用户能够同时访问数据库中的数据。

(2) 减小了数据的冗余度，使数据的一致性和完整性得以提高。

(3) 增强了数据与应用程序的独立性，从而减小了应用程序的开发和维护代价。

4. 分布式数据库系统阶段

数据库技术与网络技术的结合，产生了分布式数据库系统。20 世纪 70 年代之前，数据库系统多是集中式的。网络技术的发展为数据库提供了分布式运行环境，使其从主机—终端体系结构发展到客户机/服务器(Client/Server，C/S)系统结构。

C/S 结构将应用程序根据应用情况分布到客户的计算机和服务器上，将数据库管理系统和数据库放置到服务器上，客户端的程序使用开放数据库连接(Open DataBase Connectivity，ODBC)标准协议通过网络远程访问数据库。

Access 2003 为创建功能强大的客户机/服务器应用程序提供了专用的工具。客户机/服务器应用程序具有本地(客户)用户界面，但访问的是远程服务器上的数据。

5. 面向对象数据库系统阶段

数据库技术与面向对象程序设计技术的结合，产生了面向对象数据库系统。面向对象数据库系统吸收了面向对象程序设计方法的核心概念和基本思想，采用面向对象的观点描述现实世界中的实体，克服了传统数据库系统的局限性，大大提高了数据库的管理效率，降低了用户使用的复杂度。

Access 2003 在用户界面、程序设计等方面对传统关系型数据库系统进行了较好的扩充，提供了面向对象程序设计的强大功能。

1.2 数据库系统概述

数据库系统是一个复杂的系统，它由硬件系统、数据库集合、数据库管理系统及相关软件、数据库管理员和用户组成。

1.2.1 数据库

数据库(DataBase，DB)是指相互关联的数据集合。它是一组长期存储在计算机内的有组织、可共享、具有明确意义的数据集合。数据库可以人工建立、维护和使用，也可以通过计算机建立、维护和使用。

数据库具有以下几个特点：

(1) 它是具有逻辑关系和确定意义的数据集合。数据库中的数据按一定的数据模型组织、描述和存储，具有较小的冗余度、较高的数据独立性，可为各种用户共享。

(2) 针对明确的应用目标而设计、建立和加载。

(3) 表现现实世界的某些方面。

1.2.2　数据库管理系统

数据库管理系统(DataBase Management System，DBMS)是指能够对数据库进行有效管理的一组计算机程序。它是位于用户与操作系统之间的一个数据管理软件，是一个通用的软件系统。数据库管理系统在系统层次结构中的位置如图 1.1 所示。

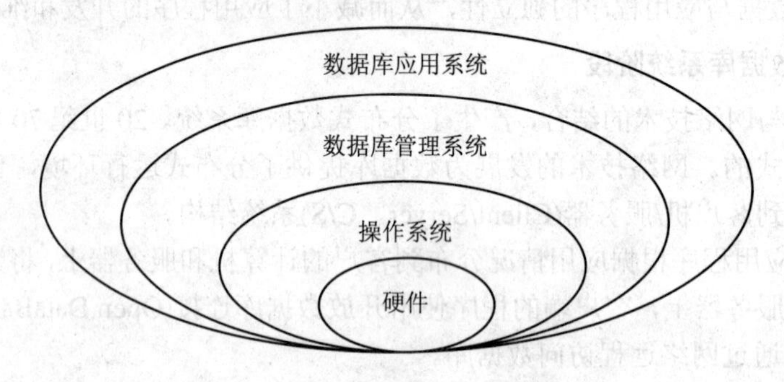

图 1.1　数据库系统层次示意图

数据库管理系统通常由三个部分组成：数据描述语言(DDL)及其编译程序、数据操纵语言(DML)或查询语言及其编译或解释程序、数据库管理例行程序。数据库管理系统给用户提供了一个软件环境，允许用户快速方便地建立、维护、检索、存取和处理数据库中的信息。

1.2.3　数据库系统

数据库系统(DataBase System，DBS)是指引进数据库技术后的计算机系统，它能实现大量相关数据的有组织的、动态的存储，提供数据处理和信息资源共享的便利手段。它是系统开发人员利用数据库系统资源开发的面向某一类实际应用的软件系统，例如学生教学管理系统、财务管理系统、人事管理系统、图书管理系统、生产管理系统等。

数据库系统由 5 部分组成：硬件系统、数据库集合、数据库管理系统及相关软件、数据库管理员(DataBase Administrator，DBA)和用户。

数据库系统的主要特点如下：

(1) 实现数据共享，减少数据冗余。在数据库系统中，对数据的定义和描述已经从应用程序中分离出来，通过数据库管理系统来统一管理。数据的最小访问单位是字段，既可以按字段的名称存取数据库中某一个或某一组字段，也可以存取一条记录或一组记录。

(2) 采用特定的数据模型。数据库中的数据是有结构的，这种结构由数据库管理系统所支持的数据模型表现出来。数据库系统不仅可以表示事物内部数据项之间的联系，而且可以表示事物与事物之间的联系，从而反映出现实世界事物之间的联系。

(3) 具有较高的数据独立性。在数据库系统中，数据库管理系统(DBMS)提供映像功能，使得应用程序与数据的总体逻辑结构和物理存储结构之间保持较高的独立性。

(4) 有统一的数据控制功能。数据库可以被多个用户或应用程序共享，数据的存取往往是并发的，即多个用户同时使用同一个数据库。数据库管理系统必须提供必要的数据控制功能，包括并发访问控制功能、数据的安全性控制功能和数据的完整性控制功能。

1.3 实体与实体间的联系

1.3.1 实体

客观存在并相互区别的事物称为实体。实体可以是实际的事物，也可以是抽象的事物。例如，学生、课程、读者等属于实际的事物，而学生选课、借阅图书等都是比较抽象的事物。

描述实体的特性称为属性。例如，学生实体用学号、姓名、性别、出生年份、系、入学时间等属性来描述；图书实体用总编号、分类号、书名、作者、单价等多个属性来描述。

1.3.2 实体间的联系及其种类

实体之间的对应关系称为联系，它反映了现实世界事物之间的相互关系。例如，一个学生可以选修多门课程，同一门课程可以由多名教师讲授。

实体间联系的种类是指一个实体型中可能出现的每一个实体与另一个实体型中多少个实体存在联系。两个实体间的联系可以归结为以下 3 种类型。

1. 一对一联系

以学校和校长这两个实体型为例，如果一个学校只能有一个校长，且一个校长不能兼任其他学校校长，在这种情况下，学校与校长之间存在一对一联系。

2. 一对多联系

以学校中系和学生这两个实体型为例，如果一个系中可以有多名学生，而一个学生只能在一个系注册学习，则系和学生之间存在一对多联系。一对多联系是最普遍的联系，也可以将一对一联系看做一对多联系的特殊情况。

3. 多对多联系

以学校中学生和课程这两个实体型为例，如果一个学生可以选修多门课程，而一门课程有多名学生选修，那么，学生和课程之间存在多对多联系。

1.4 数 据 模 型

为了反映实体本身及实体之间的各种联系，数据库中的数据必须有一定的结构，这种结构用数据模型来表示。简单地说，数据模型就是数据库中数据的结构形式。数据库不仅管理数据本身，而且要使用数据模型表示数据之间的联系。可见，数据模型是数据库管理系统用来表示实体及实体间联系的方法。一个具体的数据模型应当正确地反映出数据之间存在的整体逻辑关系。

任何一个数据库管理系统都是基于某种数据模型的。数据库管理系统常用的数据模型有三种：层次模型、网状模型、关系模型。

1.4.1　层次模型

用树形结构表示实体及其之间联系的模型称为层次模型。在这种模型中，数据被组织成由“根”开始的“树”，每个实体由根开始沿着不同的分支放在不同的层次上。如果不再向下分支，那么此分支序列中最后的结点称为“叶”。上级结点与下级结点之间为一对多的关系。图 1.2 所示为一个层次模型的示例。

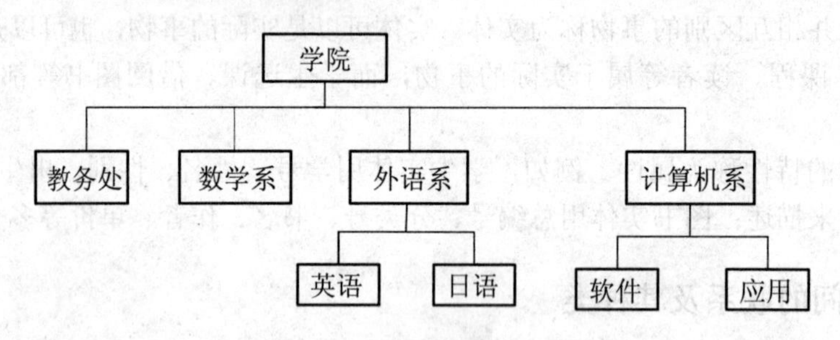

图 1.2　层次模型示例

层次模型的特点：

(1) 有且仅有一个根结点。

(2) 其他结点向上仅有一个父结点，向下可以有若干个子结点。

1.4.2　网状模型

网状模型描述的是实体间“多对多”的联系。这种模型的结构特点是不受层次的限制，可以任意地建立联系，是一种结点的连通图，如图 1.3 所示。

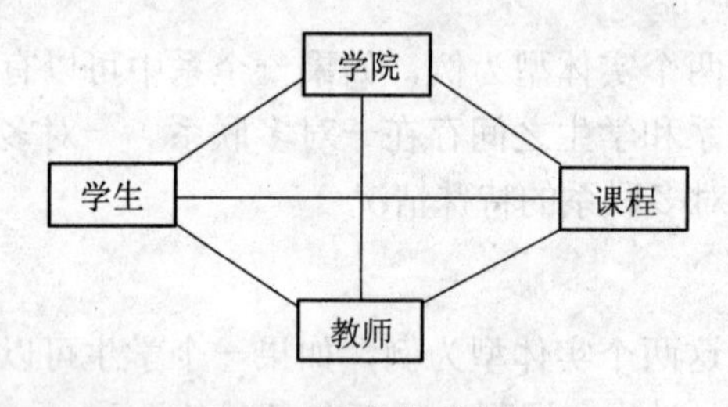

图 1.3　网状模型示例

网状模型的特点：

(1) 有一个以上的结点无父结点。

(2) 至少有一个结点有多个父结点。

1.4.3　关系模型

关系模型是用二维表来描述实体之间联系的一种结构模型。关系模型中的每个关系对应一张二维表，采用二维表表示数据及其联系。

在二维表中，每一行称为一条记录(元组)，每一列称为一个数据项或字段(属性)，数据项名称为字段名或属性名，整个表表示一个关系。关系模型已成为目前数据库系统最常用的一种数据模型，如表1.1所示。

表1.1　关系模型

学号	姓名	语文	数学	外语	综合
2000101	张三	121	98	112	287
2000102	李四	98	96	105	165
2000103	王五	127	98	112	235

关系模型的特点：

(1) 关系中的每个数据项不可再分。

(2) 每一列数据项具有相同的属性。

(3) 每一行记录由一个具体事物的诸多属性构成。

(4) 行和列的排列顺序是任意的。

(5) 一个关系是一张二维表，不允许有相同的字段名，也不允许有相同的记录。

1.5　关系数据库设计

1.5.1　关系数据库

关系数据库是若干个依照关系模型设计的数据表文件的集合。一个关系数据库由若干个数据表组成，数据表又由若干条记录组成，而每一条记录是由若干个数据项(或称为字段)组成的。

关系数据库的特点：

(1) 以面向系统的观点组织数据，使数据具有最小的冗余度，支持复杂的数据结构。

(2) 具有高度的数据和程序的独立性，用户的应用程序与数据的逻辑结构及数据的物理存储方式无关。

(3) 数据具有共享性，使数据库中的数据能为多个用户服务。

(4) 关系数据库允许多个用户同时访问，同时提供了各种控制功能，包括数据的安全性、完整性和并发性控制功能。安全性控制可防止未经允许的用户存取数据；完整性控制可保证数据的正确性、有效性和相容性；并发性控制可防止多用户并发访问数据时由于相互干扰而产生数据不一致的问题。

1.5.2　关系数据库设计实例

设计数据库的主要目的是设计出满足实际应用需求的实际关系模型。一般情况下，设计一个数据库要经过需求分析、确定所需表、确定所需字段、确定主关键字和确定表间联系等步骤。

【例1.1】 根据下述教学管理基本情况，设计“教学管理”数据库。

某学校教学管理的主要工作包括教师档案及教师授课情况管理、学生档案及学生选课情况管理等几项。教学管理涉及的主要数据如表 1.2 和表 1.3 所示。由于该校对教学管理中的信息不够重视，信息管理比较混乱，很多信息无法得到充分、有效的应用。解决问题的方法之一是利用数据库组织、管理和使用教学管理信息。

表 1.2　教 师 关 系

教师编号	姓名	性别	职称	联系电话
TY101	王刚	男	教授	13112345678
TY102	李华	男	副教授	89369871
TY103	王梅	女	副教授	35125687
…	…	…	…	…

表 1.3　学生选课关系

学生编号	姓名	课程编号	课程名称	学时	学分	成绩
0801101	曾江	001	大学计算机基础	40	2	85
0801102	刘艳	002	C 语言程序设计	50	3	74
0801103	王平	003	数据库技术与应用	50	3	62
…	…	…	…	…	…	…

1．需求分析

根据需求分析的内容，对例 1.1 所描述的教学管理情况进行分析可以确定，建立“教学管理”数据库的目的是解决教学信息的组织和管理问题。其主要任务应包括教师信息管理、教师授课信息管理、学生信息管理和选课情况管理等。

2．确定所需表

在教学管理业务的描述中提到了教师表和学生选课表。根据“教学管理”数据库应完成的任务，将“教学管理”数据库的数据分为 5 类，分别存放在教师、学生、课程、选课和授课等 5 个表中。

3．确定所需字段

确定每个表中要保存哪些字段，通过对这些字段的显示或计算应能够得到所有需求信息。因此可确定出“教学管理”数据库中 5 个表包含的字段，如表 1.4 所示。

表 1.4　“教学管理”数据库

表　名	字　段　名
教师	教师编号、姓名、性别、职称、联系电话
学生	学号、姓名、性别、出生日期、团员否、入校时间、入学成绩、简历、照片
选课	学号、课程编号、成绩
课程	课程编号、课程名称、学时、学分、课程性质
授课	课程编号、教师编号

4. 确定主关键字

为使关系型数据库管理系统有效地工作，数据库的每个表都必须由一个或一组字段来唯一确定存储在表中的每条记录，这一个或一组字段即为主关键字。

“教学管理”数据库的 5 个表中，教师表、学生表和课程表都设计了主关键字。教师表中的主关键字是“教师编号”，学生表中的主关键字为“学号”，课程表中的主关键字为“课程编号”。为了使表结构清晰，也可以为选课表和授课表分别设计主关键字“选课 ID”和“授课 ID”。设计后的表结构如表 1.5 所示。

表 1.5　“教学管理”数据库表结构

表　名	字　段　名
教师	教师编号、姓名、性别、职称、联系电话
学生	学号、姓名、性别、出生日期、团员否、入校时间、入学成绩、简历、照片
选课	选课 ID、学号、课程编号、成绩
课程	课程编号、课程名称、学时、学分、课程性质
授课	授课 ID、课程编号、教师编号

5. 确定表间联系

确定表间联系的目的是使表的结构合理，即表中不仅存储了所需要的实体信息，并且能反映出实体之间客观存在的联系。表与表之间的联系需要通过一个共同字段来反映，因此为确保两个表之间能够建立起联系，应将其中一个表的主关键字添加到另一个表中。

授课表中有“课程编号”和“教师编号”，而“教师编号”是教师表中的主关键字，“课程编号”是课程表中的主关键字。这样，教师表与授课表、课程表与授课表就可以建立起联系。

“教学管理”数据库 5 个表之间的联系如图 1.4 所示。

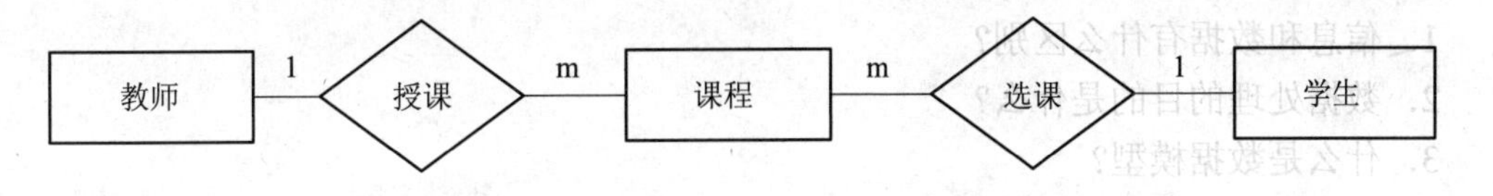

图 1.4　“教学管理”数据库表之间的联系

本 章 小 结

数据库系统是引进了数据库技术的计算机系统。数据库系统是一个复杂的系统，由硬件系统、数据库集合、数据库管理系统及相关软件、数据库管理员和用户组成，能实现大量相关数据的有组织的、动态的存储，并提供数据处理和信息资源共享功能。数据库管理系统是数据库系统的核心，它常用的数据模型有三种：层次模型、网状模型、关系模型。

关系数据库是若干个依照关系模型设计的数据表文件的集合。Access 数据库的设计过程包括需求分析、确定所需表、确定所需字段、确定主关键字和确定表间联系等。

本章的学习将为大家学习后续数据库知识打下良好的基础。

习　题

一、选择题

1．用二维表来表示实体及实体之间联系的数据模型是(　　)。

A) 实体—联系模型　　B) 层次模型

C) 网状模型　　D) 关系模型

2．数据库(DB)、数据库系统(DBS)、数据库管理系统(DBMS)三者之间的关系是(　　)。

A) DBS 包括 DB 和 DBMS　　B) DBMS 包括 DB 和 DBS

C) DB 包括 DBS 和 DBMS　　D) DBS 就是 DB，也就是 DBMS

3．如果一个班只能有一个班长，而且一个班长不能同时担任其他班的班长，则班级和班长两个实体之间的关系属于(　　)。

A) 一对一联系　　B) 一对二联系

C) 多对多联系　　D) 一对多联系

4．在关系型数据库管理系统中，一个元组对应一个(　　)。

A) 记录　　B) 字段　　C) 表文件　　D) 数据库文件

二、填空题

1．信息是有用的________。

2．数据是信息的________。

3．常用的数据模型有________、________、________三种。

4．数据库系统主要由________、________、________、________和________五部分组成。

三、简答题

1．信息和数据有什么区别?

2．数据处理的目的是什么?

3．什么是数据模型?

4．实体间的联系有哪些，各自具有什么样的特点？

第 2 章 Access 2003 简介

◆◆

问题：

1. Access 2003 是什么类型的软件？
2. Access 2003 能做什么？
3. Access 2003 具有什么特点？
4. 如何启动和关闭 Access 2003？

Access 2003 是一种关系型的桌面数据库管理系统，是 Microsoft Office 2003 套件之一。自 20 世纪 90 年代初期诞生的 Access 1.0 到目前的 Access 2003，Access 软件得到了广泛使用，并于 1996 年被评为全美最流行的黄金软件。Access 软件历经多次升级改版，其功能越来越强大，但操作反而更加简单。尤其是 Access 软件与 Office 软件的高度集成，其风格统一的操作界面使得许多初学者很容易掌握。

2.1 Access 概述

Access 2003 提供了 Windows 操作界面下的高级应用程序开发系统，它与其他数据库开发系统之间显著的区别是：用户不用编写代码就可以在很短的时间里开发出一个功能强大而且相当专业的数据库应用程序。如果给它加上一些简短的 VBA(Visual Basic for Application)代码，那么开发出的程序就与专业程序员潜心开发的程序一样了。

2.1.1 Access 的发展过程

Access 数据库系统既是一个关系数据库系统，又可作为 Windows 图形用户界面的应用程序生成器。它经历了一个长期的发展过程。

早期的 Microsoft 公司和 IBM 公司为了开发出容易使用和协调不同种类操作系统的应用程序，推出了用于 Windows 和 OS/2 Presentation Manager 的数据库系统软件版本，提出了计算机与用户沟通的标准 CUA(Common User Access)。

1990 年 5 月 Microsoft 公司推出 Windows 3.0，该程序立刻受到了用户的欢迎和喜爱，之后，1992 年 11 月 Microsoft 公司发行了第一个供个人使用的 Windows 数据库关系系统 Access 1.0。从此，Access 不断得到改进和再设计，自 1995 年起，Access 成为办公软件 Office 95 的一部分。多年来，Microsoft 先后推出 Access 的 2.0、7.0/95、8.0/97、9.0/2000、10.0/2002

版本，直到今天的 Access 2003 版本。

中文版 Access 2003 具有和 Office 2003 中的 Word 2003、Excel 2003、PowerPoint 2003 类似的操作界面和使用环境，具有直接连接 Internet 和 Intranet 的功能，其操作更加简单，使用更加方便。

2.1.2　Access 的主要特点和功能

Access 的主要优点是兼容性好。无论是有经验的数据库设计人员还是刚刚接触数据库管理系统的新手，都会发现 Access 所提供的各种工具既非常实用又非常方便，同时还能够获得高效的数据处理能力。

Access 的主要特点如下：

(1) 具有方便实用的强大功能。Access 用户不用考虑构成传统 PC 数据库的多个单独的文件。

(2) 可以利用各种图例快速获得数据。

(3) 可以利用报表设计工具非常方便地生成漂亮的数据报表，而不需要编程。

(4) 能够处理多种数据类型。Access 可以对诸如 dBASE、FoxBase、FoxPro 等格式的数据进行访问。

(5) 采用 OLE 技术，能够方便地创建和编辑多媒体数据库，包括文本、声音、图像和视频等对象。

(6) Access 支持 ODBC 标准的 SQL 数据库的数据。

(7) 设计过程自动化，大大提高了数据库的工作效率。用户利用窗体向导和报表向导，就可以自动生成窗体和报表。采用宏可以自动完成数据库管理的过程。

(8) 具有较好的集成开发功能，可以采用 VBA 编写数据库应用程序。

(9) 提供了断点设置、单步执行等调试功能，能够像 Word 2003 那样自动进行语法检查和错误诊断。

(10) 与 Internet/Intranet 集成。Access 进一步完善了将 Internet/Intranet 集成到整个桌面操作环境的功能。

(11) 可以在用户环境下建立数据库应用程序，并使最终用户和应用程序开发者之间的关系淡化。

总之，Access 发展到现在已经向用户展示出了易于使用和功能强大的特性。

2.2　Access 2003 的启动与关闭

与其他 Microsoft Office 程序一样，在使用数据库时首先需要打开 Access 2003 窗口，然后打开需要的数据库进行操作。

2.2.1　Access 2003 的启动

Access 2003 的启动方法如下：

(1) 选择任务栏的“开始”按钮，然后从弹出的菜单中依次选择“所有程序→Microsoft

Office→Microsoft Office Access 2003”命令。

(2) 启动 Access 2003 后，其主窗口界面如图 2.1 所示。

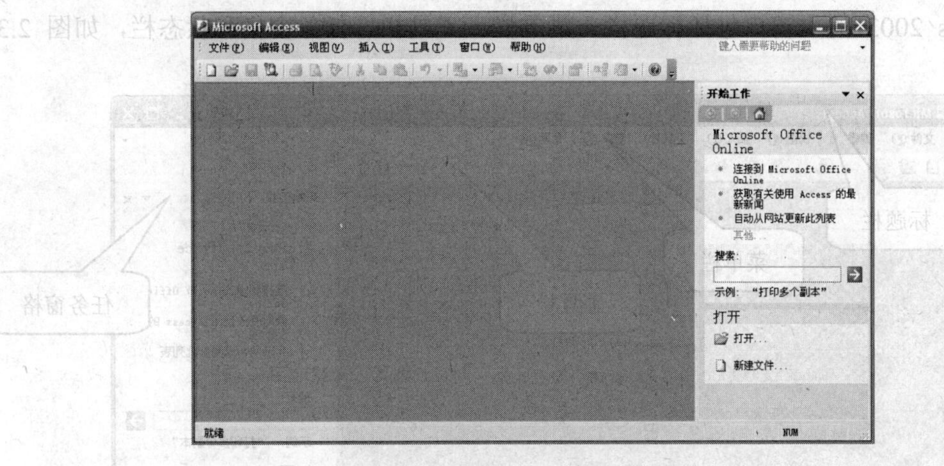

图 2.1　Access 2003 主窗口界面

2.2.2　Access 2003 的关闭

当完成工作之后需要关闭打开的数据库，以免发生意外事故造成数据丢失或损坏数据库。通常情况下可以使用以下 4 种方式关闭 Access：

(1) 单击 Access 主窗口右上角的“关闭”按钮。

(2) 选择“文件”菜单中的“退出”命令。

(3) 使用 Alt+F4 快捷键。

(4) 使用 Alt+F+X 快捷菜单命令。

2.3　Access 2003 的用户界面

Access 2003 的用户界面中除了 Access 2003 主窗口以外，还包含许多具有不同功能的数据库窗口，如图 2.2 所示。

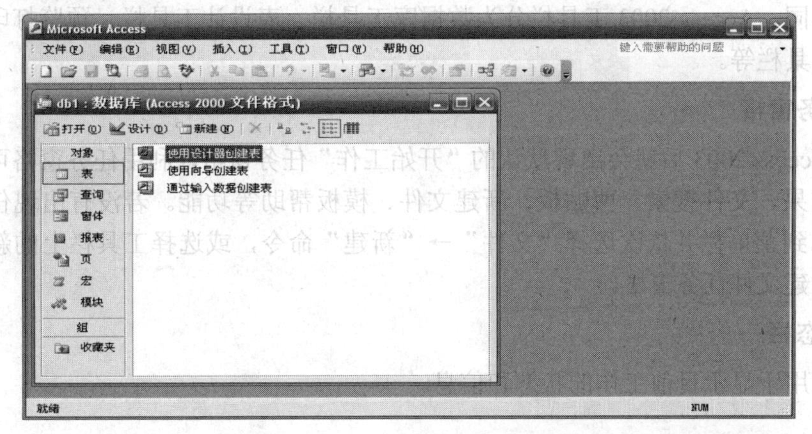

图 2.2　Access 2003 用户界面

2.3.1　Access 2003 的主窗口

Access 2003 的主窗口包括标题栏、菜单栏、工具栏、任务窗格和状态栏，如图 2.3 所示。

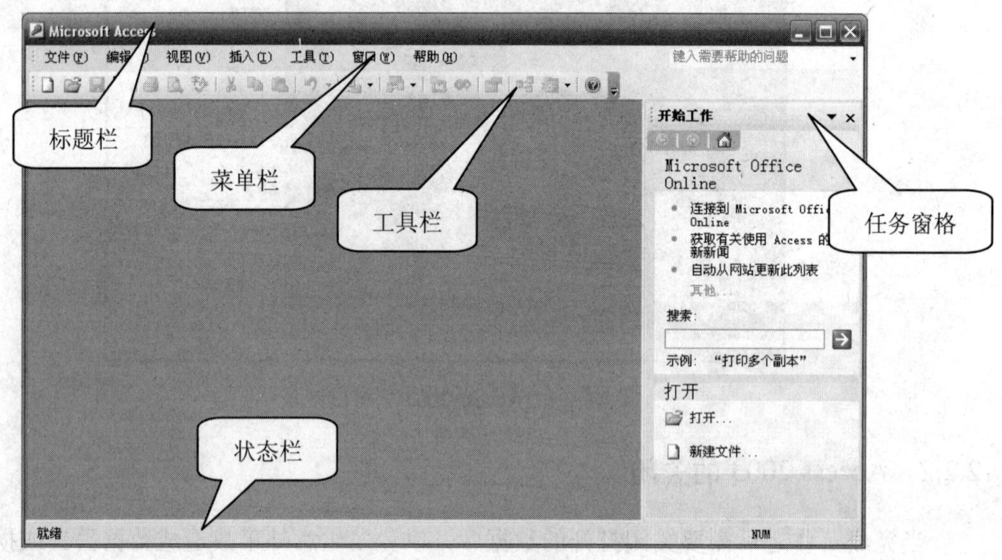

图 2.3　Access 2003 主窗口

1. 标题栏

标题栏用于显示应用程序的名称，即 Microsoft Access。

2. 菜单栏

菜单栏用于显示 Access 命令选项，随着所选择窗口的不同，其对应的功能选项也有所不同。菜单栏的使用方法为，移动光标到菜单栏的选项名上点击鼠标左键，然后从下拉菜单中选择命令执行。

3. 工具栏

工具栏中，常用命令选项以工具按钮的形式呈现，随着选择窗口的不同，其对应的工具按钮也不同。Access 2003 工具栏分为数据库工具栏、表设计工具栏、预览打印工具栏、设定格式工具栏等。

4. 任务窗格

启动 Access 2003 后就会出现默认的“开始工作”任务窗格，利用任务窗格可以方便地实现搜索结果、文件搜索、剪贴板、新建文件、模板帮助等功能。若没有出现任务窗格，则移动光标到菜单栏并依次选择“文件”→“新建”命令，或选择工具栏上的新建按钮，即可启动新建文件任务窗格。

5. 状态栏

状态栏用于显示目前工作的状态和信息。

2.3.2　Access 2003 的数据库窗口

Access 2003 的数据库窗口包括标题栏、工具栏和子窗口选择区，如图 2.4 所示。

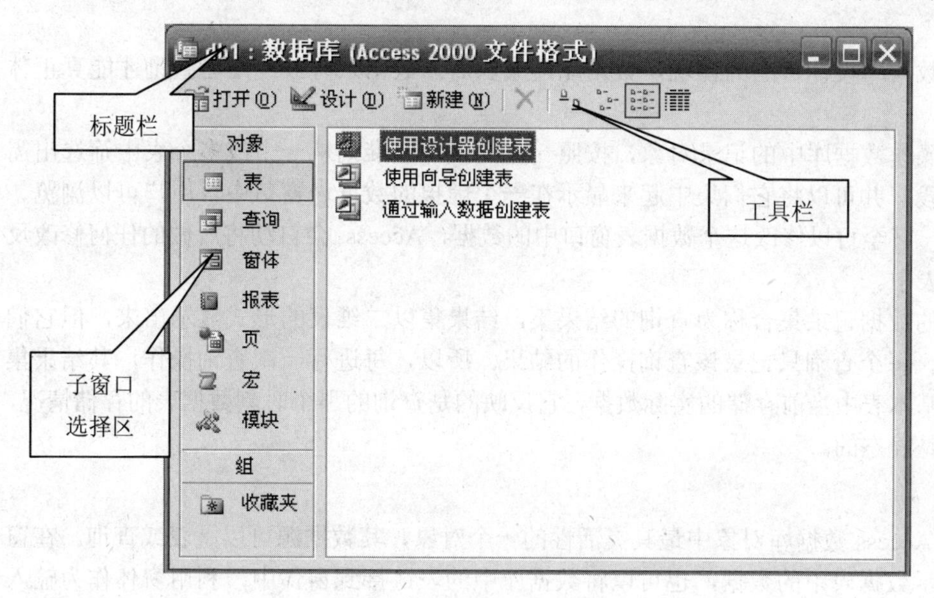

图 2.4　Access 2003 数据库窗口

1．标题栏

标题栏用于显示数据库文件的名称。

2．工具栏

工具栏包含打开、设计、新建、删除、查看等按钮。

3．子窗口选择区

作为一个数据库管理系统，Access 通过各种数据库对象来管理信息。

Access 数据库主要由 7 个数据库对象组成，包括表、查询、窗体、报表、页、宏和模块。当打开一个 Access 数据库时，这些 Access 数据库对象会在如图 2.4 所示的窗口左侧非常直观地显示出来，并且这些对象都存放在同一个数据库文件(扩展名为.mdb 的文件)中，便于对数据库文件的管理。

不同的数据库对象在数据库中起着不同的作用，例如用表来存储数据，用查询来检索符合指定条件的数据，通过窗体来浏览或更新表中的数据，用报表以特定的方式来分析和打印数据。

1) 表

表是数据库中用来存储数据的对象，是整个数据库系统的基础。Access 允许一个数据库中包含多个表，用户可以在不同的表中存储不同类型的数据。这些表也称为基本表，通过在表之间建立关系，可以将不同表中的数据联系起来，以便用户使用。

表中，数据以行和列的形式保存，类似于通常使用的电子表格。表中的列称为字段，字段是 Access 信息的最基本载体，说明了一条信息在某一方面的属性。表中的行称为记录，记录是由一个或多个字段组成的。一条记录就是一个完整的信息。

在数据库中，应该为每个不同的实体建立单个的表，这样可以提高数据库的工作效率，并且减少因数据输入而产生的错误。

2) 查询

查询是数据库设计目的的体现，数据库建成以后，数据只有被使用者查询才能真正体现它的价值。

查询即操作数据库中的记录对象，按照一定的条件或准则从一个或多个表中筛选出需要操作的字段，并可以将它们集中起来显示在一个虚拟的数据表窗口中。用户可以浏览、查询、打印，甚至可以修改这个数据表窗口中的数据，Access 会自动将所做的任何修改反映到对应的表中。

查询到的数据记录集合称为查询的结果集，结果集以二维表的形式显示出来，但它们不是基本表。每个查询只记录该查询操作的结果。所以，每进行一次查询操作，其结果集显示的都是基本表中当前存储的实际数据，它反映的是查询的那个时刻数据表的存储情况，查询的结果是静态的。

3) 窗体

窗体是 Access 数据库对象中最具灵活性的一个对象，其数据源可以是表或查询。在窗体中可以显示数据表中的数据，也可以将数据库中的表链接到窗体中，利用窗体作为输入记录的界面。

通过在窗体中插入按钮，用户可以控制数据库程序的执行过程。可以说，窗体是用户与数据库进行交互操作的最好界面。利用窗体，能够从表中查询和提取所需的数据，并将其显示出来。通过在窗体中插入宏，用户可以把 Access 的各个对象很方便地联系起来。

4) 报表

报表是用来产生报表数据的工具。通过报表功能既可产生较为美观的输出格式，也可以在报表中加入各种运算或图表，让输出的报表更具说服力。

5) 页

页是在 Access 2000 版本时才增加的数据库对象。它是一种特殊类型的 Web 页，用户可以在此 Web 页中与 Access 数据库中的数据进行连接，查看、修改 Access 数据库中的数据，为通过网络进行数据发布提供了方便。页在一定程度上集成了 Internet Explorer 浏览器和 FrontPage 编辑器的功能。

6) 宏

Microsoft Office 提供的所有工具中都有宏功能。宏实际上是一系列操作的集合，其中每个操作都能实现特定的功能，例如打开窗体、生成报表、保存修改等。在日常工作中，用户经常需要做大量的重复性操作，利用宏可以简化这些操作，使大量的重复性操作自动完成，从而使管理和维护 Access 数据库更加简单。

7) 模块

模块是将 VBA 声明和过程作为一个单元进行保存的集合，是应用程序开发人员的工作环境。模块中的每一个过程都是一个函数过程或子程序。通过将模块与窗体、报表等 Access

对象相联系，可以建立完整的数据库应用程序。

原则上说，使用 Access，用户不需编程就可以创建功能强大的数据库应用程序，但是通过在 Access 中编写 Visual Basic 程序，则可以创建出复杂的、运行效率更高的数据库应用程序。

本 章 小 结

Access 2003 是一种关系型的桌面数据库管理系统，是 Microsoft Office 2003 套件的组成之一。其用户界面由主窗口和数据库窗口两部分组成，主窗口包括标题栏、菜单栏、工具栏、任务窗格、状态栏，数据库窗口包括标题栏、工具栏、子窗口选择区。数据库窗口是 Access 数据库的核心，主要由 7 个数据库对象和组两部分组成。不同的数据库对象在数据库中起着不同的作用。

习　　题

一、选择题

1．退出 Access 数据库管理系统可以使用的快捷键是(　　)。

A) Alt+F+X　　B) Alt+X　　C) Ctrl+C　　D) Ctrl+O

2．Access 2003 是一种(　　)型的桌面数据库管理系统。

A) 层次　　B) 关系　　C) 网状　　D) 都不对

二、填空题

1．Access 数据库由 7 种数据库对象组成，这些数据库对象包括_______、_______、_______、_______、_______、_______和_______。

2．Access 数据库文件的扩展名是________。

第3章　数据库与表

◆◆◆

问题：

1. 如何创建和设计数据库？
2. 如何创建和设计数据表？
3. 数据库和数据库中的表之间存在什么样的关系？

引例："教学管理"数据库

3.1　创建数据库

一个合格的数据库应该具备以下条件：能够存储一定量的数据；能对存储的数据进行分析、处理，并生成报表，对决策提供帮助；能方便地进行数据管理和维护。本节主要讲述如何使用 Access 2003 创建一个数据库。

3.1.1　数据库设计的步骤

创建数据库首先要分析建立数据库的目的，然后确定数据库中的表、表中的字段，定义主关键字以及建立表之间的关系等。

1．分析建立数据库的目的

一个成功的数据库设计方案应将用户需求融入其中。建立数据库时，首先要分析数据库应完成的任务，调查用户对新建数据库的需求，明确数据库的目的和用途；其次应了解现行工作的处理过程，确定数据库需要保存哪些信息和需要输出哪些信息。通过需求分析，解决数据库将面临的问题和应该完成的任务。

2．确定数据库中的表

表是关系数据库的基本信息结构，确定数据库中应包含的表和表的结构是数据库设计中最重要也是最难处理的问题，应合理地设计数据库中所包含的表，其基本原则如下：

(1) 每个表中只包含一个主题的信息。每个表中只包含关于一个主题的信息，才能更好地、独立地维护主题的信息。

(2) 表中不包含重复信息，信息不能在表之间复制。信息不重复，在更新数据信息时就可以提高效率，还可以消除不同信息的重复项。

3．确定表中的字段

在 Access 数据库中，每个表所包含的信息都应该属于同一主题。因此在确定所需字段时，要注意每个字段包含的内容应该与表的主题相关，而且应包含相关主题所需的全部信息。注意表中不要包含需要推导或计算的数据，一定要以最小逻辑部分作为字段来保存。在命名字段时，应符合 Access 字段命名规则。

在 Access 中，字段的命名规则是：

(1) 字段名长度为 1～64 个字符。

(2) 字段名由字母、汉字、数字、空格和其他字符组成。

(3) 字段名不能包含句号(.)、惊叹号(!)、方括号([ ])和重音符号(')。

4．定义主关键字

为了使保存在不同表中的数据产生联系，Access 数据库中的每个表必须有一个字段能唯一标识每条记录，这个字段就是主关键字。主关键字可以是一个字段，也可以是一组字段。为确保主关键字字段值的唯一性，Access 不允许在主关键字字段中存入重复值和空值。

5．建立表间关系

为各个表定义了主关键字后，还要确定各表之间的关系，以将各个相关信息结合在一起，形成一个关系型数据库。

根据以上步骤设计完所需的表、字段和关系之后，还应该向表中添加记录，以检验数据库设计中是否存在不足和缺陷，从而进一步完善数据库设计。

当确定表的结构达到设计要求后，应向表中添加数据，并且新建所需要的查询、窗体、报表、宏和模块等其他数据库对象。

3.1.2 创建数据库的方法

Access 数据库可以存储各种数据对象，包含表、查询、窗体、报表、宏和模块等。Access 提供了两种创建数据库的方法：一种是先建立一个空数据库，然后向其中添加表、查询、窗体和报表等对象；另一种是使用“数据库向导”，利用系统提供的模板进行一次操作来选择数据库类型，并创建所需的表、窗体和报表。

第一种方法比较灵活，但是用户必须分别定义数据库的每一个对象；第二种方法仅一次操作就可以创建所需的表、窗体和报表，这是创建数据库最简单的方法。无论哪一种方法，在数据库创建之后，用户都可以在任何时候修改或扩展数据库。

1．创建空数据库

【例 3.1】 建立“教学管理”数据库，并将建好的数据库保存于 D 盘 Access 文件夹中。

具体操作步骤如下：

(1) 启动 Access 后，执行“文件”→“新建”命令，或单击工具栏中的“新建”按钮，或单击任务窗格中的“新建文件”命令，打开“新建文件”任务窗格，如图 3.1 所示。

(2) 在“新建文件”任务窗格中选择“空数据库”，弹出“文件新建数据库”对话框。

(3) 在“文件新建数据库”对话框的“保存位置”框中找到 D 盘 Access 文件夹并打开，在“文件名”文本框中输入“教学管理”，如图 3.2 所示。

如果需要，可以通过选择位置栏上的图标将文件保存到桌面或其他文件夹中。例如，选择“我的文档”图标，可将建立的数据库文件保存到收藏夹中；选择“桌面”图标，可将文件保存在桌面上，从而方便用户的使用。

(4) 单击“创建”按钮，完成空数据库的创建。

空数据库创建完成后，就可以向其中添加各种 Access 对象了。

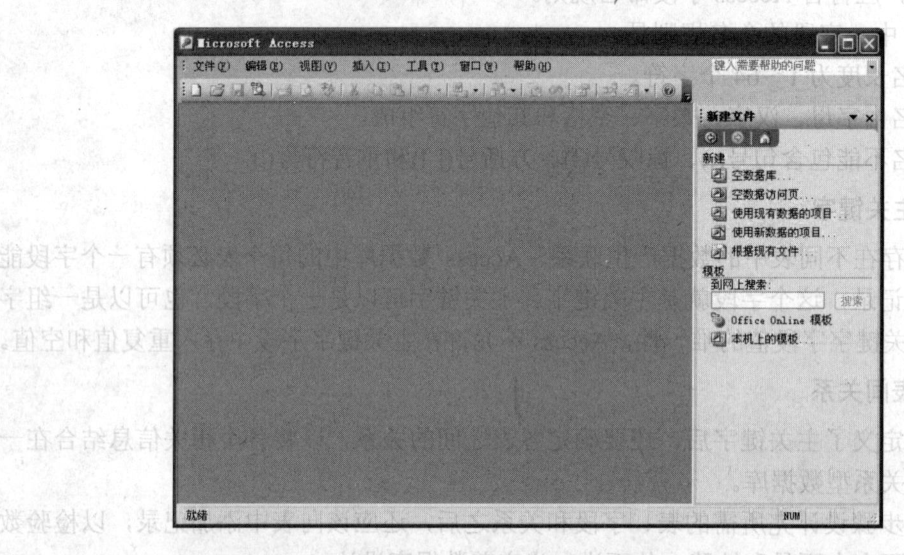

图 3.1　“新建文件”窗口

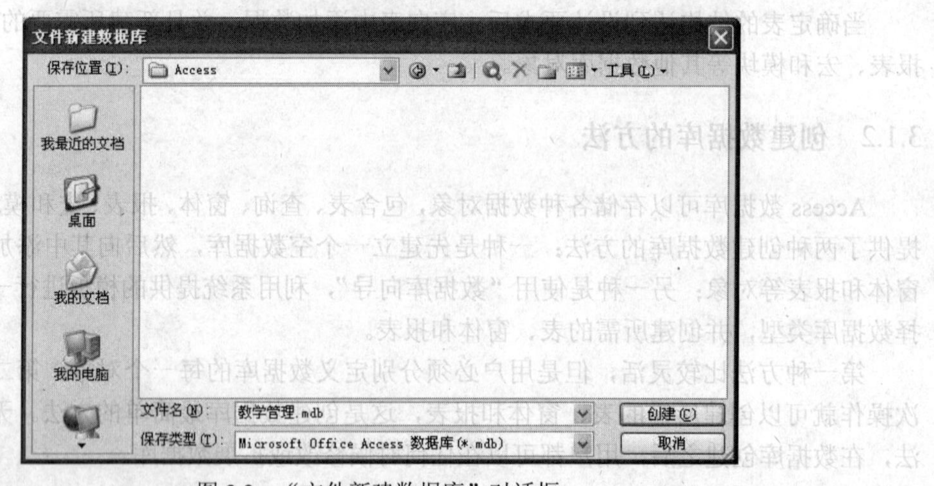

图 3.2　“文件新建数据库”对话框

2. 使用“数据库向导”创建数据库

“数据库向导”中提供了一些基本的数据库模板，利用这些模板可以方便、快速地创建数据库。一般情况下，在使用“数据库向导”前应先从“数据库向导”所提供的模板中找出与所建数据库相似的模板，如果所选的数据库模板不满足要求，可以在创建后自行修改。

【例 3.2】 在 D 盘“教学管理”文件夹下创建“联系管理”数据库。

具体操作步骤如下：

(1) 启动 Access 后，执行“文件”→“新建”命令，或单击工具栏中的“新建”按钮，或单击任务窗格中的“新建文件”命令，出现“新建文件”任务窗格，如图 3.1 所示。

(2) 在“新建文件”任务窗格中，选择“本机上的模板”命令，弹出如图 3.3 所示的“模板”对话框，在“数据库”选项卡中选择“联系人管理”模板，单击“确定”按钮。

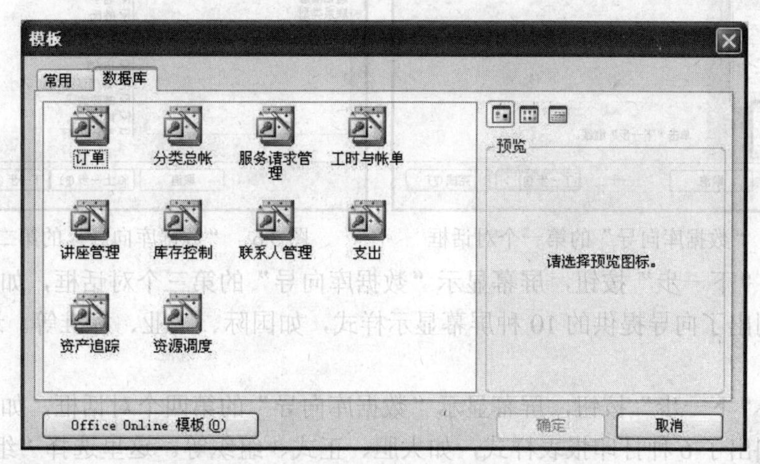

图 3.3　数据库模板

(3) 根据弹出的“文件新建数据库”对话框，在“保存位置”框内找到 D 盘的“教学管理”文件夹并打开；在“文件名”文本框中输入数据库名称“联系管理”，如图 3.4 所示。

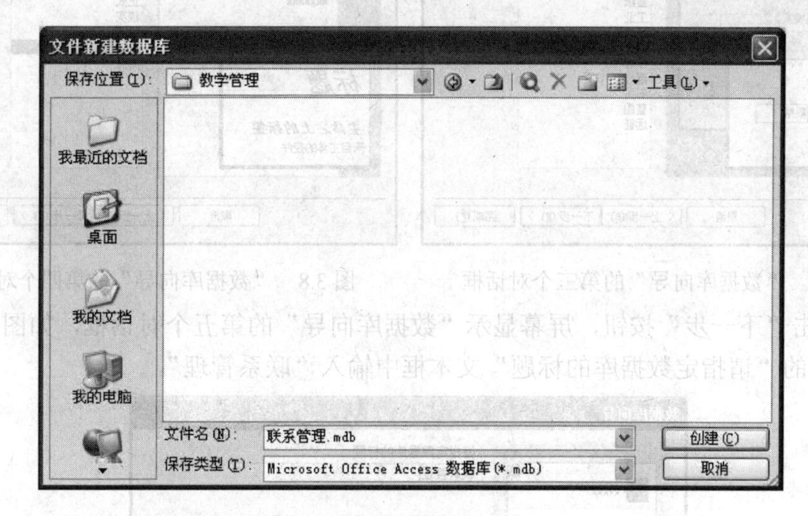

图 3.4　确定保存位置和文件名

(4) 单击“创建”按钮，弹出“数据库向导”的第一个对话框，如图 3.5 所示。该对话框列出了“联系人管理”数据库模板建立的“联系管理”数据库中包含的信息。

(5) 单击“下一步”按钮，屏幕显示“数据库向导”的第二个对话框，如图 3.6 所示。该对话框左侧的列表框中列出了“联系管理”数据库包含的表。

(6) 单击其中的某个表，对话框右侧列表框内列出该表可包含的字段。这些字段分为两种：一种是表中必须包含的字段，用黑体表示；另一种是表中可选择的字段，用斜体表示。如果要将可选择的字段包含到表中，则单击它前面的复选框。

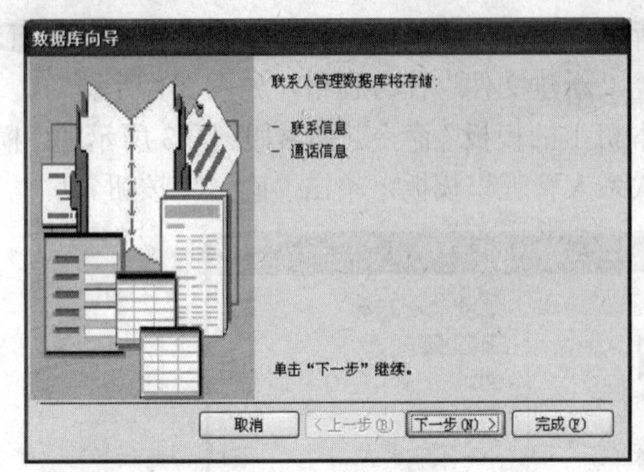

图 3.5　“数据库向导”的第一个对话框

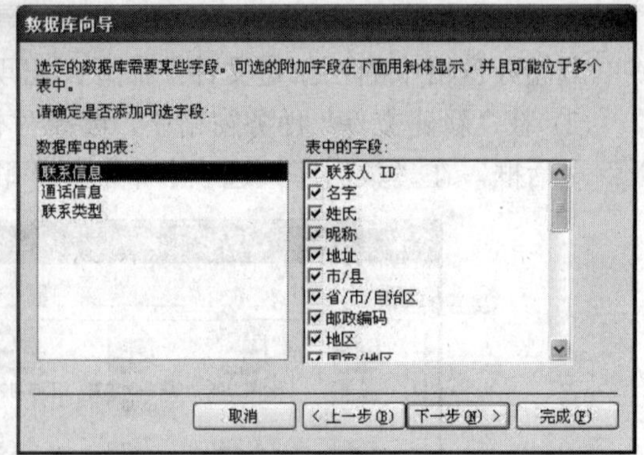

图 3.6　“数据库向导”的第二个对话框

(7) 单击“下一步”按钮，屏幕显示“数据库向导”的第三个对话框，如图 3.7 所示。该对话框中列出了向导提供的 10 种屏幕显示样式，如国际、工业、标准等。这里选择“水墨画”样式。

(8) 单击“下一步”按钮，屏幕显示“数据库向导”的第四个对话框，如图 3.8 所示。该对话框中列出了 6 种打印报表样式，如大胆、正式、组织等。这里选择“组织”样式。

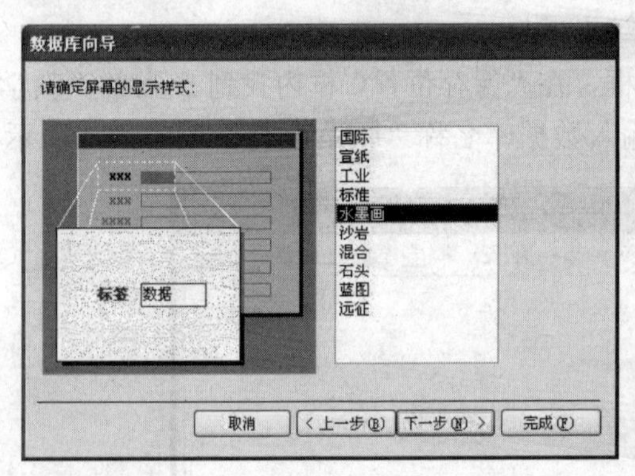

图 3.7　“数据库向导”的第三个对话框

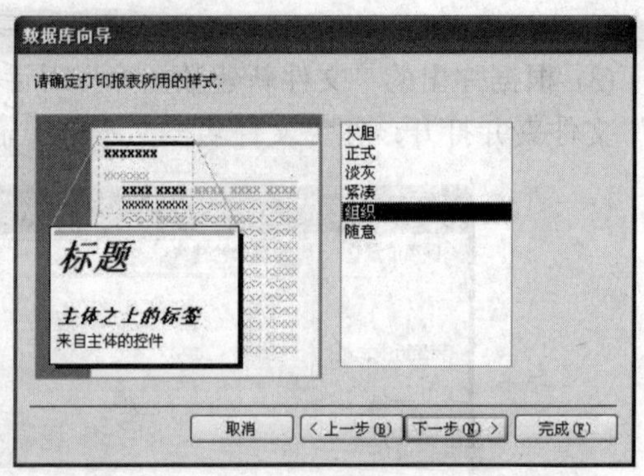

图 3.8　“数据库向导”的第四个对话框

(9) 单击“下一步”按钮，屏幕显示“数据库向导”的第五个对话框，如图 3.9 所示。在此对话框的“请指定数据库的标题”文本框中输入“联系管理”。

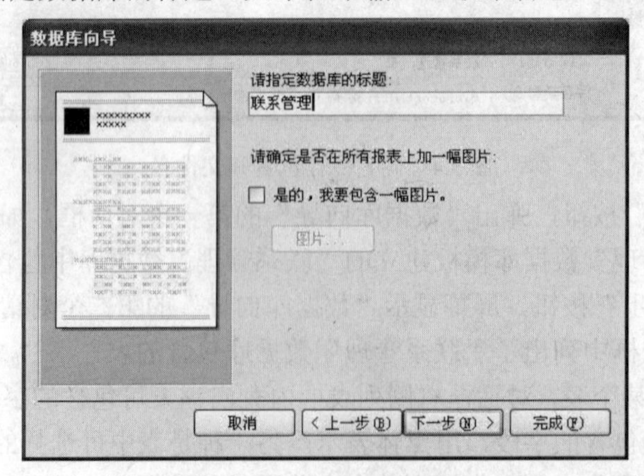

图 3.9　“数据库向导”的第五个对话框

(10) 单击“完成”按钮，数据库即创建完成了。

完成上述操作后，“联系管理”数据库的结构框架就建立起来了，但是由于“数据库向导”创建的表可能与实际需要的表不完全相同，表中包含的字段可能与需要的字段不完全一样，因此使用“数据库向导”创建数据库后，还需要对其进行修改，以满足实际需求。

3.1.3 数据库的打开与关闭

创建好数据库后，就可以对数据库进行操作了。进行操作之前必须先打开数据库，操作完成后要关闭数据库。

1. 打开数据库

【例 3.3】 打开数据库“教学管理”。

具体操作步骤如下：

(1) 启动 Access 后，执行“文件”→“打开”命令，或单击工具栏中的“打开”按钮，在“打开”对话框中选择“教学管理”所在路径。

(2) 单击“打开”按钮，打开数据库。

2. 关闭数据库

关闭数据库的方法有如下三种：

(1) 单击数据库子窗口右上角的“关闭”按钮。

(2) 执行“文件”→“关闭”菜单命令。

(3) 双击数据库子窗口左上角的控制符号。

3.2 建 立 表

表是 Access 数据库最基本的对象，是存储数据的地方。其他的数据库对象，如查询、窗体和报表等都是在表的基础上建立并使用的。因此，表在数据库中占有十分重要的地位。完成数据库创建后，首先要做的就是建立相应的表。Access 表由表结构和表内容两部分构成，而在建立表结构之后才能向表中输入数据。本节将介绍 Access 中表的创建方法及相关知识。

3.2.1 数据类型

表由字段组成，字段的信息则由数据类型决定。因此，用户在设计表时必须定义表中字段的数据类型。

1. 数据类型

Access 常用的数据类型有文本、备注、数字、日期/时间、货币、自动编号、是/否、OLE 对象、超级链接、查询向导等，如表 3.1 所示。

2. 数据类型说明

(1) 文本(Text)类型。文本类型用于存放文字及不需要计算的数字(如名称、邮政编码等)，最长不超过 255 个字符。

(2) 备注(Memo)类型。备注类型基本与文本类型相似，不同之处在于该类型最多可以存放 64 000 个字符，用于保存较长的文本。

(3) 数字(Number)类型。数字类型用于存放需要数值计算的数据，但是不能用于货币的计算，如工资等。在“字段属性”的“字段大小”栏目中分为字节、整型、长整型、单精度型、双精度型、同步复制和小数 7 种，用户可以根据需要加以选择。

表 3.1　数 据 类 型

序号	数据类型		默认宽度	适 用 范 围
1	文本类型		50	有序，存放 1～255 个任意字符
2	备注类型			存放长文本，存放 64 000 个字符
3	数字类型	字节	1	有序，存放 0～255 之间的整数
		整型	2	有序，存放–32 768～32 767 之间的整数
		长整型	4	有序，存放–2 147 483 648～2 147 483 647 之间的整数
		单精度型	4	有序，存放$-3.4\times10^{38}\sim3.4\times10^{28}$之间的数，保留 7 位小数
		双精度型	8	有序，存放$-1.79\,734\times10^{308}\sim1.79\,734\times10^{208}$之间的数，保留 15 位小数
		同步复制	16	系统自动设置字段值
		小数	12	有序，28 位小数，占 14 个字节
4	日期/时间类型		8	有序，存放 100～9999 年的日期与时间值，固定占 8 个字节
5	货币类型		8	有序，存放 1～4 位小数的数据，精确到小数点左边 15 位和小数点右边第 4 位，固定占 8 个字节
6	自动编号类型		4(16)	由系统自动为新记录指定唯一顺序号或随机编号
7	是/否类型		1	存放是/否、真/假、开/关值，占 1 个字节
8	OLE 对象类型			存放数据表中的表格、图形、图像、声音等嵌入或链接对象
9	超级链接类型		-	存放超级链接地址
10	查询向导类型		4	用于创建特殊的查询字段

(4) 日期/时间(Date/Time)类型。日期/时间类型用来存放日期和时间，如出生日期等。

(5) 货币(Currency)类型。货币类型用来存放货币值，使用货币型数据可以避免四舍五入的误差，精度为小数点前 15 位和后 4 位。

(6) 自动编号(Auto Number)类型。自动编号类型可以在添加或删除记录时自动产生编号值，既可是递增或递减，也可随机。

(7) 是/否(Yes/No)类型。是/否类型用于存放是/否、真/假、开/关等值。

(8) OLE 对象(OLE Object)类型。OLE 对象类型可以让用户轻松地将使用 OLE 协议创建的对象(表格、图形、图像、声音等嵌入或链接对象)嵌入到 Access 表中。

(9) 超级链接(Hyperlink)类型。超级链接类型用来存放超级链接地址。

(10) 查询向导(Lookup Wizard)类型。查询向导类型的数据是一个特殊字段，可以使用“列表框”或“组合框”选择另一个表或数据列表中的值。

3.2.2 建立表结构

建立表结构有三种方法：一是使用设计器(又称为“设计”视图)创建表；二是使用向导创建表；三是通过输入数据创建表。这三种创建表的方法各有优点，适用于不同的场合。

1. 使用设计器创建表

在 Access 中，使用数据表“设计”视图创建表结构时，要详细说明每个字段的字段名和所使用的数据类型。“设计”视图如图 3.10 所示。

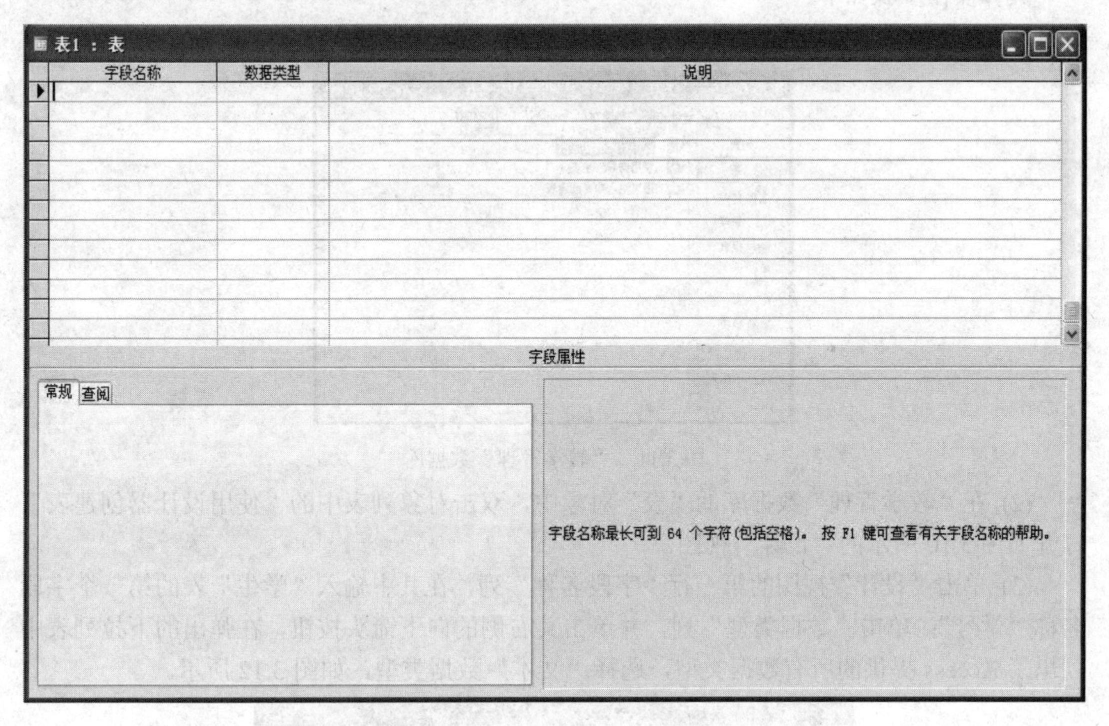

图 3.10 “设计”视图

“设计”视图中各部分的说明如表 3.2 所示。

表 3.2 “设计”视图各部分的说明

类 型	功 能 说 明
字段名称	此列用于设置数据表中字段的名称
数据类型	此列用于设置字段的数据类型，如文本、数字等
说明	此列用于设置字段所表述的意义
字段属性	在该“常规”选项卡中可以设置各种类型的字段属性

【例 3.4】 在“教学管理”数据库中使用“设计”视图建立“学生”表，“学生”表结构如表 3.3 所示。

表 3.3　学 生 表 结 构

字段名称	数据类型	字段名称	数据类型
学号	文本	入校日期	日期/时间
姓名	文本	入学成绩	数字
性别	文本	简历	备注
出生日期	日期/时间	照片	OLE 对象
团员否	是/否		

具体操作步骤如下：

(1) 打开“教学管理”数据库，如图 3.11 所示。

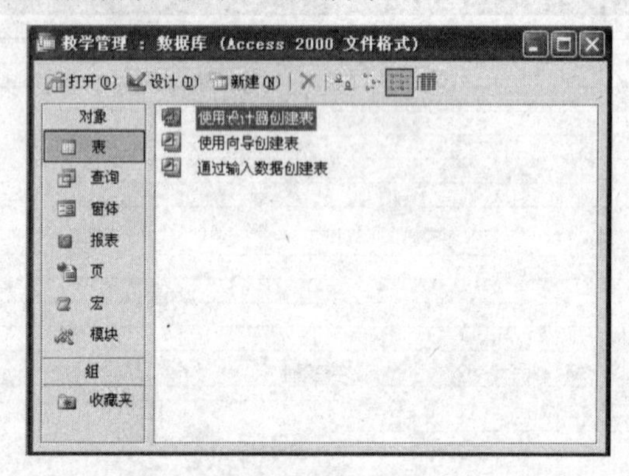

图 3.11　“教学管理”数据库

(2) 在“教学管理”数据库的“表”对象中，双击对象列表中的“使用设计器创建表”，打开如图 3.10 所示的“设计”视图。

(3) 单击“设计”视图的第一行“字段名称”列，在其中输入“学生”表的第一个字段名称“学号”；单击“数据类型”列，并单击其右侧的向下箭头按钮，在弹出的下拉列表中列出了 Access 提供的所有数据类型，选择“文本”数据类型，如图 3.12 所示。

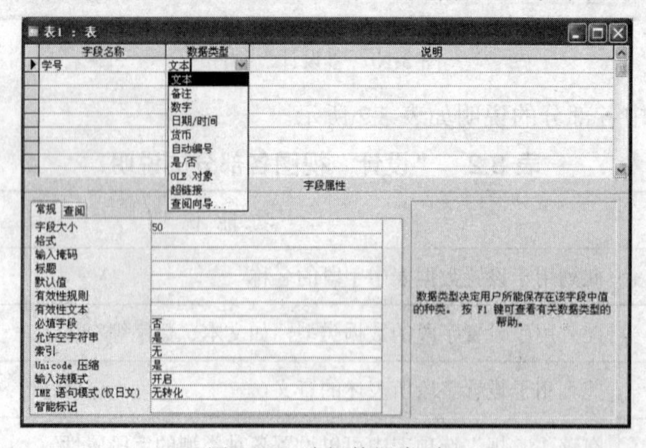

图 3.12　选择数据类型

(4) 重复步骤(3)，在“设计”视图中按表3.3所列的字段名称和数据类型，分别输入表中其他字段的字段名称，并设置相应的数据类型。如果需要，也可以在字段属性区域设置相应的属性值，例如长度等。

(5) 定义完全部字段后，单击第一个字段的字段选定器，然后单击工具栏上的“主关键字”按钮，给所建表定义一个主关键字。

(6) 单击工具栏上的“保存”按钮，这时出现“另存为”对话框，在“另存为”对话框中的“表名称”文本框内输入表名“学生”，如图3.13所示。点击“确定”按钮，结果如图3.14所示。

图3.13 “另存为”对话框

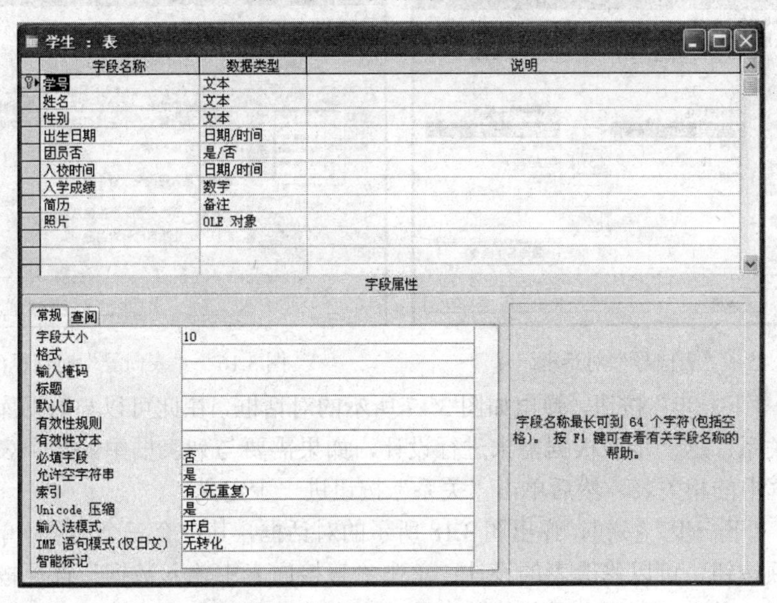

图3.14 在“设计”视图中建立学生表

2. 使用向导创建表

使用“表向导”创建表是在“表向导”的引导下，选择一个表作为基础来创建所需表。这种方法简单、快捷。

【例3.5】 在“教学管理”数据库中使用表向导创建“选课”表，“选课”表结构如表3.4所示。

表3.4 选课表结构

字段名称	数据类型	字段名称	数据类型
选课ID	自动编号	课程编号	文本
学号	文本	成绩	数字

具体操作步骤如下：

(1) 在“教学管理”数据库(见图 3.11)的“表”对象中，双击对象列表中的“使用向导创建表”，打开“表向导”对话框。

(2) 在该对话框中选择“商务”单选按钮，在“示例表”框中选择“学生和课程”表，这时在“示例字段”框中显示“学生和选课”表包含的字段。单击 >> 按钮将“示例字段”列表中的所有字段移到“新表中的字段”列表中，结果如图 3.15 所示。

在选择字段时，也可以单击 > 按钮选择一个字段或双击要选的字段将其加入到“新表中的字段”列表中。若对已选字段不满意，可以使用 < 按钮或 << 按钮取消选择的字段。

(3) 单击“下一步”按钮，弹出“表向导”对话框(二)，在对话框的“请指定表的名称”文本框中输入表名“选课”，再选中“是，帮我设置一个主键”单选按钮，由“表向导”设计表的主关键字，如图 3.16 所示。

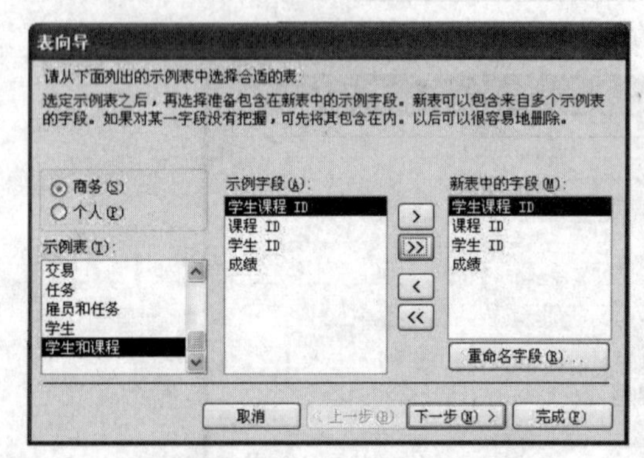

图 3.15　“表向导”对话框(一)

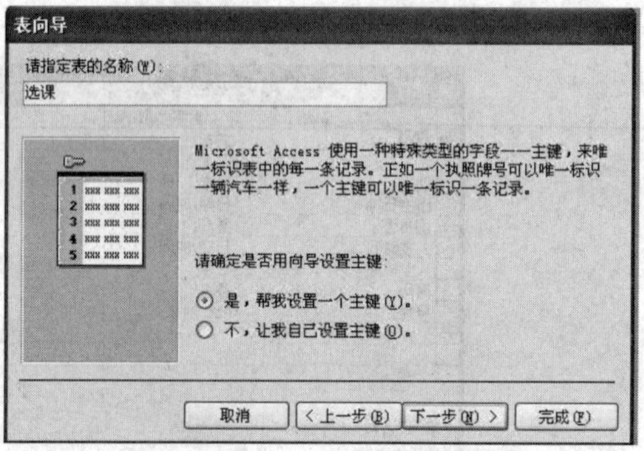

图 3.16　“表向导”对话框(二)

(4) 单击“下一步”按钮，弹出如图 3.17 所示的对话框，在此可以与数据库中的其他表建立或取消关系。这一步应根据需求进行设计，如果需要与列表框中的某个表建立关系，则单击列表框中的相关表，然后单击“关系”按钮进一步定义。

(5) 单击“下一步”按钮，弹出图 3.18 所示的对话框，其中有三个选项：单击“修改表的设计”选项按钮，可以修改表的设计；单击“直接向表中输入数据”选项按钮，可以向表中输入数据；单击“利用向导创建的窗体向表中输入数据”选项按钮，则向导创建一个

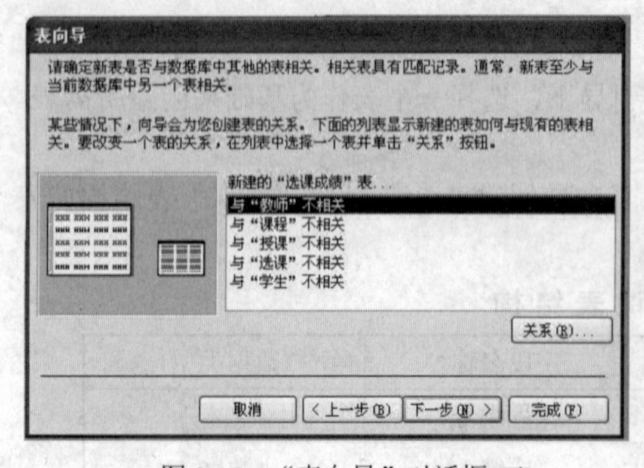

图 3.17　“表向导”对话框(三)

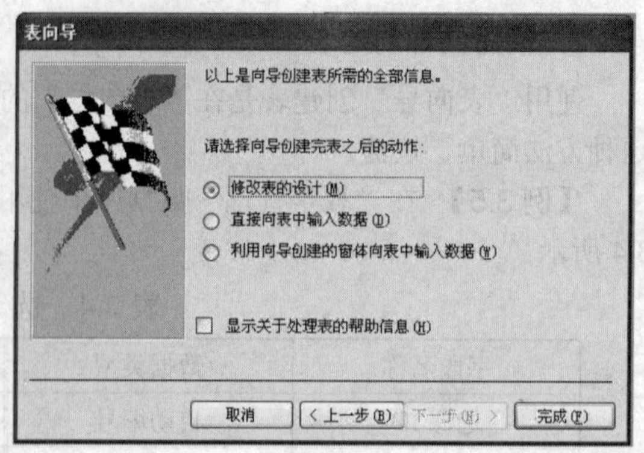

图 3.18　“表向导”对话框(四)

输入数据的窗体。这里选择“修改表的设计”选项按钮。

(6) 单击“完成”按钮，表向导开始创建“选课”表，最后打开“设计”视图显示“选课”表结构，如图3.19所示。

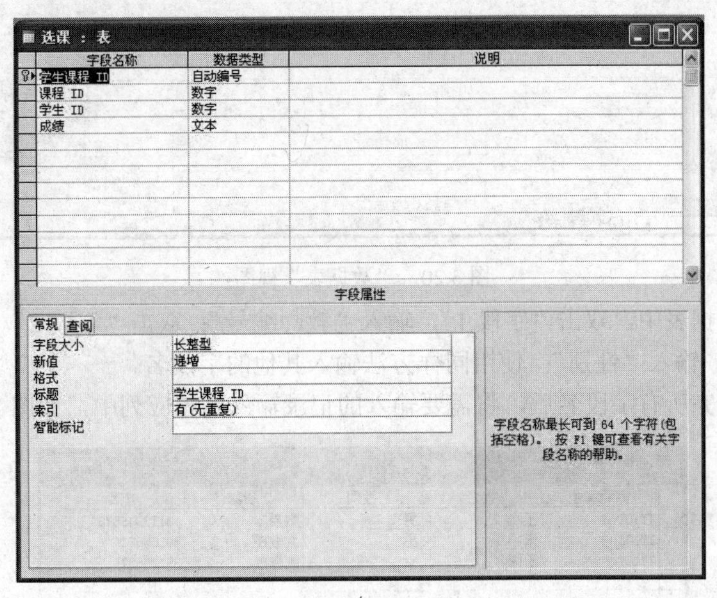

图3.19 “选课”表结构

(7) 在“设计”视图中，对新建表的字段重新命名。这里将字段名“学生课程 ID”改为“选课ID”；“学生ID”改为“学号”，并选择“文本”数据类型；“课程ID”改为“课程编号”，并选择“文本”数据类型；将“成绩”数据类型改为“数字”。

(8) 关闭“设计”视图。

使用“表向导”创建的表结构有时与用户的实际要求有所不同，需要通过“设计”视图对其进行修改。因此，掌握“设计”视图的建立方法对于正确建立表结构非常重要。

3. 通过输入数据创建表

“数据表”视图是按行和列显示表中数据的视图。在“数据表”视图中，可以进行字段的编辑、添加、删除和数据的查找等操作。

【例3.6】 在“教学管理”数据库中，建立“教师”表，教师表结构如表3.5所示。

表3.5 教师表结构

字段名称	数据类型	字段名称	数据类型
教师编号	文本	职称	文本
姓名	文本	电话	文本
性别	文本		

具体操作步骤如下：

(1) 在“教学管理”数据库(见图3.11)的“表”对象中，双击对象列表中的“通过输入数据创建表”，打开一个空数据表，如图3.20所示。表中各个字段的名称依次为“字段1”、“字段2”、“字段3”……

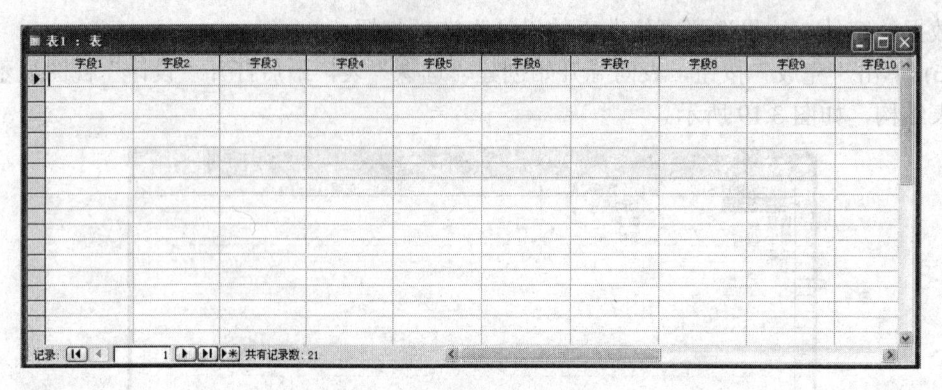

图 3.20　“数据表”视图

(2) 在空数据表中，双击“字段 1”，输入“教师编号”；双击“字段 2”，输入“姓名”；双击“字段 3”，输入“性别”；使用同样方法输入其他的字段名。

(3) 在输入完所有字段名后，将需要输入的记录输入到相应列中，如图 3.21 所示。

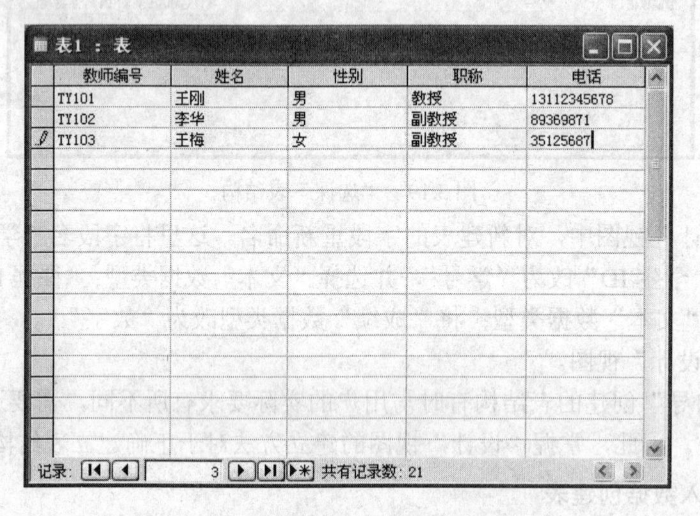

教师编号	姓名	性别	职称	电话
TY101	王刚	男	教授	13112345678
TY102	李华	男	副教授	89369871
TY103	王梅	女	副教授	35125687

图 3.21　输入字段名和数据

(4) 执行“文件”→“保存”菜单命令或单击工具栏上的“保存”按钮，弹出“另存为”对话框，在“表名称”文本框中输入表名“教师”，如图 3.22 所示。

图 3.22　“另存为”对话框

(5) 单击“确定”按钮，弹出一个提示框，询问是否创建主键。单击“是”按钮，将自动产生一个“自动编号”字段，作为主关键字，从 1 开始递增。若单击“否”按钮，则不会产生“自动编号”字段。这里单击“否”按钮，如图 3.23 所示。

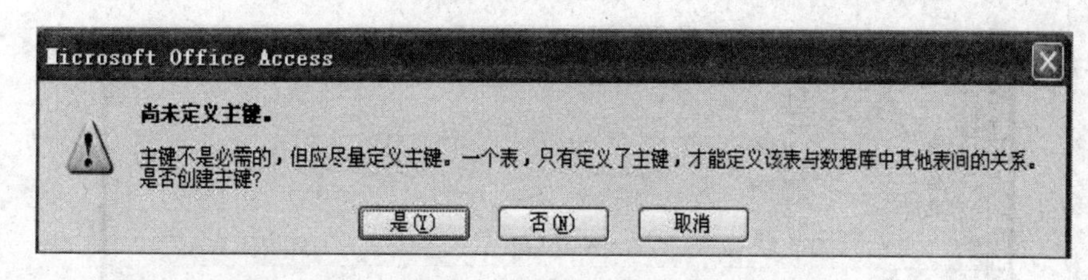

图 3.23 创建主键提示框

通过上述步骤可以发现，使用“数据表”视图建立的表结构，只说明了表中字段名而没有说明每个字段的数据类型和属性值，表结构中所有字段的数据类型都为“文本”型，显然不能满足实际的操作要求，因此可以根据需要进入“设计”视图进行数据类型的修改。

3.2.3 设置字段属性

设置字段属性是为了更准确地描述数据表中存储的数据属性。随着字段数据类型的不同，字段属性区也随之显示相应的属性设置。字段的常规属性如表 3.6 所示。

表 3.6 字段的常规属性

字段属性	说 明
字段大小	规定文本型字段所允许填充的最大字符数，或规定数字型数据的类型和大小
格式	用于设置数据显示或打印的格式
小数位数	用于设置数字和货币数据的小数倍数，默认值是“自动”
标题	用于设置在“数据表”视图以及窗体中显示字段时所用的标题
默认值	用于设置字段的默认值
输入掩码	用特殊字符掩盖实际输入的字符，通常用于加密的字段
有效性规则	字段值的限制范围
有效性文本	当输入的数据不符合有效性规则时显示的提示信息
必填字段	用于设置字段中是否必须有值，若设置是，则该字段必须输入数据，不能设置为空
允许空字符串	是否允许长度为 0 的字符串存储在该字段中
索引	决定是否建立索引的属性，有 3 个选项：无、有(无重复)和有(有重复)

1. 控制“字段大小”

通过设置“字段大小”属性，可以控制字段使用的空间大小。该属性只适用于数据类型为“文本”或“数字”的字段。

【例 3.7】 设置“学生”表中“学号”字段的“字段大小”为 10。

具体操作步骤如下：

(1) 打开“教学管理”数据库，单击“表”对象。

(2) 右键单击“学生”表，在“设计”视图中打开表。

(3) 单击“学号”字段的“字段名称”列，如图 3.24 所示，在“字段大小”文本框中输入 10。

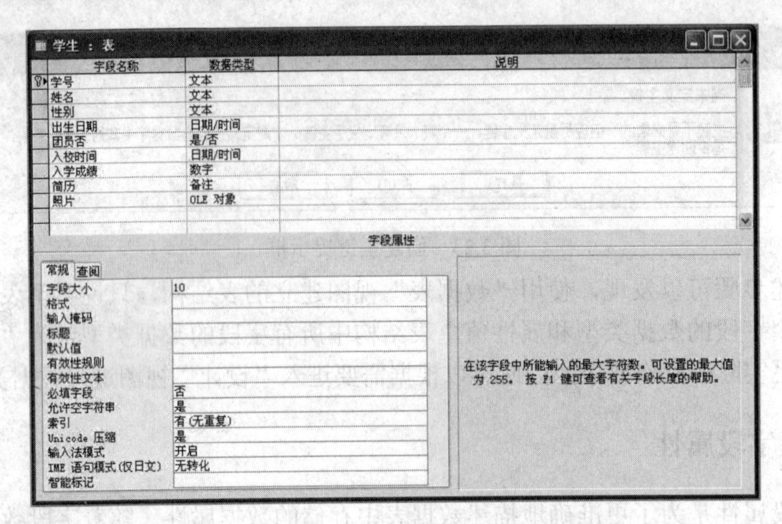

图 3.24　设置“字段大小”

注意：如果文本字段中已经包含数据，减小字段大小可能会截断数据，造成数据丢失。

2. 设置“格式”属性

“格式”属性用来设置数据的打印方式和屏幕显示方式。数据类型不同，格式也不同。

【例 3.8】 将“学生”表中的“入校时间”设置为“短日期”格式。

具体操作步骤如下：

(1) 打开“教学管理”数据库，单击“表”对象。

(2) 右键单击“学生”表，在“设计”视图中打开表。

(3) 单击“入校时间”字段的数据类型，如图 3.25 所示，设置格式为“短日期”。

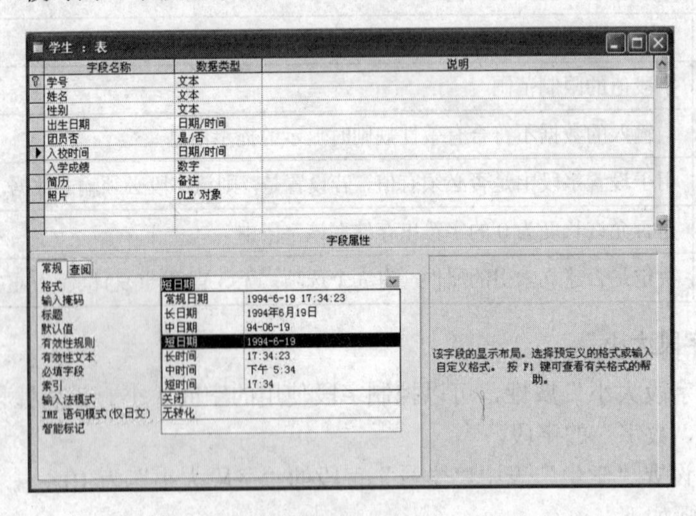

图 3.25　设置“格式”属性

3. 设置字段“默认值”

“默认值”是一个十分有用的属性。在一个数据库中，往往会有一些字段的数据内容相同或含有相同的部分，例如“学生”表中的“团员否”字段只有“是”、“否”两种值，这种情况就可以设置一个默认值。

【例 3.9】 将“学生”表中“团员否”字段的“默认值”属性设置为“Yes”。

具体操作步骤如下：

(1) 在“教学管理”数据库窗口选择“表”对象，在“设计”视图中打开“学生”数据表。

(2) 选择“团员否”字段的“默认值”，在编辑框中输入“Yes”，如图 3.26 所示。

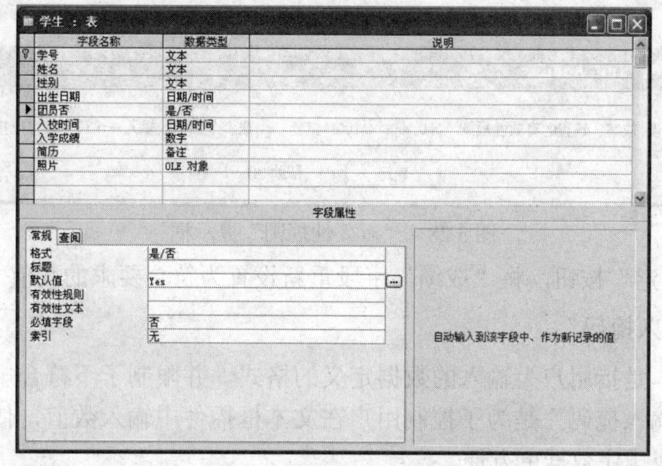

图 3.26　输入“默认值”

4．设置“有效性规则”

“有效性规则”是 Access 中一个非常有用的属性，利用该属性可以防止非法数据输入到表中。“有效性规则”的形式以及设置目的随字段的数据类型不同而不同。对“文本”类型字段，可以设置输入的字符个数不能超过某一个值；对“数字”类型字段，可以规定只接受一定范围内的数据；对“日期/时间”类型字段，可以将数值限制在一定的月份或年份以内。

【例 3.10】 在“选课”表中，将“成绩”字段的取值范围设为 0～100。

具体操作步骤如下：

(1) 在“教学管理”数据库窗口选择“表”对象，在“设计”视图中打开“选课”表。

(2) 选择“成绩”字段，如图 3.27 所示，在“字段属性”区中的“有效性规则”属性框中输入表达式“>=0 And <=100”，并且单击工具栏中的“保存”按钮。

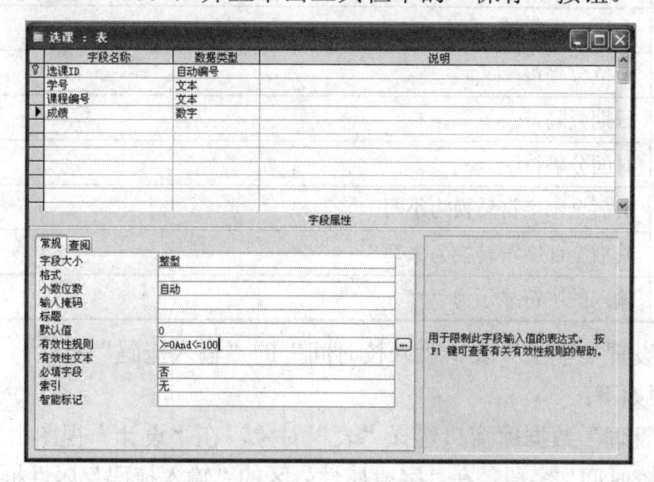

图 3.27　设置“有效性规则”属性

在此步操作中，也可以单击“生成器”按钮启动表达式生成器，利用“表达式生成器”输入表达式。

(3) 单击工具栏中的“视图”按钮切换到“数据表视图”，测试“有效性规则”的效果。在“成绩”字段输入“120”时，再在其他数据上单击，将弹出“有效性规则”提示框，如图 3.28 所示。

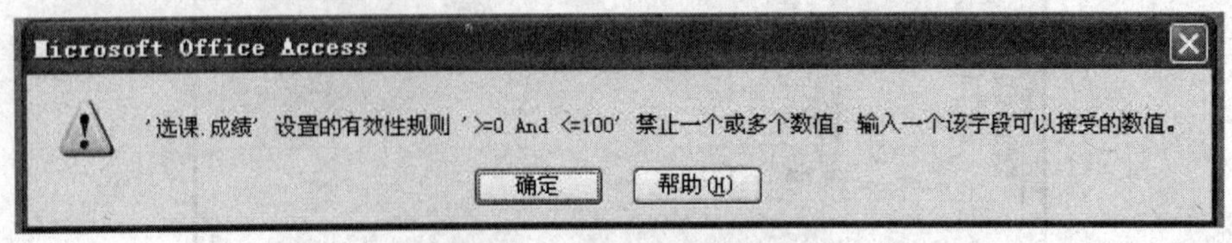

图 3.28 “有效性规则”提示框

(4) 单击“确定”按钮，将“成绩”字段重新设置为符合要求的数值。

5. 使用“输入掩码”

“输入掩码”是指用户为输入的数据定义的格式，并限制了不符合规则的文字和符号的输入。使用“输入掩码”是为了控制用户在文本框控件中输入数值，使之按照特定的格式输入，使查找或排序数据更方便。

在 Access 的字段数据类型中，文本、日期/时间、数字和货币型可以使用“输入掩码”。“输入掩码”属性所使用字符的含义如表 3.7 所示。

表 3.7 “输入掩码”属性所使用字符的含义

字 符	说 明
0	表示数字(0～9)，不允许使用“+/–”符号
9	数字或空格(可选)，不允许使用“+/–”符号
#	数字或空格(可选)，允许使用“+/–”符号
L 和 ?	表示字母(A～Z)，L 是必选项，? 是可选项
C	可以选择输入任何的字符或一个空格
A 和 a	表示数字和字母，A 是必选项，a 是可选项
–	十进制占位符
,	千位分隔符
/	日期分隔符
:	时间分隔符
<	其后全部字符转换为小写
>	其后全部字符转换为大写
密码	输入的字符显示为“*”

【例 3.11】 设置“学生”表中“入校时间”的“输入掩码”属性。

具体操作步骤如下：

(1) 在“教学管理”数据库窗口选择“表”对象，在“设计”视图中打开“学生”表。

(2) 选择“入校时间”字段，在“字段属性”区的“输入掩码”属性框中单击鼠标左键，接着单击右侧的...按钮，打开如图3.29所示的“输入掩码向导”对话框，在该对话框的“输入掩码”列表中选择“短日期”选项。

(3) 单击“下一步”按钮，出现如图3.30所示的“输入掩码向导”对话框(二)，确定输入的掩码方式和分隔符。

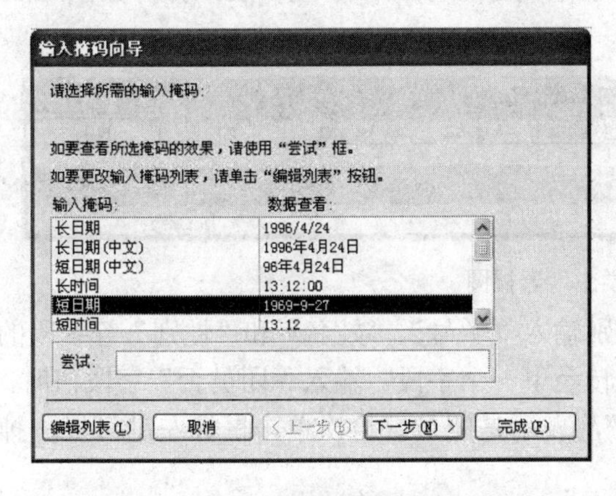

图3.29 “输入掩码向导”对话框(一)

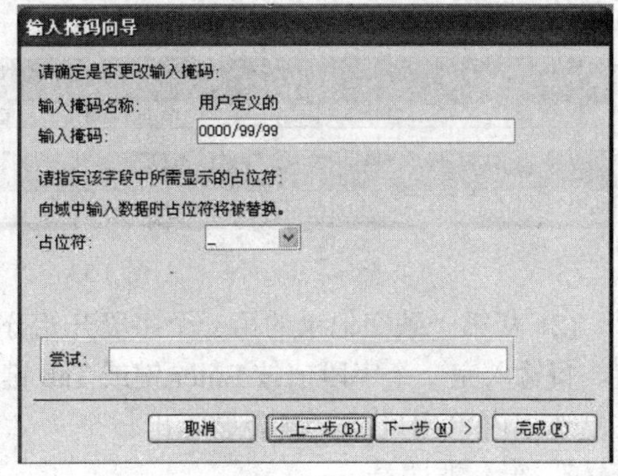

图3.30 “输入掩码向导”对话框(二)

(4) 单击“下一步”按钮，出现如图3.31所示的“输入掩码向导”对话框(三)，单击“完成”按钮。

(5) “输入掩码”栏中的表达式如图3.32所示。单击“保存”按钮保存设置。

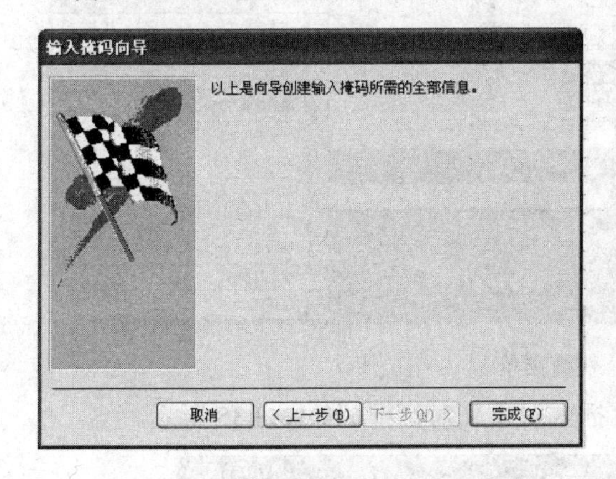

图3.31 “输入掩码向导”对话框(三)

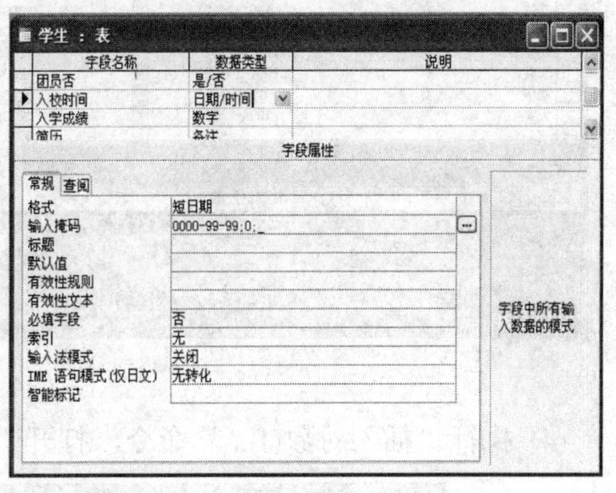

图3.32 掩码“输入”表达式

除上面介绍的字段属性外，Access还提供了如“小数位数”、“标题”、“必填字段”、“索引”等字段属性，用户可根据需要进行选择和设置。

3.2.4 向表中输入数据

表结构建立后，数据表中还没有具体的数据资料，只有输入数据才能建立查询、窗体和报表等对象。

向表中输入数据的方法有两种：一是利用“数据表”视图直接输入数据，二是利用外部已有的数据表。

1. 使用“数据表”视图直接输入数据

【例 3.12】 利用“数据表”视图向“学生”表中输入数据。

具体操作步骤如下：

(1) 在“教学管理”数据库窗口中选择“表”对象，双击“学生”表，打开如图 3.33 所示的表视图。

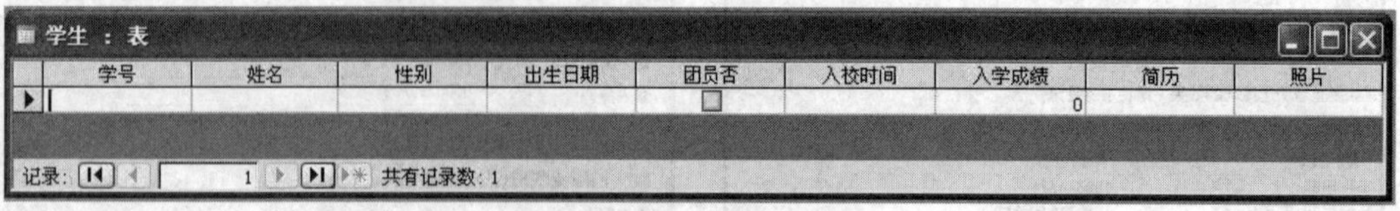

学生 ：表

学号	姓名	性别	出生日期	团员否	入校时间	入学成绩	简历	照片
				☐		0		

记录： 1 共有记录数：1

图 3.33　“学生”表视图

(2) 从第一条空记录的第一个字段开始分别输入“学号”、“姓名”和“性别”等字段的值，每输入完一个字段值按 Enter 键或 Tab 键转至下一个字段。输入“团员否”字段值时，在复选框内单击鼠标左键会显示出一个“√”，表示是团员，再次单击鼠标左键可以去掉“√”，表示非团员。

(3) 输入“照片”时，将鼠标指针指向该记录的“照片”字段列，单击鼠标右键，弹出快捷菜单，如图 3.34 所示。

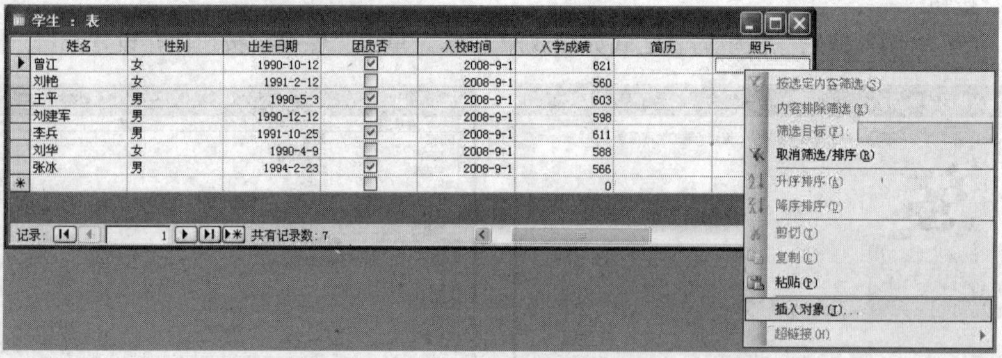

学生 ：表

姓名	性别	出生日期	团员否	入校时间	入学成绩	简历	照片
曾江	女	1990-10-12	☑	2008-9-1	621		
刘艳	女	1991-2-12	☐	2008-9-1	560		
王平	男	1990-5-3	☑	2008-9-1	603		
刘建军	男	1990-12-12	☐	2008-9-1	598		
李兵	男	1991-10-25	☑	2008-9-1	611		
刘华	女	1990-4-9	☐	2008-9-1	588		
张冰	男	1994-2-23	☑	2008-9-1	566		
			☐		0		

记录： 1 共有记录数：7

按选定内容筛选(S)
内容排除筛选(X)
筛选目标(F)：
取消筛选/排序(R)
升序排序(A)
降序排序(D)
剪切(T)
复制(C)
粘贴(P)
插入对象(J)...
超链接(H)

图 3.34　快捷菜单

(4) 执行“插入对象(J)...”命令，打开“插入对象”对话框，如图 3.35 所示。

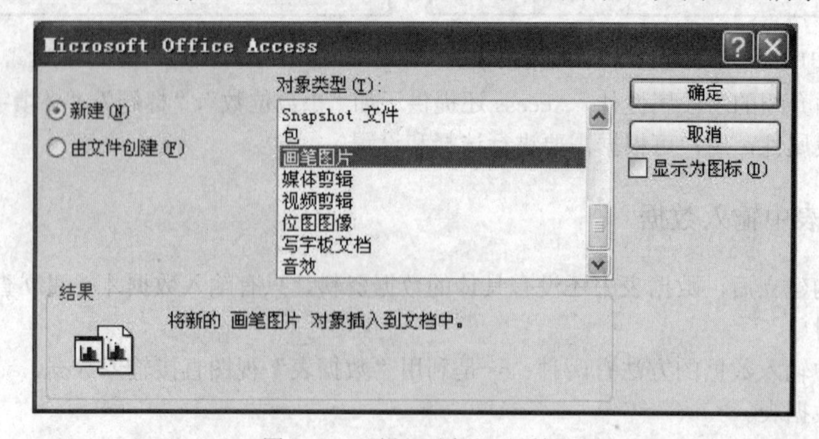

图 3.35　“插入对象”对话框

(5) 在“对象类型”列表框中选中“画笔图片”，单击“确定”按钮。屏幕显示“画图”程序窗口，如图3.36所示。

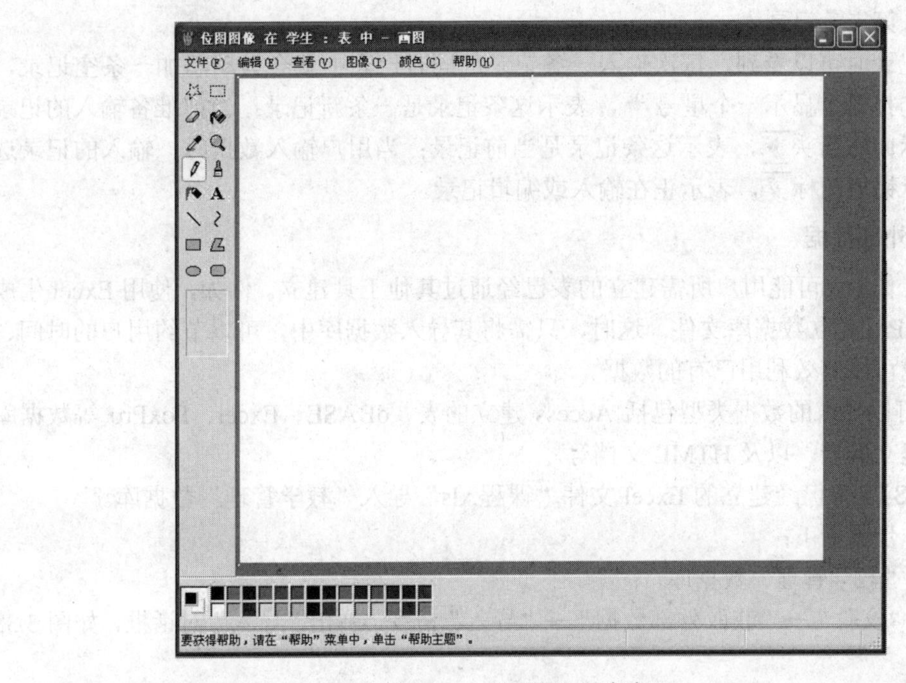

图3.36 “画图”程序窗口

(6) 执行“编辑”→“粘贴来源...”菜单命令，打开“粘贴来源”对话框，如图3.37所示。

图3.37 “粘贴来源”对话框

(7) 在该对话框的“查找范围”中找到存放照片的文件夹并打开；在显示图片的列表框中选中所需图片，然后单击“打开”按钮。

(8) 关闭“画图”程序窗口。

(9) 输入完这条记录的最后一个字段“照片”值后，按 Enter 键或 Tab 键转至下一条记录，接着输入第二条记录。

在输入记录时可以看到，每次输入一条记录的同时，表中就会自动添加一条空记录，且该记录的选择器上显示一个星号 *，表示这条记录是一条新记录；当前准备输入的记录选择器上显示向右箭头 ▶，表示这条记录是当前记录；当用户输入数据时，输入的记录选择器上则显示铅笔图标 ✎，表示正在输入或编辑记录。

2. 获取外部数据

在实际工作中，可能用户所需建立的表已经通过其他工具建立。例如，使用 Excel 生成表，使用 FoxPro 建立数据库文件。这时，只需将其导入数据库中，可以节约用户的时间、简化操作，也可以有效利用已有的数据。

Access 可以导入的数据类型包括 Access 建立的表、dBASE、Excel、FoxPro 等数据库应用程序所建立的表，以及 HTML 文档等。

【例 3.13】 将已经建立的 Excel 文件“课程.xls”导入“教学管理”数据库。

具体操作步骤如下：

(1) 打开“教学管理”数据库。

(2) 执行“文件”→“获取外部数据”→“导入”命令，弹出“导入”对话框，如图 3.38 所示。

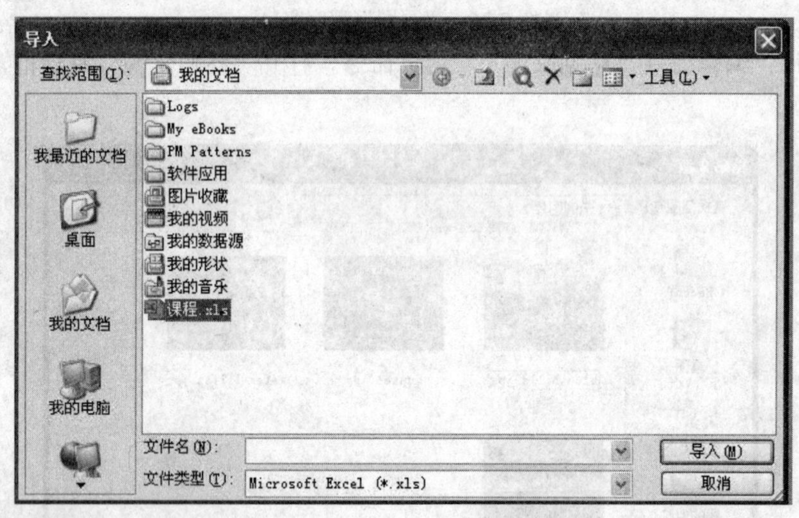

图 3.38 “导入”对话框

(3) 在“导入”对话框的“查找范围”框中找到导入文件的位置，在“文件类型”框中选择“Microsoft Excel(*.xls)”文件类型，在列表中选择“课程.xls”文件。

(4) 单击“导入”按钮，屏幕显示“导入数据表向导”对话框(一)，如图 3.39 所示。该对话框中列出了所要导入表的内容。

(5) 单击“下一步”按钮，屏幕显示“导入数据表向导”对话框(二)，如图 3.40 所示，单击“第一行包含列标题”选项。

图 3.39 “导入数据表向导”对话框(一)

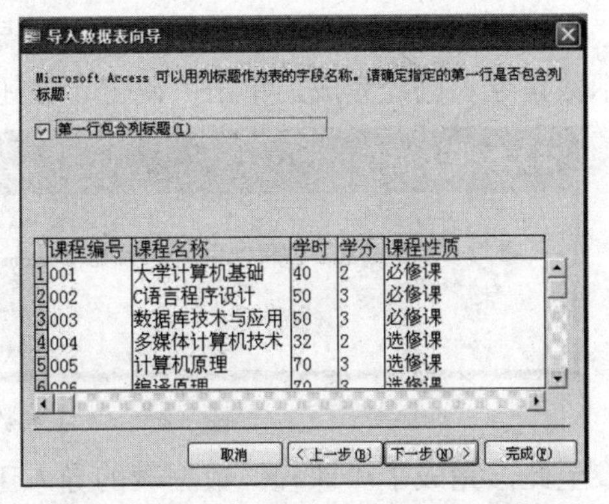

图 3.40 “导入数据表向导”对话框(二)

(6) 单击“下一步”按钮，屏幕显示“导入数据表向导”对话框(三)，如图 3.41 所示。如果要将导入的表放在当前数据库的新表中，单击“新表中”选项；如果要将导入的表存入当前数据库的现有表中，则单击“现有的表中”选项。这里选择“新表中”选项。

(7) 单击“下一步”按钮，屏幕显示“导入数据表向导”对话框(四)，如图 3.42 所示。

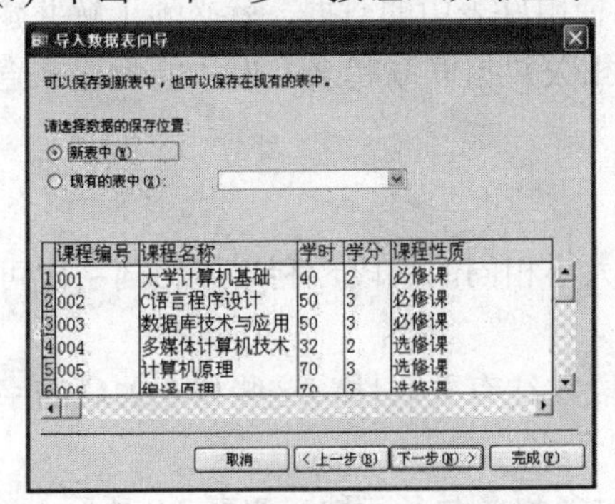

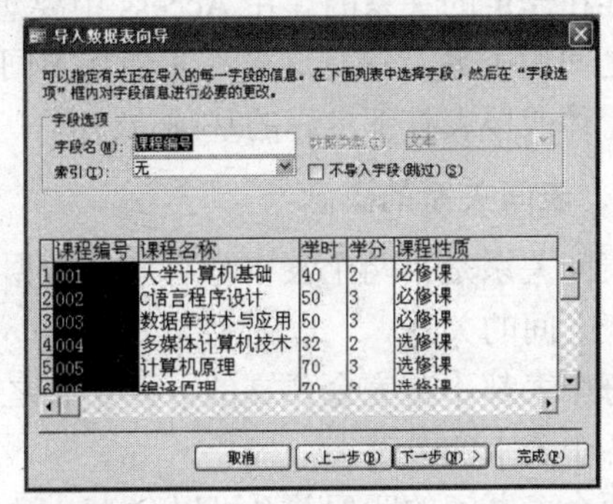

图 3.41 “导入数据表向导”对话框(三) 图 3.42 “导入数据表向导”对话框(四)

(8) 单击“下一步”按钮，屏幕显示“导入数据表向导”对话框(五)，如图 3.43 所示。在该对话框中确定主键。单击“让 Access 添加主键”选项，则由 Access 添加一个自动编号作为主关键字。这里单击“我自己选择主键”单选项，自行确定主关键字。

(9) 单击“下一步”按钮，屏幕显示“导入数据表向导”对话框(六)，如图 3.44 所示。在该对话框的“导入到表”文本框中输入导入表的名称“课程”。

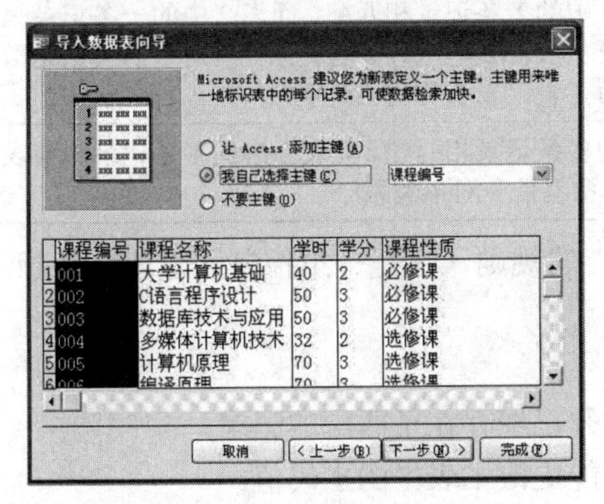

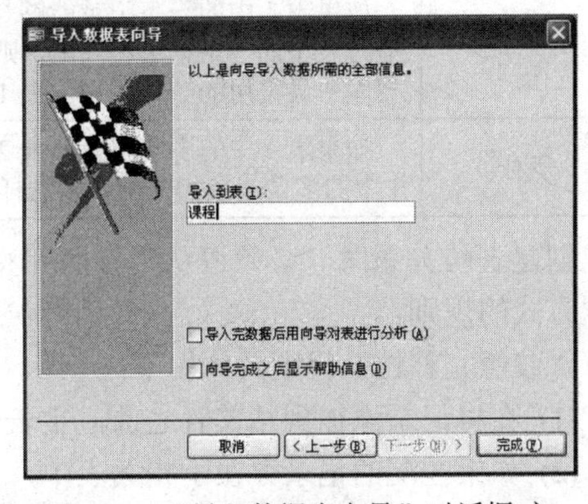

图 3.43 “导入数据表向导”对话框(五) 图 3.44 “导入数据表向导”对话框(六)

(10) 单击“完成”按钮，屏幕显示“导入数据表向导”结果提示框，如图 3.45 所示，提示数据导入已经完成，单击“确定”按钮关闭提示框。

图 3.45 “导入数据表向导”结果提示框

至此，完成了“课程”数据表的导入工作。导入表的类型不同，操作步骤也不同，应按照向导的指引完成导入表的操作。

3.2.5 建立表之间的关系

通过前面的学习，我们已经知道了建立数据库和表的方法。实际上，这些表之间的数据是存在一定的关系的。在 Access 中要想管理和使用好表中的数据，就必须了解并建立表与表之间的关系，只有这样，才能将不同表中的相关数据联系起来，也才能为建立查询、创建窗体或报表打下良好的基础。

1. 表间关系的概念

表间关系是指两个表中都有一个数据类型、大小相同的字段，利用该相同字段可建立两个表之间的关系。

每个表都不是完全孤立的，两个表之间的字段往往有关联性，这些相互关联的字段经常是各个表中的关键字。

两个表之间的匹配关系可以分为一对一、一对多和多对多三种，如表 3.8 所示。

表 3.8 表间的三种关系

匹配关系	说　明
一对一	假设有表 1 和表 2，如果表 1 中的一条记录只能与表 2 中的一条记录相匹配，而表 2 中的一条记录也只能与表 1 中的一条记录相匹配，则这种对应关系就是一对一的关系
一对多	如果表 1 中的一条记录能够与表 2 中的多条记录相匹配，而表 2 中的一条记录只能与表 1 的一条记录相匹配，则称表 1 和表 2 是一对多的关系。一对多的关系是数据库中最常用的一种关系。表 1 称为主表，表 2 称为相关表
多对多	如果表 1 中的多条记录和表 2 中的多条记录相匹配，而表 2 中的多条记录也与表 1 中的多条记录相匹配，则这样的关系就是多对多关系

创建表间关系时，必须遵从“参照完整性”的规则，这是一组控制删除或修改相关表数据方式的规则。

“参照完整性”规则具体如下：

(1) 在将记录添加到相关表之前，主表中必须已经存在了匹配的记录。

(2) 如果匹配的记录存在于相关表中，则不能更改主表中的主码值。

(3) 如果匹配的记录存在于相关表中，则不能删除主表中的记录。

2．建立表间的关系

使用数据库向导创建数据库时，向导自动定义各个表之间的关系，同样使用表向导创建表的同时，也将自动定义该表与数据库中其他表之间的关系。但如果用户没有使用向导创建数据库表，那么就需要自己定义表之间的关系。在定义表之间的关系之前，应把要定义关系的所有表关闭。

【例 3.14】 定义“教学管理”数据库中 5 个表之间的关系。

具体操作步骤如下：

(1) 单击工具栏上的“关系”按钮，打开“关系”窗口，然后单击工具栏上的“显示表”按钮，打开如图 3.46 所示的“显示表”对话框。

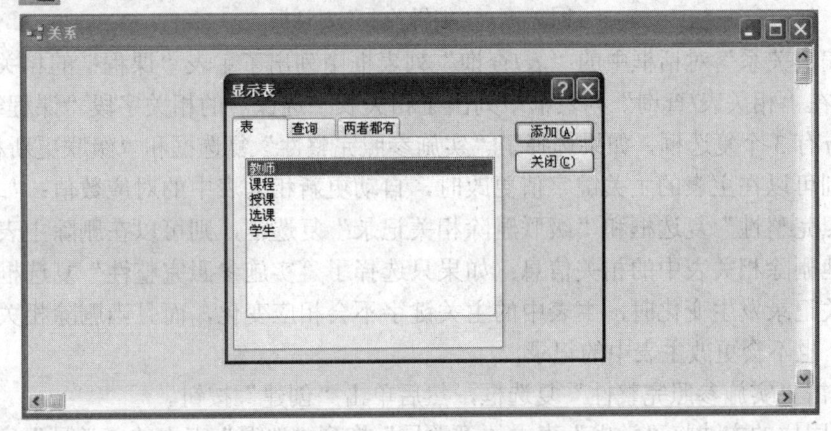

图 3.46 “显示表”对话框

(2) 在“显示表”对话框中，单击“教师”表，然后单击“添加”按钮，接着使用同样的方法将“课程”、“授课”、“选课”和“学生”等表添加到“关系”窗口中。完成后单击“关闭”按钮，关闭“显示表”窗口，屏幕显示如图 3.47 所示。

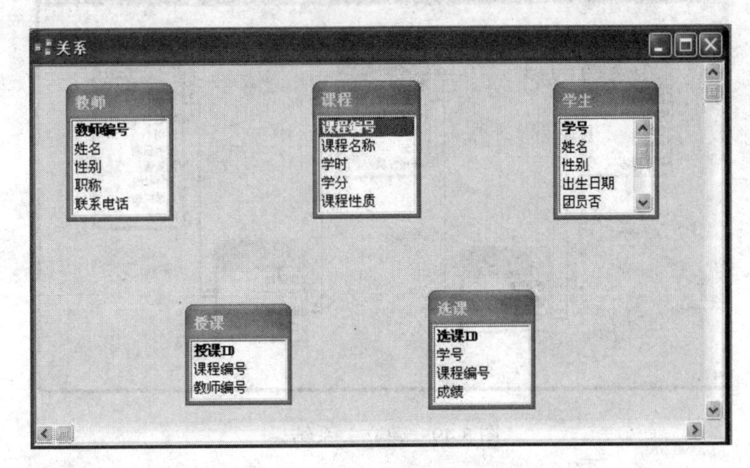

图 3.47 “关系”窗口

(3) 选定“课程”表中的“课程编号”字段，然后按下鼠标左键并拖动到“选课”表中的“课程编号”字段上，松开鼠标。这时屏幕显示如图 3.48 所示的“编辑关系”对话框。

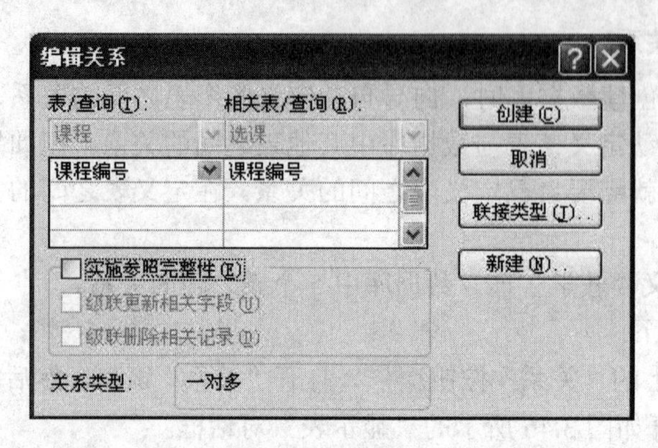

图 3.48　“编辑关系”对话框

在“编辑关系”对话框中的“表/查询”列表框中列出了主表“课程”的相关字段“课程编号”，在“相关表/查询”列表框中列出了相关表“选课”的相关字段“课程编号”。在列表框下方有 3 个复选框，如果选择了“实施参照完整性”复选框和“级联更新相关字段”复选框，则可以在主表的主关键字值更改时，自动更新相关表中的对应数值；如果选择了“实施参照完整性”复选框和“级联删除相关记录”复选框，则可以在删除主表中的记录时，自动地删除相关表中的相关信息；如果只选择了“实施参照完整性”复选框，则相关表中的相关记录发生变化时，主表中的主关键字不会相应变化，而且当删除相关表中的任何记录时，也不会更改主表中的记录。

(4) 单击“实施参照完整性”复选框，然后单击“创建”按钮。

(5) 用同样的方法将“学生”表中的“学号”拖到“选课”表中的“学号”字段上，将“教师”表中的“教师编号”拖到“授课”表中的“教师编号”字段上，将“课程”表中的“课程编号”拖到“授课”表中的“课程编号”字段上，如图 3.49 所示。

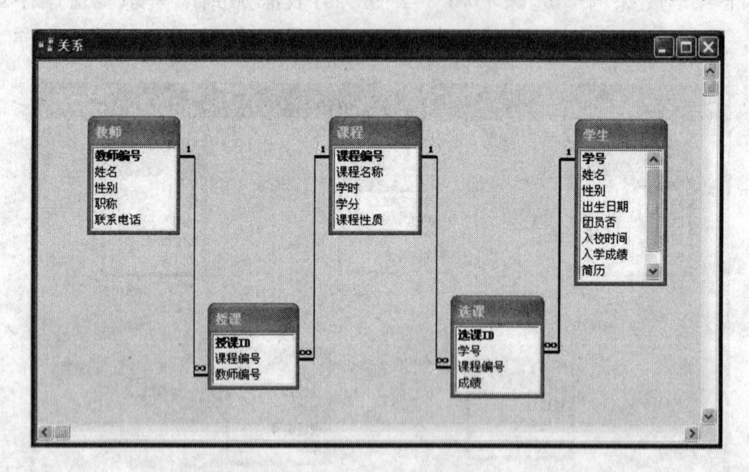

图 3.49　建立关系结果

(6) 单击“关闭”按钮，这时 Access 询问是否保存布局的更改，单击“是”按钮。

3. 编辑与删除表间关系

编辑表间关系的方法是：首先关闭所有打开的表，然后单击工具栏上的“关系”按钮，屏幕显示“关系”窗口；双击要更改关系的连线，打开“编辑关系”对话框，在该对话框中重新选择复选框，然后单击“创建”按钮。

删除表间关系的方法是：单击要删除关系的连线，然后按 Del 键。

如果要清除“关系”窗口，单击工具栏上的“清除版面”按钮 ，然后单击“是”按钮。

3.3 维 护 表

在创建数据库和表时，由于种种原因，可能会有不合适的地方，而且随着数据库的不断使用也需要增加一些字段或删除一些字段，这就需要对数据表不断地进行维护。本节将详细介绍维护表的基本操作。

3.3.1 打开和关闭表

修改表的结构和记录前，首先要打开相应的表；完成操作后，要关闭表。

1. 在“设计”视图中打开表

【例 3.15】 在“设计”视图中打开“教学管理”数据库中的“学生”表。

具体操作步骤如下：

(1) 在“教学管理”数据库窗口中选择“表”对象，再选择“学生”表。

(2) 单击窗口菜单上的“设计”按钮 设计(D)，在“设计”视图中打开“学生”表，结果如图 3.50 所示。

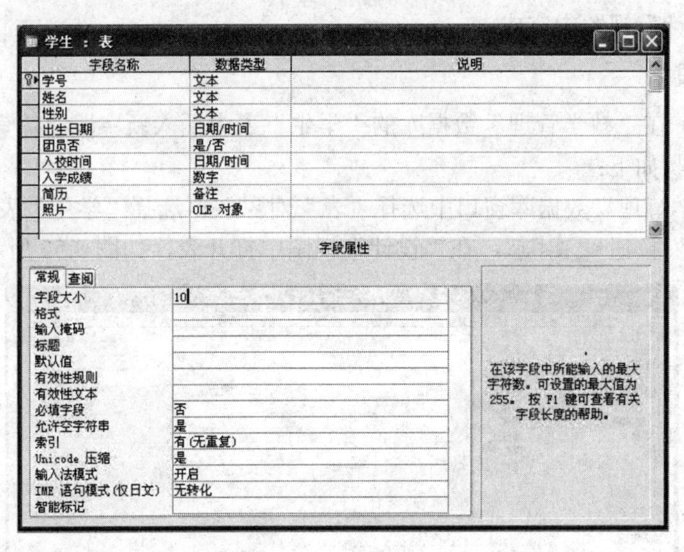

图 3.50 在“设计”视图中打开“学生”表

2. 在“数据表”视图中打开表

【例 3.16】 在“数据表”视图中打开“学生”表。

具体操作步骤如下：

(1) 在“教学管理”数据库窗口中选择“表”对象，再选择“学生”表。

(2) 单击“打开”按钮打开(O)，或直接双击要打开表的名称，此时，Access 打开所需的表，如图 3.51 所示。

学生 : 表

学号	姓名	性别	出生日期	团员否	入校时间	入学成绩	简历	照片
0801101	曾江	女	1990-10-12	☑	2008-9-1	621		位图图像
0801102	刘艳	女	1991-2-12	☐	2008-9-1	560		
0801103	王平	男	1990-5-3	☑	2008-9-1	603		
0801104	刘建军	男	1990-12-12	☐	2008-9-1	598		
0801105	李兵	男	1991-10-25	☑	2008-9-1	611		
0801106	刘华	女	1990-4-9	☐	2008-9-1	588		
0801107	张冰	男	1994-2-23	☑	2008-9-1	566		
				☐		0		

记录: 1 共有记录数: 7

图 3.51　在“数据表”视图中打开“学生”表

“数据表”视图和“设计”视图的区别：“数据表”视图一般用于维护表中的数据，“设计”视图一般用于修改表的结构。

3．关闭表

执行“文件”→“关闭”菜单命令或单击窗口中的“关闭”按钮，都可以关闭表。若对表的结构和记录进行修改后，出现一个提示框，有“是”、“否”、“取消”3 个按钮，单击“是”按钮表示保存所做的修改，单击“否”表示放弃所做的修改，单击“取消”按钮表示取消此操作。

3.3.2　修改表的结构

修改表结构的操作主要包括增加字段、删除字段、修改字段和设置主关键字等，这些操作必须在“设计”视图中完成。

1．添加字段

【例 3.17】 在“教学管理”数据库的“学生”表中插入新字段“籍贯”。

具体操作步骤如下：

(1) 在“教学管理”数据库窗口中选择“表”对象，再选择“学生”表，然后单击窗口菜单上的“设计”按钮设计(D)，在“设计”视图中打开表，如图 3.52 所示。

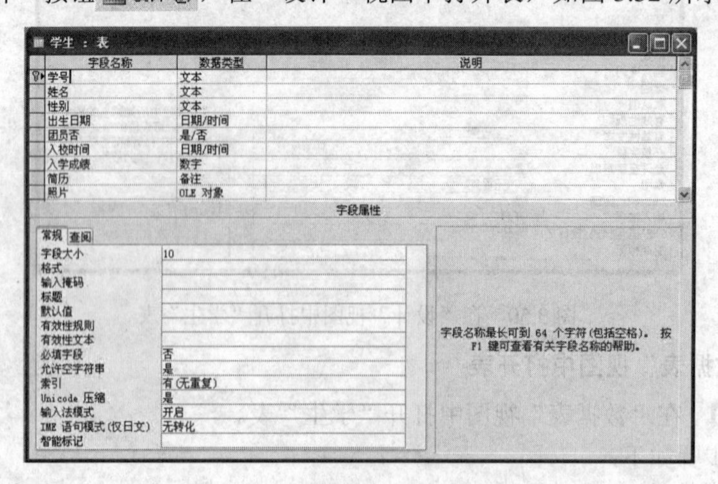

图 3.52　在“设计”视图中打开表

(2) 将鼠标指针移动到要插入新字段的位置，然后在该字段上单击鼠标右键，弹出快捷菜单，如图 3.53 所示。

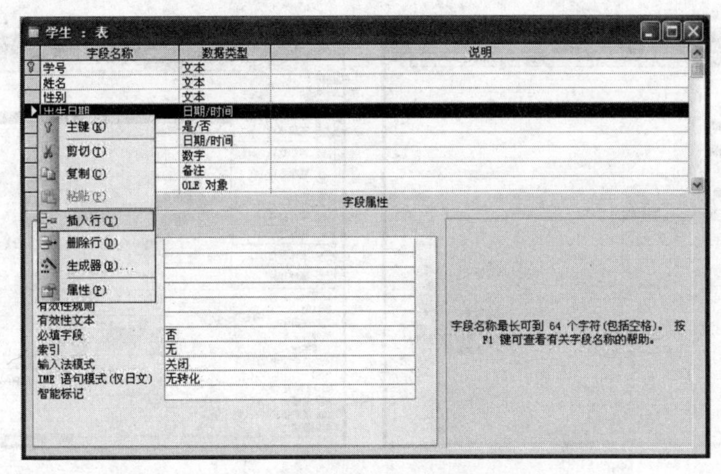

图 3.53 单击右键弹出快捷菜单

(3) 在快捷菜单中选择“插入行”命令，数据表中将出现新的空白行，然后在新行的“字段名称”列中输入新的名称“籍贯”，并单击“数据类型”右边的向下箭头按钮，在弹出的列表中选择“文本”，如图 3.54 所示。

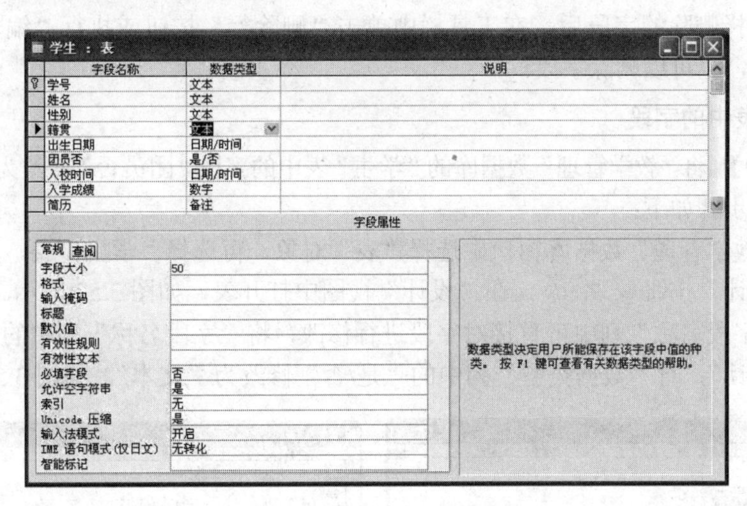

图 3.54 插入“籍贯”字段

(4) 添加完字段后，单击工具栏上的“保存”按钮，保存更改后的数据表。

此外，选择插入行的位置，在工具栏中单击“插入行”按钮或执行“插入”→“行”菜单命令，也可以插入字段。

2．删除字段

【例 3.18】 删除“教学管理”数据库“学生”表中的“籍贯”字段。

具体操作步骤如下：

(1) 在“教学管理”数据库窗口中选择“表”对象，再选择“学生”表，然后单击窗口菜单上的“设计”按钮 设计(D)，在“设计”视图中打开表，如图 3.55 所示。

(2) 将鼠标指针移动到要删除的字段行上，然后在该字段上单击鼠标右键，弹出快捷菜单，如图 3.56 所示。

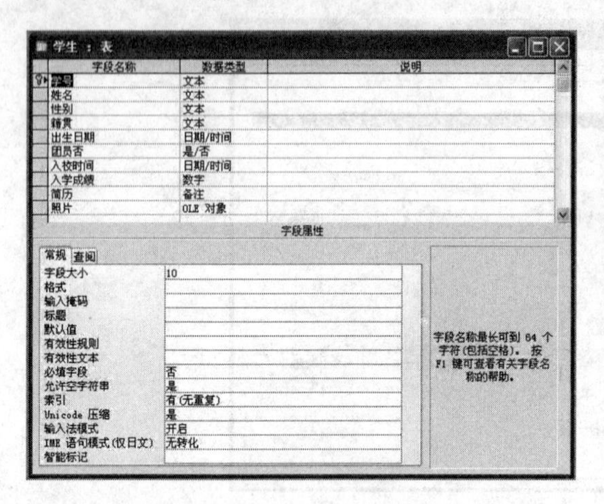

图 3.55　在“设计”视图中打开表

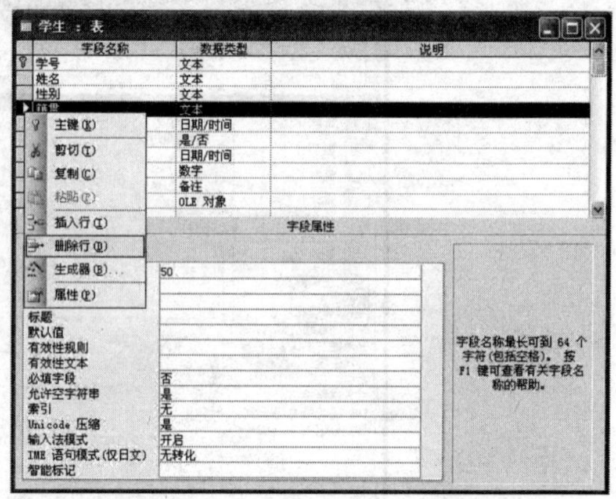

图 3.56　单击鼠标右键弹出快捷菜单

(3) 在快捷菜单中选择“删除行”命令，弹出提示框，单击“是”按钮，将永久删除所选的字段。

(4) 删除完字段后，单击工具栏上的“保存”按钮，将保存更改后的数据表。

此外，选择删除的字段后，在工具栏中单击“删除行”按钮或执行“编辑”→“删除行”菜单命令，也可以删除字段。

3. 修改表中的字段

【例 3.19】 将“教学管理”数据库的“学生”表中的字段“团员否”修改为“联系电话”。

具体操作步骤如下：

(1) 在“教学管理”数据库窗口中选择“表”对象，再选择“学生”表，然后单击窗口菜单上的“设计”按钮 设计(D)，在“设计”视图中打开表，如图 3.57 所示。

(2) 在“字段名称”列中可直接对字段进行修改，将“字段名称”列中的“团员否”修改为“联系电话”，将“数据类型”列中的“是/否”修改为“文本”，如图 3.58 所示。

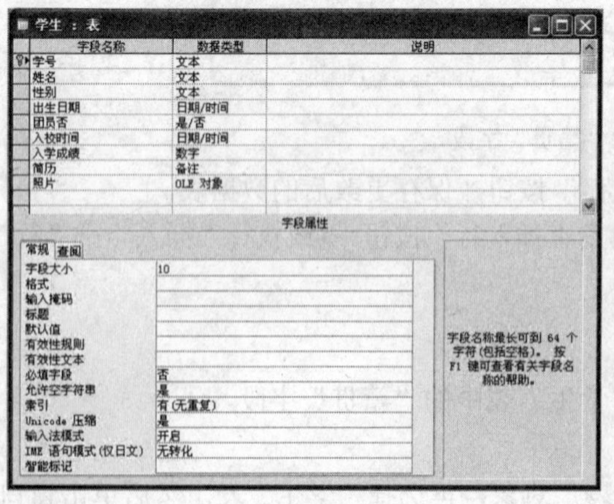

图 3.57　修改前视图

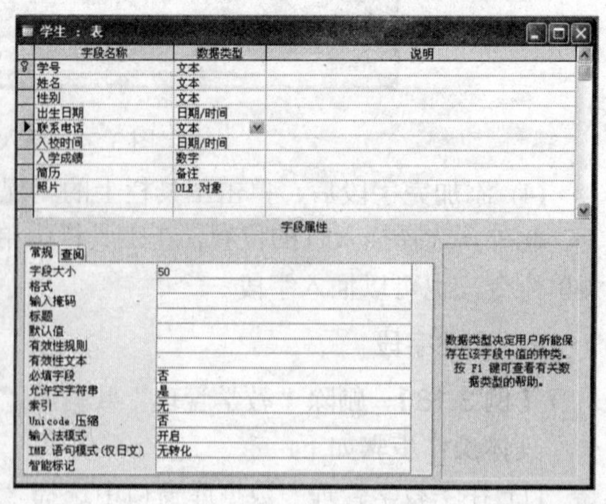

图 3.58　修改后视图

(3) 修改完字段后，单击工具栏上的“保存”按钮，将保存设置后的数据表。

4．设置主关键字

【例3.20】 为“教学管理”数据库中的“学生”表设置主关键字“学号”。

具体操作步骤如下：

(1) 在“教学管理”数据库窗口中选择“表”对象，再选择“学生”表，然后单击窗口菜单上的“设计”按钮设计(D)，在“设计”视图中打开“学生”数据表。

(2) 在“设计”视图中，选择要建立主关键字的字段“学号”，然后单击工具栏上的“主键”按钮。这时，设置主关键字的字段选择器上显示“主关键字”图标，表明该字段为主关键字字段，如图3.59所示。

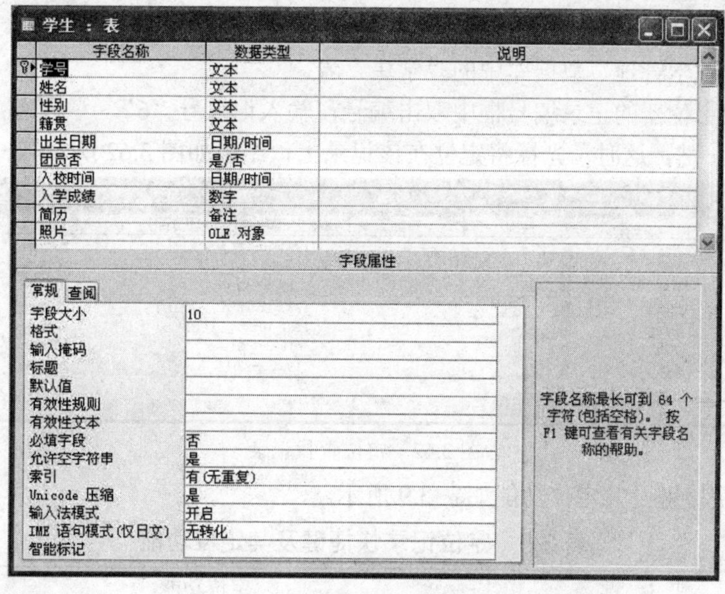

图3.59　设置主关键字

设置主关键字的其他方法：

(1) 选择要设置主关键字的字段后，单击鼠标右键，弹出快捷菜单，选择“主键”命令，如图3.60所示。

(2) 执行“编辑”→“主键”菜单命令，如图3.61所示。

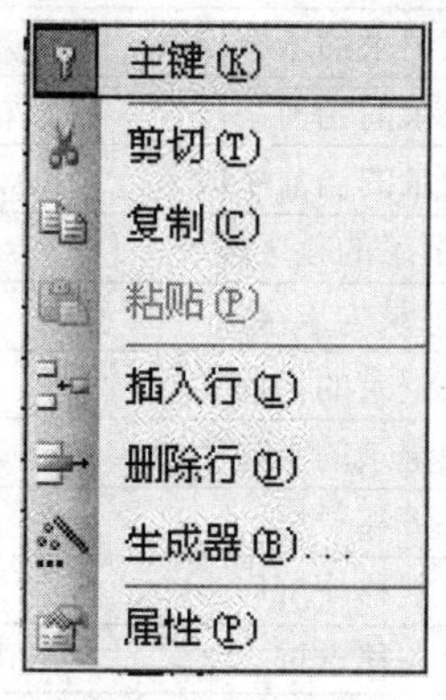

图3.60　快捷菜单

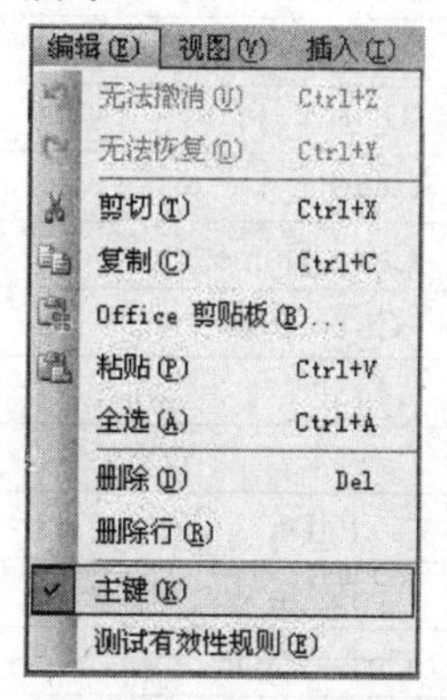

图3.61　菜单命令

3.3.3　编辑表中的内容

编辑表中的内容是为了确保表中数据的准确，使所建表能够满足实际需要。编辑表中内容的操作主要包括定位记录、选择记录、添加记录、删除记录、复制数据以及修改数据等。

1．定位记录

数据表中有了数据后，修改是经常要做的操作，其中定位和选择记录是首要的任务。常用的记录定位方法有两种：一是使用记录号定位；二是使用快捷键定位。

【例 3.21】 将指针定位到“教学管理”数据库中“学生”表的第 6 条记录上。

具体操作步骤如下：

(1) 打开“教学管理”数据库中的“学生”表。

(2) 在记录定位器的记录编号框中双击编号，输入记录号“6”。

(3) 按 Enter 键，这时，光标将定位在该记录上，结果如图 3.62 所示。

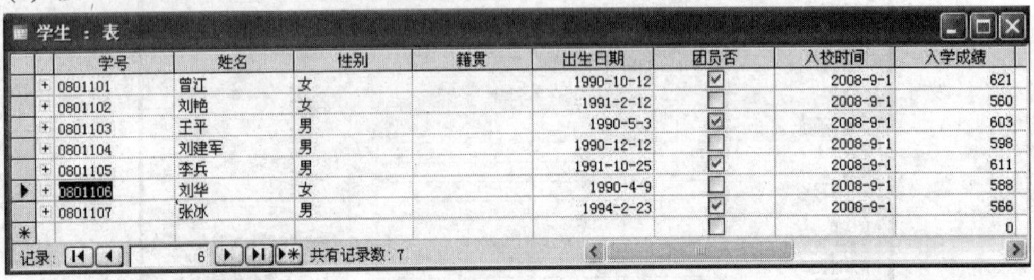

学生 : 表

		学号	姓名	性别	籍贯	出生日期	团员否	入校时间	入学成绩
	+	0801101	曾江	女		1990-10-12	☑	2008-9-1	621
	+	0801102	刘艳	女		1991-2-12	☐	2008-9-1	560
	+	0801103	王平	男		1990-5-3	☑	2008-9-1	603
	+	0801104	刘建军	男		1990-12-12	☐	2008-9-1	598
	+	0801105	李兵	男		1991-10-25	☑	2008-9-1	611
▶	+	0801106	刘华	女		1990-4-9	☐	2008-9-1	588
	+	0801107	张冰	男		1994-2-23	☑	2008-9-1	566
*							☐		0

记录: 6　共有记录数: 7

图 3.62　定位查找记录

定位记录快捷键及其定位功能如表 3.9 所示。

表 3.9　定位记录快捷键及其定位功能

快 捷 键	定位功能
Tab	下一字段
回车	下一字段
→	下一字段
←	上一字段
Home	当前记录的首字段
End	当前记录的末字段
Ctrl + ↑	首记录的当前字段
Ctrl + ↓	末记录的当前字段
Ctrl + Home	首记录的首字段
Ctrl + End	末记录的末字段
↑	上一条记录的当前字段
↓	下一条记录的当前字段
PgDn	下移一屏
PgUp	上移一屏
Ctrl + PgDn	左移一屏
Ctrl + PgUp	右移一屏

2. 选择记录

Access 提供了两种选择记录的方法，即鼠标选择和键盘选择，具体方法见表 3.10～表 3.12。

表 3.10 用鼠标选择数据范围

选取范围	选 取 方 法
选择字段中的部分数据	单击开始处，拖动鼠标指针至结尾处
选择字段中的全部数据	单击字段左边，鼠标指针变成✚形状后单击鼠标左键
选择相邻多个字段中的数据	单击第一个字段左边，鼠标指针变成✚形状后，拖动鼠标至最后一个字段结尾处
选择一列数据	单击该列字段的选定器
选择一行数据	单击该行记录的选定器

表 3.11 用鼠标选择记录范围

选取范围	选 取 方 法
选择一条记录	单击记录选定器
选择多条记录	单击首记录的记录选定器，按住鼠标左键，拖动鼠标至选定范围结尾处
选择所有记录	执行“编辑”→“选择所有记录”菜单命令

表 3.12 用键盘选择数据范围

选取范围	选 取 方 法
某一字段的部分数据	将鼠标指针移到字段开始处，按住 Shift 键的同时按下方向键至结尾处
整个字段的数据	将鼠标指针移到字段中，按下 F2 键
相邻多个字段	选择第一个字段，再按住 Shift 键的同时按下方向键至结尾处

3. 添加记录

【例 3.22】 向“教学管理”数据库的“学生”表中新增一条记录。

具体操作步骤如下：

(1) 打开“教学管理”数据库，选择“表”对象，再双击打开“学生”表，如图 3.63 所示。

(2) 单击窗口下方的“新增记录”按钮▶*，鼠标指针将自动跳到新记录的第 1 个字段，输入所需数据，如图 3.64 所示。

图 3.63 插入记录前的数据表

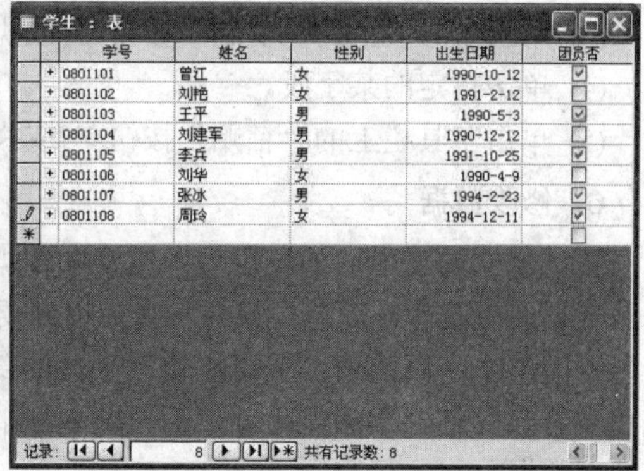

学生 : 表

学号	姓名	性别	出生日期	团员否
0801101	曾江	女	1990-10-12	☑
0801102	刘艳	女	1991-2-12	☐
0801103	王平	男	1990-5-3	☑
0801104	刘建军	男	1990-12-12	☐
0801105	李兵	男	1991-10-25	☑
0801106	刘华	女	1990-4-9	☐
0801107	张冰	男	1994-2-23	☑
0801108	周玲	女	1994-12-11	☑

记录: 8 共有记录数: 8

图 3.64 插入记录后的数据表

新增记录的其他方法：

(1) 选择工具栏上的“新记录”按钮▶*。

(2) 执行“插入”→“新记录”菜单命令。

4．删除记录

【例 3.23】 删除“教学管理”数据库的“学生”表中的一条记录。

具体操作步骤如下：

(1) 在“教学管理”数据库窗口中选择“表”对象，然后双击打开“学生”表。

(2) 选择要删除记录的选择器，然后单击工具栏上的“删除记录”按钮▶✕，出现删除记录提示框，如图 3.65 所示。

图 3.65　“删除记录”提示框

(3) 单击“是”按钮，选择的记录被删除，删除后的记录不可恢复。

删除记录的其他方法：

(1) 选择要删除的记录，单击鼠标右键，弹出快捷菜单，选择“删除记录”命令。

(2) 执行“编辑”→“删除记录”菜单命令。

若要删除相邻的多条记录，可以使用鼠标拖动选中多条记录，然后单击工具栏上的“删除记录”按钮，则删除全部选定的记录。

5．复制数据

在输入或编辑数据时，有些数据可能相同或相似，这时可以使用复制和粘贴操作将某字段中的部分或全部数据复制到另一个字段中。其具体操作步骤如下：

(1) 在“数据库”窗口的“表”对象中，双击打开要修改数据的表。

(2) 将鼠标指针指向要复制数据字段的最左边，在鼠标指针变为✚时，单击鼠标左键，选中整个字段。如果要复制部分数据，将鼠标指针指向要复制数据的开始位置，然后拖动鼠标到结束位置，这时字段的部分数据将被选中。

(3) 单击工具栏上的“复制”按钮或执行“编辑”→“复制”菜单命令。

(4) 单击指定的某字段。

(5) 单击工具栏上的“粘贴”按钮或执行“编辑”→“粘贴”菜单命令。

6．修改数据

在已建立的表中，如果出现了错误的数据，可以对其进行修改。在“数据表”视图中修改数据的方法非常简单，只要将光标移到要修改数据的相应字段直接修改即可。修改时，可以修改整个字段的值，也可以修改字段的部分数据。如果要修改字段的部分数据，可以先将要修改的部分数据删除，然后再输入新的数据；也可以先输入新数据，再删除要修改部分的数据。

3.3.4 调整表的外观

调整表的结构和外观是为了使表看上去更清楚、美观。调整表操作包括改变字段次序、设置数据字体和背景颜色、调整表的行高和列宽，以及冻结和隐藏列等。

1. 改变字段次序

在缺省设置下，Access 中的字段次序与它们在表中或查询中出现的次序相同，但有时因为显示需要，必须调整字段次序。

【例 3.24】 将“教学管理”数据库的“学生”表中的“学号”和“姓名”字段互换位置。

具体操作步骤如下：

(1) 打开“教学管理”数据库中的“学生”表。

(2) 将鼠标指针放置在“学号”字段上，选中整列，如图 3.66 所示。

(3) 按下鼠标左键，将“学号”列拖动至“姓名”列的右边，释放左键，如图 3.67 所示。

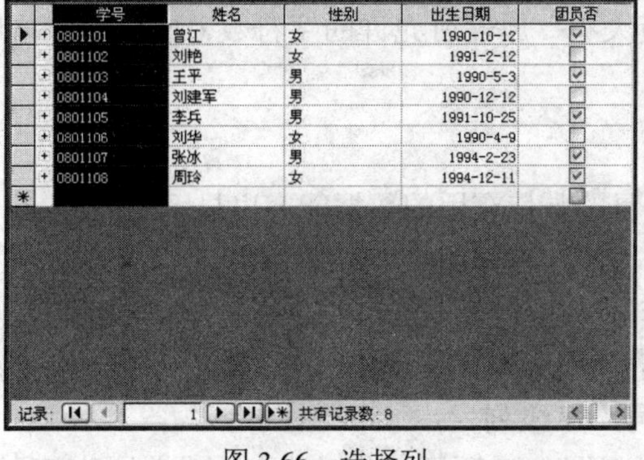

学号	姓名	性别	出生日期	团员否
0801101	曾江	女	1990-10-12	☑
0801102	刘艳	女	1991-2-12	☐
0801103	王平	男	1990-5-3	☑
0801104	刘建军	男	1990-12-12	☐
0801105	李兵	男	1991-10-25	☑
0801106	刘华	女	1990-4-9	☐
0801107	张冰	男	1994-2-23	☑
0801108	周玲	女	1994-12-11	☑

图 3.66 选择列

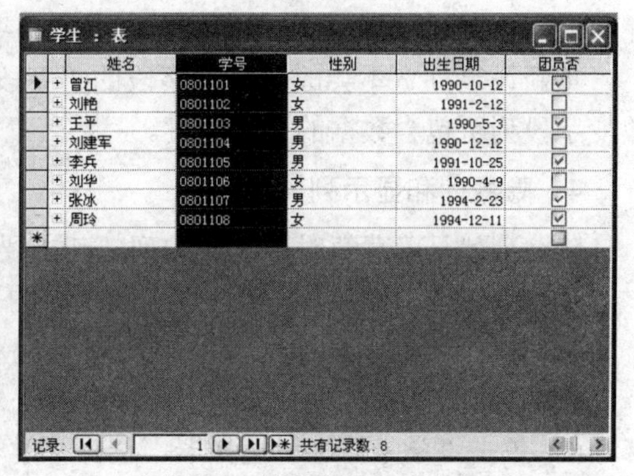

姓名	学号	性别	出生日期	团员否
曾江	0801101	女	1990-10-12	☑
刘艳	0801102	女	1991-2-12	☐
王平	0801103	男	1990-5-3	☑
刘建军	0801104	男	1990-12-12	☐
李兵	0801105	男	1991-10-25	☑
刘华	0801106	女	1990-4-9	☐
张冰	0801107	男	1994-2-23	☑
周玲	0801108	女	1994-12-11	☑

图 3.67 改变字段显示次序

2. 调整字段显示高度

在表中，有时由于数据过长或所设置字号过大，使数据显示不完整。为了能够完整地显示字段中的全部数据，可以调整字段显示的宽度或高度。调整字段显示高度有两种方法，即使用鼠标和菜单命令。

使用鼠标调整字段显示高度的操作步骤如下：

(1) 在“数据库”窗口的“表”对象下，双击所需的表。

(2) 将鼠标指针放在表中任意两行选定器之间，这时鼠标指针变为双箭头。

(3) 按住鼠标左键，拖动鼠标上、下移动，当调整到所需高度时，松开鼠标左键。

使用菜单命令调整字段显示高度的操作步骤如下：

(1) 在“数据库”窗口的“表”对象下，双击所需的表。

(2) 单击数据表中的任意单元格。

(3) 单击“格式 ”菜单中的“行高”命令，这时屏幕上出现“行高”对话框。

(4) 在该对话框的“行高”文本框内输入所需的行高值，如图 3.68 所示。

(5) 单击“确定”按钮。

改变行高后，整个表的行高都得到了调整。

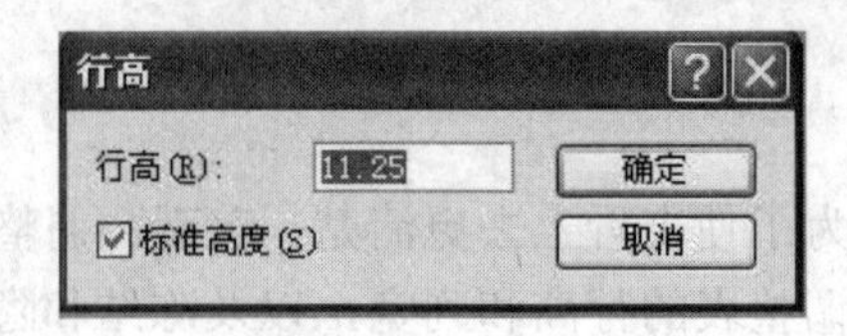

图 3.68　设置行高

3. 调整字段显示宽度

与调整字段显示高度的操作一样，调整宽度也有两种方法，即使用鼠标和菜单命令。使用鼠标调整时，首先将鼠标指针放在要改变宽度的两列字段名中间，当鼠标指针变为双向箭头时，按住鼠标左键并拖动鼠标左、右移动，调整到所需宽度时，松开鼠标左键。在拖动字段列中间的分隔线时，如果将分隔线拖动到下一个字段列的右边界外，即超过右边界时，将会隐藏该列。

使用菜单命令调整宽度时，先选择要改变宽度的字段列，然后执行“格式”→“列宽”菜单命令，并在打开的“列宽”对话框中输入所需的列宽，最后单击“确定”按钮。如果在“列宽”对话框中输入“0”值，则会将该字段列隐藏。

重新设定列宽不会改变表中字段的“字段大小”属性所允许的字符数，它只是简单地改变字段列所包含数据的显示宽度。

4. 隐藏列和显示列

隐藏列就是隐藏暂时不需要的列，其主要目的是使有用的数据能突出显示。

【例 3.25】 隐藏“教学管理”数据库的“学生”表中的“学号”列。

具体操作步骤如下：

(1) 在“教学管理”数据库窗口中选择“表”对象，然后双击打开“学生”表。

(2) 单击“学号”字段选择器，选择“学号”字段列。

(3) 执行“格式”→“隐藏列”菜单命令，如图 3.69 所示，此时选中的“学号”字段列将被隐藏。

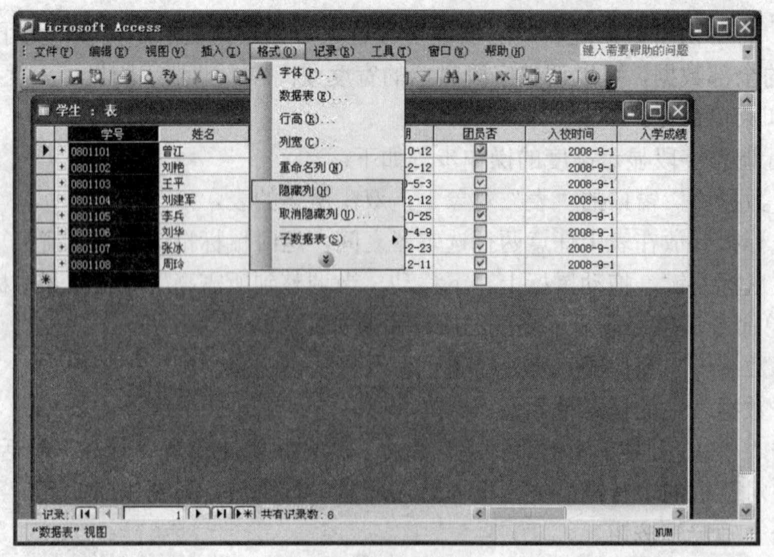

图 3.69　隐藏列

【例 3.26】 显示“教学管理”数据库的“学生”表中的“学号”列。

具体操作步骤如下：

(1) 在“教学管理”数据库窗口中选择“表”对象，双击打开“学生”表。

(2) 执行“格式”→“取消隐藏列”菜单命令，弹出“取消隐藏列”对话框，如图 3.70 所示。

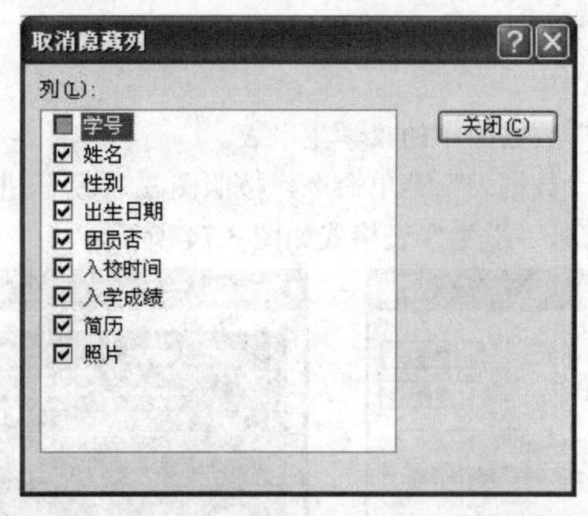

图 3.70　“取消隐藏”对话框

(3) 勾选“学号”复选框，单击“关闭”按钮，此时隐藏的“学号”列就会显示出来。

5. 冻结列

在实际应用中，有时候会遇到由于表过宽而使某些字段值无法全部显示的情况，此时，应用“冻结列”功能即可解决这一问题。不论水平滚动条如何移动，冻结的列总是可见的。

【例 3.27】 冻结“教学管理”数据库的“学生”表中的“姓名”列。

具体操作步骤如下：

(1) 在“教学管理”数据库窗口中选择“表”对象，双击打开“学生”表。

(2) 选定要冻结的“姓名”列，执行“格式”→“冻结列”菜单命令，如图 3.71 所示。

(3) 冻结列后的数据表如图 3.72 所示。

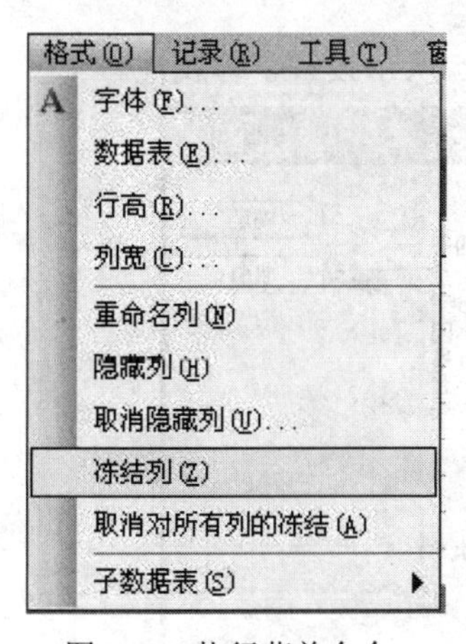

图 3.71　执行菜单命令

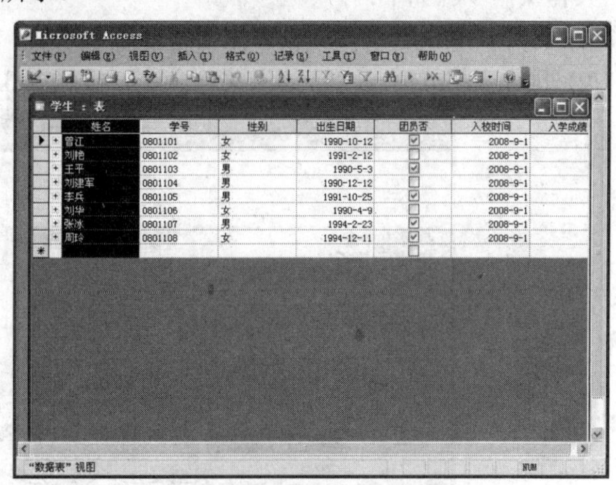

图 3.72　冻结列后的数据表

6. 设置数据表格式

在数据表视图中，一般在水平方向和垂直方向都显示网格线，网格线采用银色，背景采用白色。使用者可以改变单元格的显示效果，也可以选择网格线的显示方式和颜色、表格的背景颜色等。

【例 3.28】 设置“教学管理”数据库中的“学生”表单元格效果为“平面”，背景颜色为“红色”，网格线颜色为“黄色”，其他各项选用默认样式。

具体操作步骤如下：

(1) 打开“教学管理”数据库中的“学生”表。

(2) 执行“格式”→“数据表”菜单命令，按照图 3.73 所示进行设置。

(3) 单击“确定”按钮，“学生”表格式如图 3.74 所示。

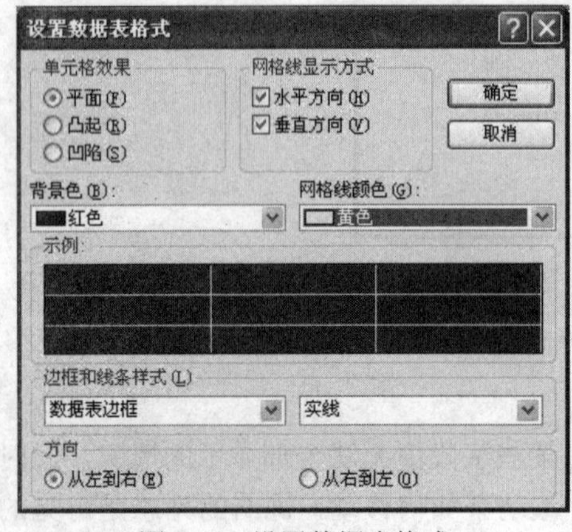

图 3.73　设置数据表格式

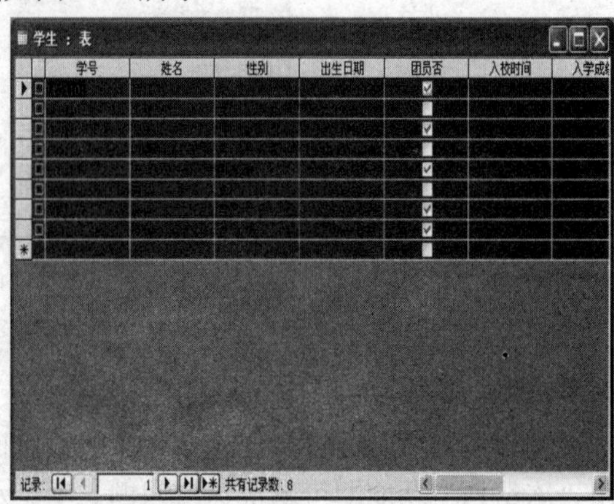

图 3.74　设置格式后的“学生”表

7. 改变字体显示

改变数据表中的数据字体，可以使数据显示更加美观、醒目。

【例 3.29】 设置“教学管理”数据库的“课程”表中的字体为隶书、四号字、蓝色。

具体操作步骤如下：

(1) 打开“教学管理”数据库中的“课程”表。

(2) 执行“格式”→“字体”菜单命令，按照图 3.75 所示设置字体属性。

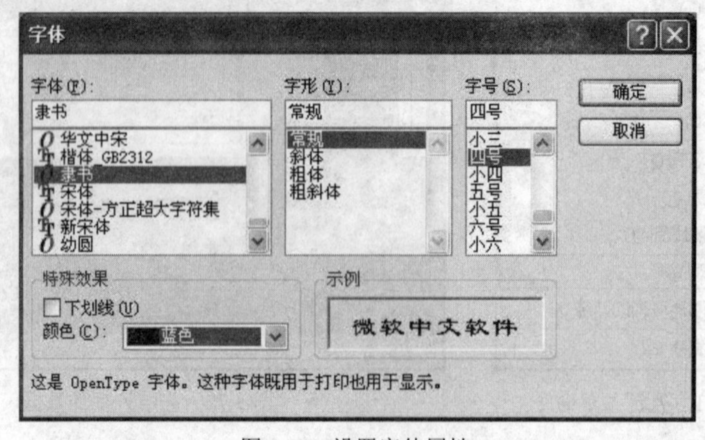

图 3.75　设置字体属性

(3) 单击“确定”按钮，设置完成后的“课程”表如图3.76所示。

课程 : 表

课程编号	课程名称	学时	学分	课程性质
001	大学计算机基础	40	2	必修课
002	C语言程序设计	50	3	必修课
003	数据库技术与应用	50	3	必修课
004	多媒体计算机技术	32	2	选修课
005	计算机原理	70	3	选修课
006	编译原理	70	3	选修课
		0	0	

记录: 1 共有记录数: 6

图3.76　设置字体后的“课程”表

3.4 表的操作

在数据库和表的使用中会涉及数据的查找、排序、筛选等操作，这些操作在Access中很容易完成。本节将详细介绍在表中查找数据、替换数据、排序数据、筛选数据等操作。

3.4.1　查找数据

在操作数据库表时，如果表中存放的数据非常多，那么当用户想查找某一数据时就比较困难。Access提供了非常方便的查找功能，使用它可以快速找到所需要的数据。

1．查找指定内容

前面已经介绍了记录定位，这种查找记录的方法十分简单，但是在大多数情况下，用户在查找数据之前并不知道所要查找数据的记录号和位置，因此，这种方法并不能满足更多的查询要求。此时，可以使用“查找”对话框来进行数据的查找。

【例3.30】 查找“学生”表中“性别”为“男”的学生记录。

具体操作步骤如下：

(1) 打开“教学管理”数据库中的“学生”表。

(2) 单击“性别”字段选定器。

(3) 执行“编辑”→“查找”菜单命令，出现“查找和替换”对话框。

(4) 在“查找内容”框中输入“男”，其他部分选项设置如图3.77所示。

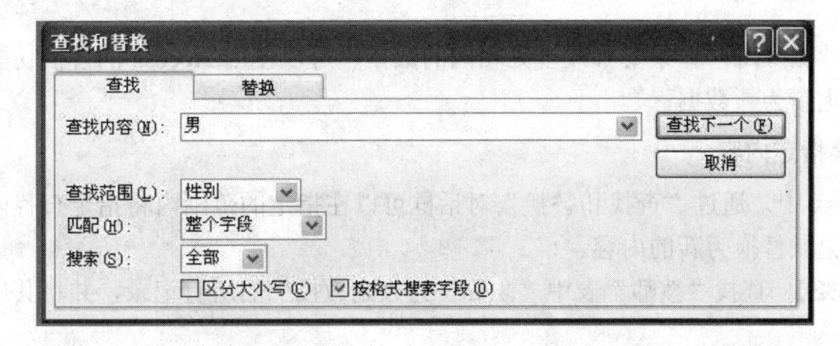

图3.77　“查找和替换”对话框之“查找”选项卡

在设置“查找范围”时，如果需要可以在“查找范围”下拉列表框中选择“整个表”作为查找的范围。“查找范围”下拉列表中所包括的字段为在进行查找之前控制光标所在的字段。在“匹配”下拉列表中，还有一些其他的匹配选项，如“字段任何选项”、“字段开头”等。

(5) 单击“查找下一个”按钮，这时将查找下一个指定的内容，Access 将反白显示找到的数据。连续单击“查找下一个”按钮，可以将指定的内容全部查找出来。

(6) 单击“取消”按钮，结束查找。

2. 查找空值或空字符串

【例 3.31】 查找“学生”表中姓名字段为空值的记录。

具体操作步骤如下：

(1) 打开“教学管理”数据库中的“学生”表。

(2) 单击“姓名”字段选定器。

(3) 执行“编辑”→“查找”菜单命令，弹出“查找和替换”对话框。

(4) 在“查找内容”框中输入“Null”。

(5) 单击“匹配”框右侧的向下箭头按钮，并从弹出的列表中选择“整个字段”。

(6) 单击“高级”按钮。如果此时对话框中无“高级”按钮，省略此步。

(7) 确保“按格式搜索字段”复选框未被选中，在“搜索”框中选择“向上”或“向下”，如图 3.78 所示。

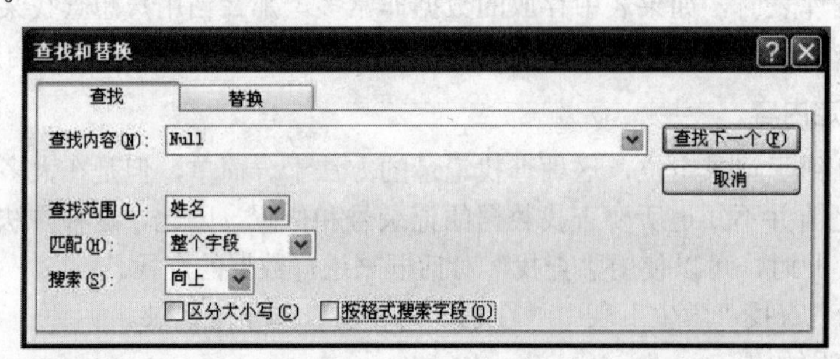

图 3.78 “查找”选项卡

(8) 单击“查找下一个”按钮。找到后，记录选定器指针将指向相应的记录。

如果要查找空字符串，只需将步骤(4)中的输入内容改为不包含空格的双引号("")即可。

3.4.2 替换数据

在操作数据库时，如果要修改多处相同的数据，可以使用 Access 的替换功能自动将查找到的数据更新为新数据。

1. 替换指定内容

在 Access 中，通过“查找和替换”对话框可以在指定的范围内将指定查找内容的所有记录或某些记录替换为新的内容。

【例 3.32】 查找“教师”表中“职称”为“副教授”的所有记录，并将其值改为“讲师”。

具体操作步骤如下：

(1) 打开“教学管理”数据库中的“教师”表。

(2) 单击“职称”字段选定器。

(3) 执行“编辑”→“替换”菜单命令，打开“查找和替换”对话框。

(4) 在“查找内容”框中输入“副教授”，然后在“替换为”框中输入“讲师”。

(5) 在“查找范围”框中确保选中当前字段，在“匹配”框中确保选中“整个字段”，如图3.79所示。

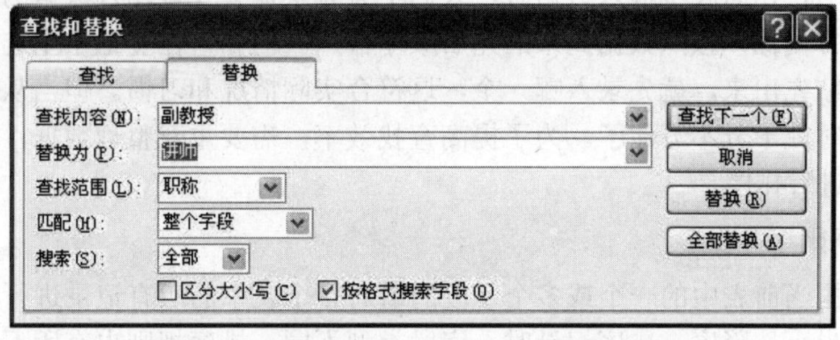

图3.79 “查找和替换”对话框之“替换”选项卡

(6) 如果一次替换一个，单击“查找下一个”按钮，找到后单击“替换”按钮。如果不替换当前找到的内容，则继续单击“查找下一个”按钮。如果要一次替换出现的全部指定内容，则单击“全部替换”按钮。这里单击“全部替换”按钮，这时屏幕将显示一个提示框，要求用户确认是否要完成替换操作。

(7) 单击“是”按钮，进行替换操作。

2．更改默认设置

用户在进行查找和替换操作时，有时希望以全字匹配方式搜索当前字段；有时则希望搜索所有字段，并且只需符合字段的任一部分即可；而有时则要搜索与当前字段起始字符匹配的数据。这时可以通过更改系统默认设置来实现，具体操作步骤如下：

(1) 在“数据库”窗口中执行“工具”→“选项”菜单命令，弹出“选项”对话框。

(2) 单击对话框中的“编辑/查找”选项卡，如图3.80所示。

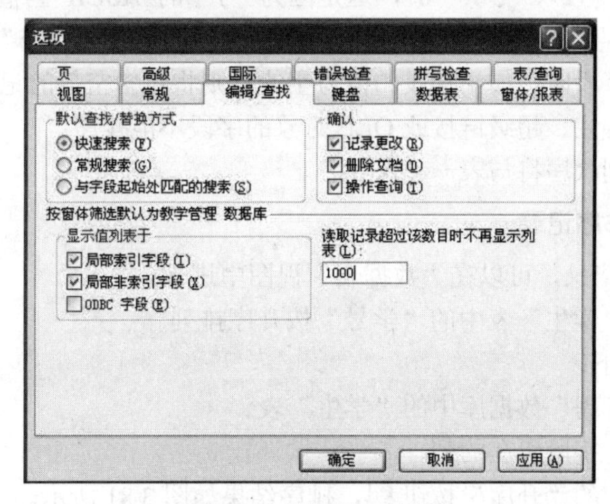

图3.80 “选项”对话框

(3) 在“默认查找/替换方式”选项组中单击所需的单选按钮。选择“快速搜索”将以全字匹配方式搜索当前字段；选择“常规搜索”将搜索所有字段，并且只需符合字段的任一部分即可；选择“与字段起始处匹配的搜索”则搜索当前字段并且与字段起始字符匹配。

(4) 单击“确定”按钮。

3.4.3 排序数据

一般情况下，在向表中输入数据时，人们不会有意地去安排输入数据的先后顺序，而只考虑输入的方便性，按照数据到来的先后顺序输入。例如，在登记学生选课成绩时，哪一个学生的成绩先出来，就先录入哪一个，这符合实际情况和习惯。但当从这些数据中查找所需的数据时就十分不方便了。为了提高查找效率，需要重新整理数据，对此最有效的方法是对数据进行排序。

1. 排序规则

排序是根据当前表中的一个或多个字段的值对整个表中的所有记录进行重新排列。排序时可按升序也可按降序。排序记录时，字段类型不同，排序规则也有所不同，具体规则如下：

(1) 英文按字母顺序排序，大、小写视为相同。升序时按 A 到 Z 排序，降序时按 Z 到 A 排序。

(2) 中文按拼音字母的顺序排序。升序时按 A 到 Z 排序，降序时按 Z 到 A 排序。

(3) 数字按数字的大小排序。升序时从小到大排序，降序时从大到小排序。

(4) 日期和时间字段按时间的先后顺序排序。升序时按从前到后的顺序排列，降序时按从后向前的顺序排列。

排序时要注意以下几点：

(1) 对于文本型的字段，如果它的取值有数字，那么 Access 将数字视为字符串。因此，排序时按照 ASCII 码值的大小来排序，而不是按照数值本身的大小来排序。如果希望按其数值大小排序，应在较短的数字前面加上零。例如，文本字符串“5”、“6”、“12”若按升序排列，则结果将是“12”、“5”、“6”，这是因为“1”的 ASCII 码值小于“5”的 ASCII 码值。但若想按其数值大小实现升序排列，应将 3 个字符串改为“05”、“06”、“12”。

(2) 按升序排列字段时，如果字段的值为空值，则将包含空值的记录排列在第一条。

(3) 数据类型为备注、超级链接或 OLE 对象的字段不能排序。

(4) 排序后，排列次序将与表一起保存。

2. 按一个字段排序记录

按一个字段排序记录，可以在“数据表”视图中进行。

【例 3.33】 将“学生”表中的“学号”按升序排列。

具体操作步骤如下：

(1) 打开“教学管理”数据库中的“学生”表。

(2) 单击“学号”字段所在的列。

(3) 单击工具栏中的“升序”按钮 A↓Z，排序结果如图 3.81 所示。

学生 : 表

学号	姓名	性别	出生日期	团员否	入校时间	入学成
0801101	曾江	女	1990-10-12	☑	2008-9-1	
0801102	刘艳	女	1991-2-12	☐	2008-9-1	
0801103	王平	男	1990-5-3	☑	2008-9-1	
0801104	刘建军	男	1990-12-12	☐	2008-9-1	
0801105	李兵	男	1991-10-25	☑	2008-9-1	
0801106	刘华	女	1990-4-9	☐	2008-9-1	
0801107	张冰	男	1994-2-23	☑	2008-9-1	
0801108		女	1994-12-11	☑	2008-9-1	

记录: 1 共有记录数: 8

图 3.81　在“数据表”视图中按一个字段排序

执行上述操作后，就可以改变表中原有的排列次序，而变为新的次序。保存表时，将同时保存排列次序。

3. 按多个字段排序记录

在 Access 中，不仅可以按一个字段排序记录，也可以按多个字段排序记录。按多个字段排序时，Access 首先根据第一个字段指定的顺序进行排序，当第一个字段具有相同的值时，Access 再按照第二个字段进行排序，依此类推，直到按全部指定的字段排好序为止。按多个字段排序记录的方法有两种：一种是使用“数据表”视图实现排序；另一种是使用“高级筛选/排序”窗口完成排序。

【例 3.34】 将“学生”表中的“姓名”和“性别”按升序排列。

具体操作步骤如下：

(1) 打开“教学管理”数据库中的“学生”表。

(2) 选择用于排序的“姓名”和“性别”两个字段的字段选定器。

(3) 单击工具栏中的“升序”按钮，排序结果如图 3.82 所示。

学生 : 表

学号	姓名	性别	出生日期	团员否	入校时间	入学
0801105	李兵	男	1991-10-25	☑	2008-9-1	
0801106	刘华	女	1990-4-9	☐	2008-9-1	
0801104	刘建军	男	1990-12-12	☐	2008-9-1	
0801109	刘亮	男	1994-2-11	☑	2008-9-1	
0801108	刘亮	女	1994-12-11	☑	2008-9-1	
0801102	刘艳	女	1991-2-12	☐	2008-9-1	
0801103	王平	男	1990-5-3	☑	2008-9-1	
0801101	曾江	女	1990-10-12	☑	2008-9-1	
0801107	张冰	男	1994-2-23	☑	2008-9-1	

记录: 1 共有记录数: 9

图 3.82　在“数据表”视图中按两个字段排序

从结果可以看出，Access 先按“姓名”排序，在姓名相同的情况下再按“性别”从小到大排序。

选择按多个排序依据的字段进行排序时，必须注意字段的先后顺序。Access 先对最左边的字段进行排序，然后依次从左到右进行排序，在保存数据时，将排序结果和表一起保存。若要取消对记录的排序，则将鼠标指向记录内容后单击鼠标右键，然后在快捷菜单中选择“取消筛选排序”即可。

使用“数据表”视图按两个字段排序虽然简单，但它只能使所有字段都按同一种次序排序，而且这些字段必须是相邻的字段，如果希望两个字段按不同的次序排序，或者按两个不相邻的字段排序，就必须使用“高级筛选/排序”窗口。

【例 3.35】 在“学生”表中先按“性别”实现升序排列，再按“出生日期”实现降序排列。

具体操作步骤如下：

(1) 打开“教学管理”数据库中的“学生”表。

(2) 执行“记录”→“筛选”菜单命令，然后从级联菜单中选择“高级筛选/排序”命令，这时屏幕上显示如图 3.83 所示的“筛选”窗口。

图 3.83 “筛选”窗口

“筛选”窗口分为上、下两部分。上半部分显示了所打开表的字段列表；下半部分是设计网格，用来指定排序字段、排序方式和排序条件。

(3) 用鼠标单击设计网格中第一列字段行右侧的向下箭头按钮，从弹出的列表中选择“性别”字段，然后用同样的方法在第二列的字段行上选择“出生日期”字段。

(4) 单击“性别”的“排序”单元格，再单击右侧向下箭头按钮，从弹出的列表中选择“升序”；使用同样的方法在“出生日期”的“排序”单元格中选择“降序”，如图 3.84 所示。

图 3.84 设置排序次序

(5) 单击工具栏上的“应用筛选”按钮，这时 Access 就会按上面的设置排序“学生”表中的所有记录，排序结果如图 3.85 所示。

学生 : 表

学号	姓名	性别	出生日期	团员否	入校时间
0801107	张冰	男	1994-2-23	☑	2008-9-1
0801105	李兵	男	1991-10-25	☑	2008-9-1
0801104	刘建军	男	1990-12-12	☐	2008-9-1
0801103	王平	男	1990-5-3	☑	2008-9-1
0801108	刘亮	女	1994-12-11	☑	2008-9-1
0801102	刘艳	女	1991-2-12	☐	2008-9-1
0801101	曾江	女	1990-10-12	☑	2008-9-1
0801106	刘华	女	1990-4-9	☐	2008-9-1

记录: 1 共有记录数: 8

图 3.85 排序结果

在指定排序次序以后，执行“记录”→“取消筛选/排序”菜单命令，或单击工具栏上的“应用筛选”按钮，可以取消所设置的排序。

3.4.4　筛选数据

使用数据库表时，经常需要从众多的数据中挑选出一部分满足某种条件的数据进行处理。例如，在“教师”表中，不应包含离退休教师，需要从教师表中删除。又如，评奖学金时，需要从“选课成绩”表中找出符合条件的学生。

对于筛选记录，Access 提供了 4 种方法：按选定内容筛选、按窗体筛选、按筛选目标筛选以及高级筛选。“按选定内容筛选”是一种最简单的筛选方法，使用它可以很容易地找到包含的某字段值的记录；“按窗体筛选”是一种快速的筛选方法，使用它不用浏览整个表中的记录，可同时对两个以上字段值进行筛选；“按筛选目标筛选”是一种较灵活的方法，可根据输入的筛选条件进行筛选；“高级筛选”可进行复杂的筛选，挑选出符合多重条件的记录。

经过筛选后的表，只显示满足条件的记录，而不满足条件的记录将被隐藏起来。

1．按选定内容筛选

【例 3.36】 在“学生”表中筛选出性别为“男”的学生。

具体操作步骤如下：

(1) 打开“教学管理”数据库中的“学生”表。

(2) 单击“性别”字段列的任一行，执行“编辑”→“查找”菜单命令，并在“查找内容”框中输入“男”，然后单击“查找下一个”按钮。也可以直接在表中“性别”字段列中找到该值并选中。

(3) 单击工具栏上的“按选定内容筛选”按钮。

这时，Access 将根据所选的内容筛选出相应的记录，结果如图 3.86 所示。使用“按选定内容筛选”时，首先要在表中找到一个在筛选产生的记录中必须包含的值，但如果这个值不容易找，最好不使用这种方法。

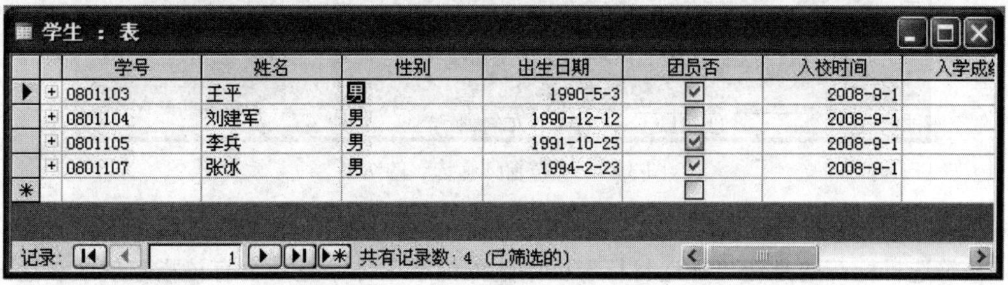

学生 : 表

学号	姓名	性别	出生日期	团员否	入校时间	入学成绩
0801103	王平	男	1990-5-3	☑	2008-9-1	
0801104	刘建军	男	1990-12-12	☐	2008-9-1	
0801105	李兵	男	1991-10-25	☑	2008-9-1	
0801107	张冰	男	1994-2-23	☑	2008-9-1	

记录: 1 共有记录数: 4 (已筛选的)

图 3.86　“按选定内容筛选”的结果

2．按窗体筛选

按窗体筛选记录时，Access 将数据表变成一条记录，并且每个字段是一个下拉列表框，用户可以从每个下拉列表框中选取一个值作为筛选的内容。如果选择两个以上的值，还可以通过窗体底部的“或”标签来确定两个字段值之间的关系。

【例 3.37】 将“学生”表中的男生团员筛选出来。

具体操作步骤如下：

(1) 打开“教学管理”数据库中的“学生”表。

(2) 单击工具栏上的“按窗体筛选”按钮，切换到“按窗体筛选”窗口，如图 3.87 所示。

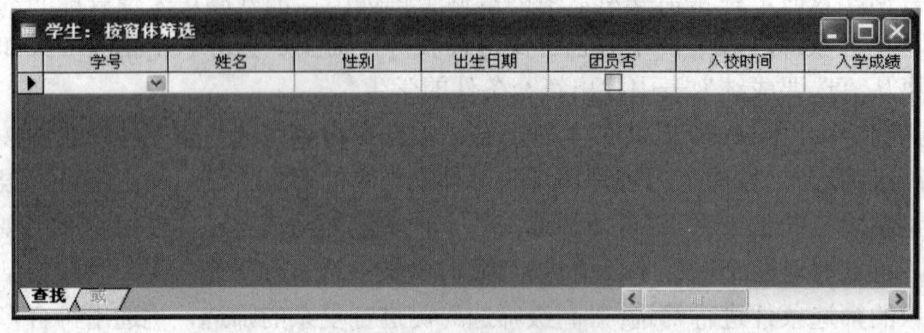

图 3.87　“按窗体筛选”窗口

(3) 单击“性别”字段，并单击右侧的向下箭头按钮，从下拉列表中选择“男”。

(4) 单击“团员否”字段中的复选框，结果如图 3.88 所示。

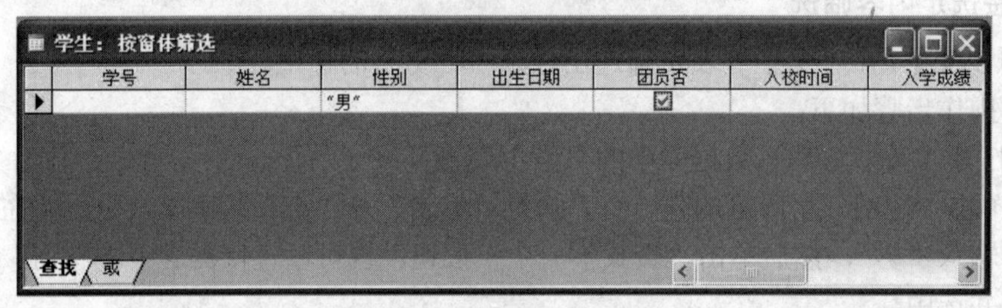

图 3.88　选择筛选字段值

(5) 单击工具栏上的“应用筛选”按钮执行筛选，筛选结果如图 3.89 所示。

学生 : 表

学号	姓名	性别	出生日期	团员否	入校时间	入学成绩
0801103	王平	男	1990-5-3	☑	2008-9-1	
0801105	李兵	男	1991-10-25	☑	2008-9-1	
0001107	张冰	男	1994-2-23	☑	2008-9-1	

记录: 1 共有记录数: 3 (已筛选的)

图 3.89　“按窗体筛选”的结果

3. 按筛选目标筛选

按筛选目标筛选是在“筛选目标”框中输入筛选条件来查找含有该指定值或表达式值的所有记录。

【例 3.38】 在“选课”表中筛选 60 分以下的学生。

具体操作步骤如下：

(1) 打开“教学管理”数据库中的“选课”表。

(2) 将鼠标放在“成绩”字段列的任一位置，然后单击鼠标右键，在快捷菜单的“筛选目标”框中输入“<60”，如图 3.90 所示。

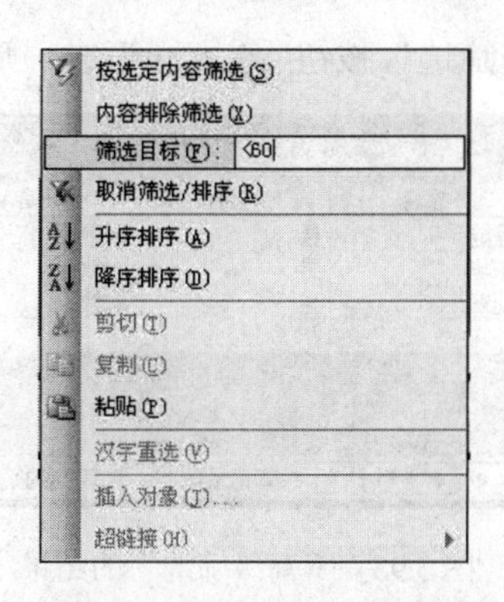

图 3.90 利用快捷菜单筛选

(3) 按 Enter 键确定，这样便可获得所需的记录，如图 3.91 所示。

选课 : 表

	选课ID	学号	课程编号	成绩
▶	9	0801102	005	52
	11	0801103	002	55
	13	0801104	001	56
*	(自动编号)			0

记录: 1 共有记录数: 3 (已筛选的)

图 3.91 “按筛选目标筛选”的结果

4．高级筛选

【例 3.39】 查找职称是“副教授”的男教师，并按“姓名”升序排列。

具体操作步骤如下：

(1) 打开“教学管理”数据库中的“教师”表。

(2) 执行“记录”→“筛选”菜单命令，然后从级联菜单中选择“高级筛选/排序”命令，弹出“筛选”窗口。

(3) 用鼠标单击设计网格中第一列的“字段”行，并单击右侧的向下箭头按钮，从弹出的列表中选择“姓名”字段，然后用同样的方法在第二列的“字段”行上选择“性别”字段，在第三列的“字段”行上选择“职称”字段。

(4) 在“性别”的“条件”单元格中输入筛选条件："男"；在“职称”的“条件”单元格中输入条件："副教授"。

(5) 单击“姓名”的“排序”单元格，并单击右侧的向下箭头按钮，然后从弹出的列表中选择“升序”，设置结果如图 3.92 所示。

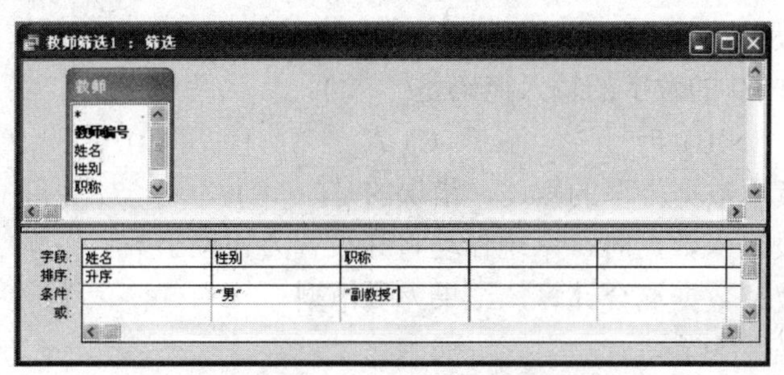

图 3.92 设置筛选条件和排序方式

(6) 单击工具栏上的“应用筛选”按钮执行筛选，筛选结果如图 3.93 所示。

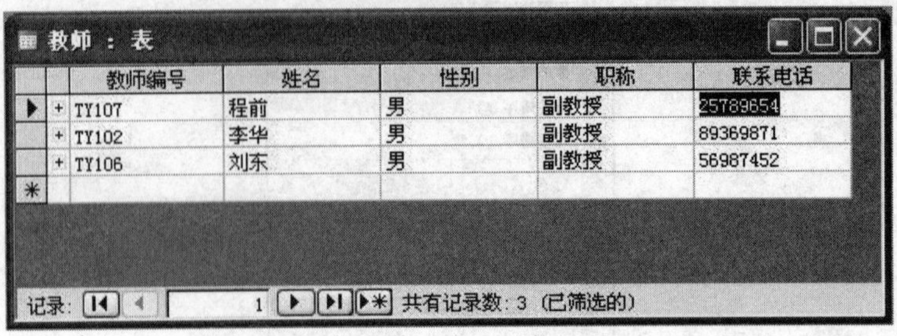

教师 : 表

教师编号	姓名	性别	职称	联系电话
TY107	程前	男	副教授	25789654
TY102	李华	男	副教授	89369871
TY106	刘东	男	副教授	56987452

记录: 1 共有记录数: 3 (已筛选的)

图 3.93　“高级筛选”的结果

本章小结

在使用 Access 组织、存储和管理数据时，应先创建数据库，然后在该数据库中创建所需的数据库对象。创建数据库的方法有两种：一是先建立一个空数据库，然后向其中添加表、查询、窗体和报表等对象；二是使用“数据库向导”，利用系统提供的模板进行一次操作来选择数据库类型，并创建所需的表、窗体和报表。创建数据库的结果是在磁盘上生成了一个扩展名为 .mdb 的数据库文件。

表是 Access 数据库中最基本的对象，是具有结构的某个相同主题的数据集合。Access 表由表结构和表内容两部分构成。数据库中的每个表不是完全孤立的，表与表之间可能有某些联系，因此需要建立关系。表之间的关系分为一对一、一对多和多对多三种。

习　题

一、选择题

1．Access 表中字段的数据类型不包括(　　)。

A) 文本　　B) 备注　　C) 通用　　D) 日期/时间

2．有关字段属性的以下叙述中，错误的是(　　)。

A) 字段大小可用于设置文本、数字或自动编号等类型字段的最大容量

B) 可对任意类型的字段设置默认值属性

C) 有效性规则属性是用于限制此字段输入值的表达式

D) 不同的字段类型，其字段属性有所不同

3．必须输入 0~9 的数字的输入掩码是(　　)。

A) 0　　B) #　　C) A　　D) C

4．以下关于货币数据类型的叙述，错误的是(　　)。

A) 向货币字段输入数据时，系统自动将其设置为 4 位小数

B) 可以和数值型数据混合计算，结果为货币型

C) 字段长度是 8 字节

D) 向货币字段输入数据时，不必键入美元符号和千位分隔符

5．必须输入任一字符或空格的输入掩码是(　　)。

A) 0　　B) #　　C) A　　D) C

二、填空题

1．Access 数据库中，表与表之间的关系分为______、______和______三种。

2．Access 使用“参照完整性”来控制______________________的规则。

3．在 Access 中数据类型主要包括自动编号、_______、备注、_______、日期/时间、______、______、OLE 对象、______和查询向导等。

4．能够唯一标识表中每条记录的字段称为______。

5．Access 提供了两种字段数据类型来保存文本或文本和数字组合的数据，这两种数据类型是______和______。

三、问答题

1．Access 提供的数据类型有哪些？

2．为什么要冻结列？怎样冻结列？

3．筛选记录的方法有几种，各自的特点是什么？

第4章　查　询

◆◆

问题：

1. 什么是查询?
2. 查询有哪些功能?
3. 如何创建查询?

引例：“学生选课成绩”查询

查询是 Access 处理和分析数据的工具，它能够把多个表中的数据抽取出来，供用户查看、更改和分析使用。为了使读者更好地了解 Access 的查询功能，学会创建和使用查询的方法，本章将详细介绍查询的基本操作，包括查询的创建和使用。

4.1　查询概述

在 Access 中，任何时候都可以从已经建立的数据库表中按照一定的条件抽取出需要的记录。查询就是实现这种操作最主要的方法。

4.1.1　查询的功能

查询是数据库提供的一组功能强大的数据管理工具，可以对表中的数据进行统计、分类和计算等。查询结果可以作为窗体、报表和数据访问页等的数据源。

查询的基本功能如下：

(1) 通过条件浏览需要查询的数据。利用这一功能可以选择所显示表中的某些字段。如建立一个查询，只显示“学生”表中的“学号”、“姓名”、“性别”和“入学成绩”。

(2) 对表中数据进行编辑。编辑主要是指添加记录、删除记录、修改记录，如将“C 语言程序设计”课不及格的学生从“学生”表中删除。

(3) 对表中数据进行统计，如计算“选课”表中每门课程的平均成绩。

(4) 为其他对象提供数据来源。可以将查询的结果作为报表或者窗体等的数据源。

4.1.2　查询的类型

Access 提供了选择查询、交叉表查询、参数查询、操作查询和 SQL 查询等几种查询。

1. 选择查询

选择查询是最常用的查询类型，它可以从一个或多个表中通过指定条件检索数据，并且按照顺序在数据表中显示数据，还可以对记录进行求和、求平均值及其他类型的计算。

选择查询能够使用户看到自己所需的记录。执行一个选择查询时，需要从指定的数据库表中搜索数据，数据库表可以是一个表或多个表，也可以是一个查询。查询的结果是一组数据记录，即动态集。

2. 交叉表查询

使用交叉表查询能够以行列的格式分组和汇总数据。交叉表查询可以在类似于电子表格的格式中，显示来源于表中某个字段的合计值、平均值等，并将这些数据分组，一组列在数据表的左侧，另一组列在数据表的上部。

3. 参数查询

进行参数查询时，将显示对话框，要求用户输入查询信息，从而根据输入信息检索字段中的记录。

4. 操作查询

操作查询是指在一个操作中可以对多条记录进行更改或移动的查询。操作查询包括生成表查询、更新查询、追加查询和删除查询 4 种。生成表查询是利用一个或者多个表的数据建立新表，主要用于创建表的备份等。更新查询可以对一个或多个表中的一组记录进行更改。追加查询可以将一个或多个表中的记录追加到其他一个或多个表中。删除查询可以将一个或者多个表中的记录删除。

5. SQL 查询

SQL 查询是指用户利用 SQL 语句进行查询。SQL 查询包括联合查询、传递查询、数据定义查询和子查询等。

4.1.3　建立查询的条件

查询条件指对查询的记录设置条件，以此限制查询的范围。其条件表达式是由运算符、文字、标识符和函数等组成的。

1. 运算符

运算符是组成条件的基本元素。Access 提供了关系运算符、逻辑运算符和特殊运算符。3 种关系运算符及其含义如表 4.1、表 4.2 和表 4.3 所示。

表 4.1　关系运算符及其含义

关系运算符	说　明
=	等于
<>	不等于
<	小于
<=	小于等于
>	大于
>=	大于等于

表 4.2　逻辑运算符及其含义

逻辑运算符	说　明
Not	当 Not 连接的表达式均为真时，整个表达式为假
And	当 And 连接的表达式均为真时，整个表达式为真，否则为假
Or	当 Or 连接的表达式有一个为真时，整个表达式为真，否则为假

表 4.3　特殊运算符及其含义

特殊运算符	说　明
In	用于指定一个字段值的列表，列表中的任意一个值都可与查询的字段相匹配
Between	用于指定一个字段值的范围，指定的范围之间用 And 连接
Like	用于指定查找文本字段的字符模式。在所定义的字符模式中，用“?”表示该位置可匹配任何一个字符；用“*”表示该位置可匹配零或多个字符；用“#”表示该位置可匹配一个数字；用方括号描述一个范围，用于可匹配的字符范围
Is Null	用于指定一个字段为空
Is Not Null	用于指定一个字段为非空

2．文字

Access 有 3 种类型的文字，包括数字文字、文本和日期/时间文字。

(1) 数字文字：带减号的为负值，其他的为正值。例如 20、−10、0 等。

(2) 文本：在 Access 表达式中，需将文本内容包含在双引号之中。

(3) 日期/时间文字：必须用“#”号作为前后分界符。例如 2007-12-30，在 Access 表达式中为 #2007-12-30#。

3．标识符

Access 中有 5 个预定义的标识符，即 True、False、Yes、No 和 Null。

4．函数

Access 中常用函数及功能如表 4.4～表 4.7 所示。

表 4.4　数值函数说明

函　数	说　明
Abs(数值表达式)	返回数值表达式值的绝对值
Int(数值表达式)	返回数值表达式值的整数部分值
Sqr(数值表达式)	返回数值表达式值的平方根值
Sgn(数值表达式)	返回数值表达式值的符号值。当数值表达式值大于 0 时，返回值为 1；当数值表达式值等于 0 时，返回值为 0；当数值表达式值小于 0 时，返回值为−1

表 4.5　字符函数说明

函　数	说　明
Space(数值表达)	返回由数值表达式的值确定的空格个数组成的空字符串
String(数值表达式，字符表达式)	返回一个由字符表达式的第 1 个字符重复组成的指定长度为数值表达式值的字符串
Left(字符表达式，数值表达式)	返回一个值，该值是从字符表达式左侧第 1 个字符开始截取的若干个字符。其中，字符个数是数值表达式的值。当字符表达式是 Null 时，返回 Null 值；当数值表达式值为 0 时，返回一个空串；当数值表达式值大于或等于字符表达式的字符个数时，返回字符表达式
Right(字符表达式，数值表达式)	返回一个值，该值是从字符表达式右侧第 1 个字符开始截取的若干个字符。其中，字符个数是数值表达式的值。当字符表达式是 Null 时，返回 Null 值；当数值表达式值为 0 时，返回一个空串；当数值表达式值大于或等于字符表达式的字符个数时，返回字符表达式
Len(字符表达式)	返回字符表达式的字符个数，当字符表达式是 Null 时，返回 Null 值
Ltrim(字符表达式)	返回去掉字符表达式前导空格的字符串
Rtrim(字符表达式)	返回去掉字符表达式尾部空格的字符串
Trim(字符表达式)	返回去掉字符表达式前导和尾部空格的字符串
Mid(字符表达式，数值表达式 1[，数值表达式 2])	返回一个值，该值是从字符表达式最左端某个字符开始，截取到某个字符为止的若干个字符。其中，数值表达式 1 的值是开始的字符位置，数值表达式 2 的值是终止的字符位置。数值表达式 2 可以省略，若省略了数值表达式 2，则返回的值是从字符表达式最左端某个字符开始，截取到最后一个字符为止的若干个字符

表 4.6　统计函数说明

函　数	说　明
Sum(字符表达式)	返回字符表达式值的总和。字符表达式可以是一个字段，也可以是一个含有字段名的表达式，但所含字段应该是数字类型的字段
Avg(字符表达式)	返回字符表达式值的平均值。字符表达式可以是一个字段名，也可以是一个含字段名的表达式，但所含字段应该是数字类型的字段
Count(字符表达式)	返回字符表达式值的个数，即统计记录个数。字符表达式可以是一个字段名，也可以是一个含字段名的表达式，但所含字段应该是数字类型的字段
Max(字符表达式)	返回字符表达式值中的最大值。字符表达式可以是一个字段名，也可以是一个含字段名的表达式，但所含字段应该是数字类型的字段
Min(字符表达式)	返回字符表达式值中的最小值。字符表达式可以是一个字段名，也可以是一个含字段名的表达式，但所含字段应该是数字类型的字段

表 4.7　日期/时间函数说明

函　数	说　明
Day(date)	返回给定日期 1～31 的值，表示给定日期是一个月中的哪一天
Month(date)	返回给定日期 1～12 的值，表示给定日期是一年中的哪个月
Year(date)	返回给定日期 100～9999 的值，表示给定日期是哪一年
Weekday(date)	返回给定日期 1～7 的值，表示给定日期是一周中的哪一天
Hour(time)	返回给定小时 0～23 的值，表示给定时间是一天中的哪个钟点
Date()	返回当前系统日期

5．应用示例

条件表达式的应用示例如表 4.8 所示。

表 4.8　条件表达式的应用示例

字段名	条　件	功　能
职称	"教授"	查询职称为教授的记录
职称	"教授" Or "副教授"	查询职称为教授或副教授的记录
课程名称	Like "计算机*"	查询课程名称以“计算机”开头的记录
姓名	In("李冰", "王平")或"李冰" Or "王平"	查询姓名为李冰或王平的记录
姓名	Not Like "李冰"	查询姓名不是李冰的记录
姓名	Not Like "王*"	查询不姓王的记录
姓名	Left([姓名],1)= "王"	查询姓王的记录
姓名	Len([姓名])<=2	查询姓名为两个字的记录
姓名	Is Null	查询表中姓名为 Null(空值)的记录
联系电话	"　"	查询表中没有联系电话的记录
学生编号	Mid([学生编号],3,2)= "03"	查询学生编号第 3 个和第 4 个字符为 03 的记录
出生日期	Between #92-01-01#And#92-12-31#	查询 1992 年出生的学生
入学时间	<Date()-15	查询 15 天前入学的记录
入学时间	Between Date() And Date()-20	查询 20 天之内入学的记录
出生日期	Year([出生日期])=1990	查询 1990 年出生的学生记录
入学时间	Year([入学时间])=2008 And Month([入学时间])=9	查询 2008 年 9 月入学的记录

4.2　创 建 查 询

Access 提供了多种创建查询的方法，可以简单、快速地根据用户需求创建查询，并且创建的是能单独执行的查询，或是作为多个窗体或者报表的基础查询。创建好查询后，还可以切换到“设计”视图进一步修改查询。本节重点介绍使用简单查询向导创建查询和使用“设计”视图创建查询的步骤。

4.2.1　使用简单查询向导创建查询

使用简单查询向导建立查询的操作比较简单，用户可以在向导的指示下选择表和表中字段。

【例 4.1】 使用查询向导显示“学生”表中的“学号”、“姓名”、“性别”和“出生日期”4个字段的内容。

具体操作步骤如下：

(1) 在“教学管理”数据库窗口中单击“查询”对象，切换到“查询”窗口，如图 4.1 所示。

(2) 在右边的列表中双击“使用向导创建查询”选项，弹出如图 4.2 所示的“简单查询向导”对话框。

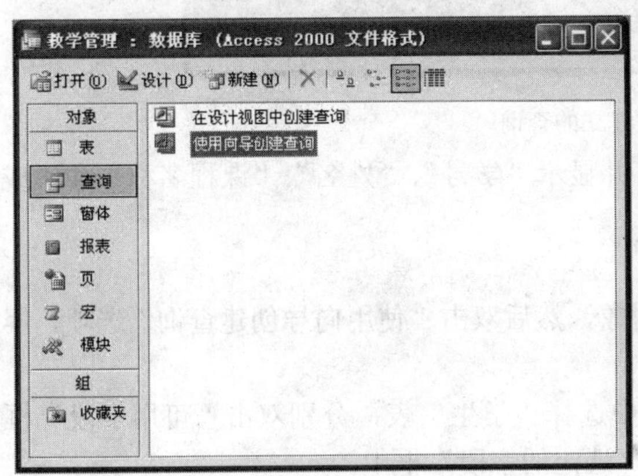

图 4.1　“查询”窗口

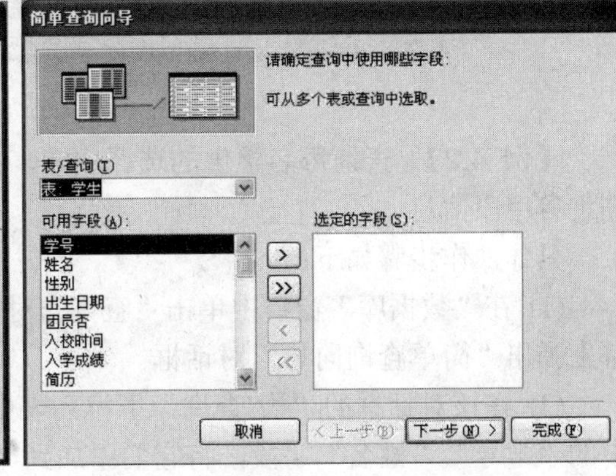

图 4.2　“简单查询向导”对话框

(3) 在“简单查询向导”对话框中，单击“表/查询”下拉列表，从中选择“学生”表。这时，“可用字段”框中显示出“学生”表中包含的所有字段。选择“学号”字段，单击 > 按钮添加到“选定的字段”框中。用同样的方法将“姓名”、“性别”和“出生日期”字段添加到“选定的字段”框中，结果如图 4.3 所示。

如果想将所有字段添加到“选定的字段”列表框中，单击 >> 按钮；如果想将“选定的字段”列表框中的某个字段删除，单击 < 按钮；若想将全部字段删除，单击 << 按钮。

(4) 单击“下一步”按钮，弹出如图 4.4 所示的对话框，在“请为查询指定标题”文本框中输入“学生查询信息”，并选择“打开查询查看信息”单选按钮。

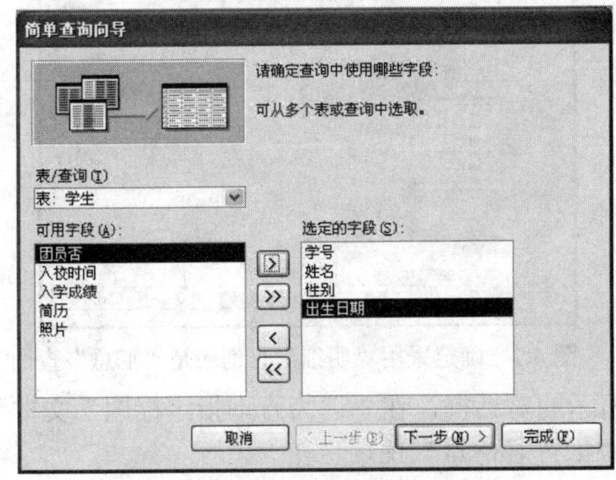

图 4.3　选择好需要查询的字段

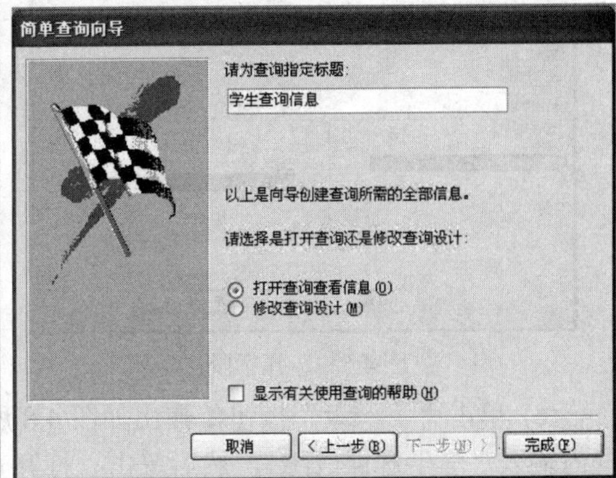

图 4.4　输入查询标题

(5) 单击“完成”按钮，打开查询的“数据表”视图窗口，如图 4.5 所示。

学生查询信息 : 选择查询

学号	姓名	性别	出生日期
0801101	曾江	女	1990-10-12
0801102	刘艳	女	1991-2-12
0801103	王平	男	1990-5-3
0801104	刘建军	男	1990-12-12
0801105	李兵	男	1991-10-25
0801106	刘华	女	1990-4-9
0801107	张冰	男	1994-2-23

记录: 1 共有记录数: 7

图 4.5　建立的查询

【例 4.2】 查询每名学生的选课成绩，并显示“学号”、“姓名”、“课程名称”和“成绩”等字段信息。

具体操作步骤如下：

(1) 在“数据库”窗口中单击“查询”对象，然后双击“使用向导创建查询”选项，屏幕上弹出“简单查询向导”对话框。

(2) 在该对话框的“表/查询”下拉列表中选择“学生”表，分别双击“可用字段”框中的“学号”、“姓名”字段，将它们添加到“选定的字段”框中。

(3) 在“表/查询”下拉列表中选择“课程”表，双击“课程名称”字段，将该字段添加到“选定的字段”框中。

(4) 重复步骤(3)，并将“选课”表中的“成绩”字段添加到“选定的字段”框中。选择后的结果如图 4.6 所示。

(5) 单击“下一步”按钮，显示如图 4.7 所示的对话框，需要确定是采用“明细”查询还是“汇总”查询。选择“明细”选项则查看详细信息；选择“汇总”选项则对一组或全部记录进行各种统计。这里单击“明细”选项。

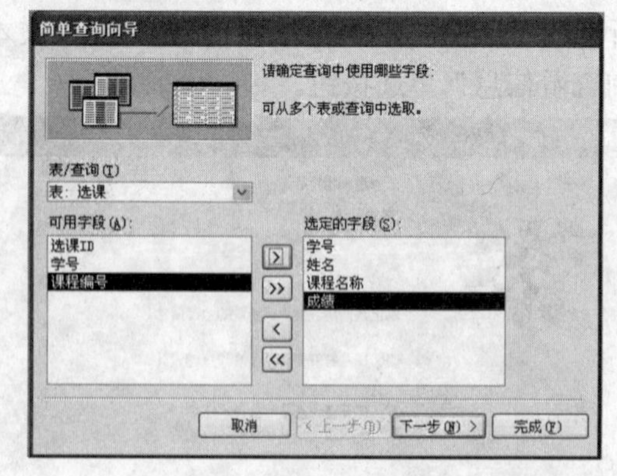

图 4.6　选择字段

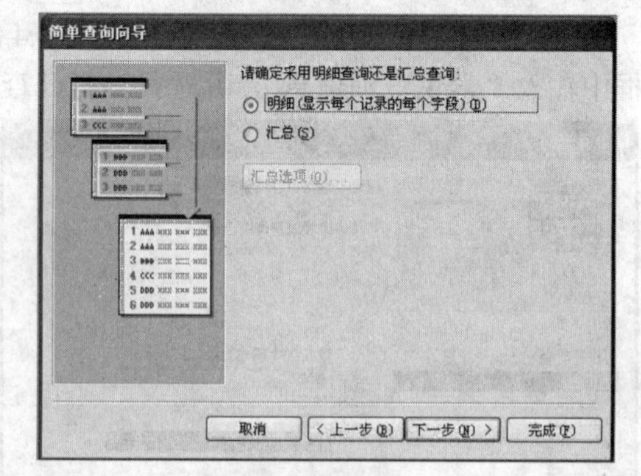

图 4.7　确定采用“明细”查询还是“汇总”查询

(6) 单击“下一步”按钮，弹出如图 4.8 所示的对话框，在“请为查询指定标题”文本框内输入“学生选课成绩”，然后单击“打开查询查看信息”选项按钮。

(7) 单击“完成”按钮，打开查询的“数据表”视图窗口，如图 4.9 所示。

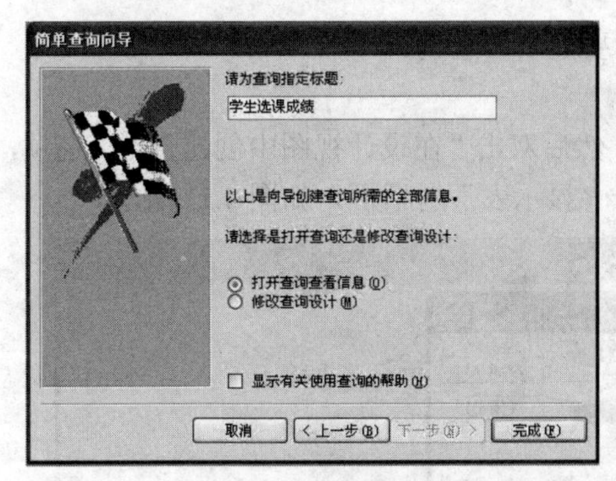

图4.8 输入查询标题

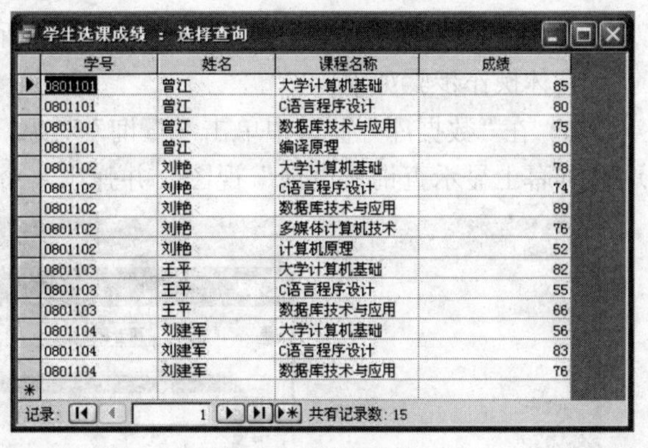

学生选课成绩 : 选择查询

学号	姓名	课程名称	成绩
0801101	曾江	大学计算机基础	85
0801101	曾江	C语言程序设计	80
0801101	曾江	数据库技术与应用	75
0801101	曾江	编译原理	80
0801102	刘艳	大学计算机基础	78
0801102	刘艳	C语言程序设计	74
0801102	刘艳	数据库技术与应用	89
0801102	刘艳	多媒体计算机技术	76
0801102	刘艳	计算机原理	52
0801103	王平	大学计算机基础	82
0801103	王平	C语言程序设计	55
0801103	王平	数据库技术与应用	66
0801104	刘建军	大学计算机基础	56
0801104	刘建军	C语言程序设计	83
0801104	刘建军	数据库技术与应用	76

记录: 1 共有记录数: 15

图4.9 查询结果

该查询不仅显示学号、姓名、所选课程名称，而且还显示了所选课程的成绩，它涉及“教学管理”数据库中的3个表。由此可以说明，Access的查询功能非常强大，它可以将多个表中的信息联系起来，并且从中找到符合条件的记录。

4.2.2 使用“设计”视图创建查询

查询“设计”视图窗口的工具栏如图4.10所示，按钮功能如表4.9所示。

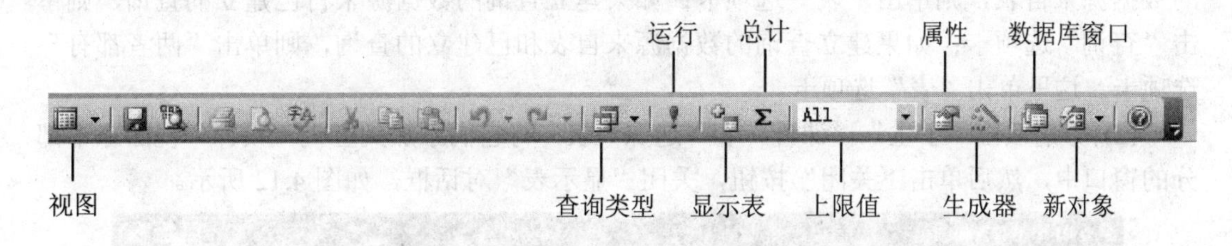

图4.10 查询“设计”视图窗口的工具栏

表4.9 工具栏按钮的功能

按 钮	功 能
查询类型	有选择查询、交叉表查询、生成表查询、更新查询、追加查询和删除查询等项
运行	执行查询
显示表	单击“显示表”按钮，打开“显示表”对话框，该对话框中有“表”、“查询”和“两者都有”3个选项卡
总计	单击“总计”按钮，可以在查询设计中增加“总计”行，用于统计计算
上限值	此文本框中的值可以对查询结果显示的数据记录进行限制
属性	显示光标处的对象属性。单击“属性”按钮，会弹出“字段属性”对话框，可以对字段进行修改和设置
生成器	在查询设计器中选择“条件”或“或”行后，单击该按钮可以在弹出的“表达式生成器”对话框中设置查询条件的表达式
数据库窗口	可以切换到数据库窗口
新对象	打开新建表和查询等对话框，并生成相应的对象

【例 4.3】 使用“设计”视图创建例 4.2 所要建立的查询。

具体操作步骤如下：

(1) 在“数据库”窗口中单击“查询”对象，然后双击“在设计视图中创建查询”选项，这时屏幕上显示查询“设计”视图，并弹出一个“显示表”对话框，如图 4.11 所示。

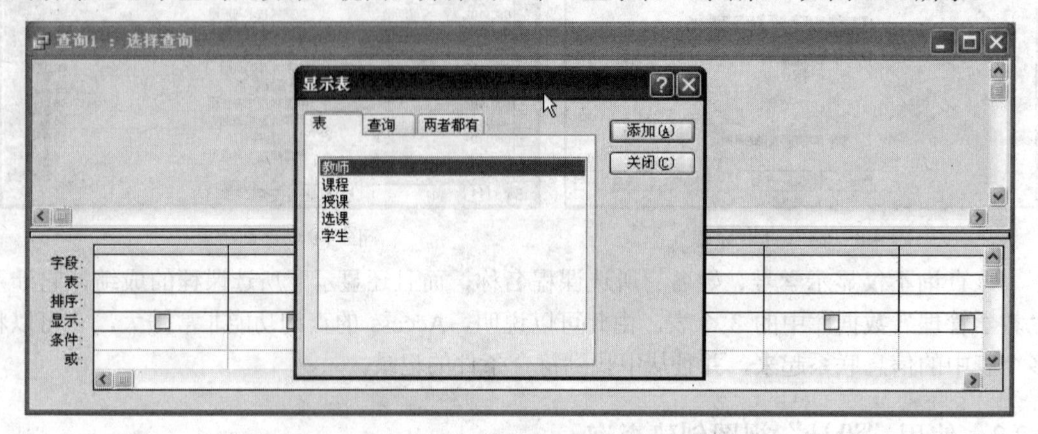

图 4.11　“显示表”对话框

在“显示表”对话框中有 3 个选项卡：“表”、“查询”和“两者都有”。如果建立查询的数据源来自表，则单击“表”选项卡；如果建立查询的数据源来自已建立的查询，则单击“查询”选项卡；如果建立查询的数据源来自表和已建立的查询，则单击“两者都有”选项卡。这里单击“表”选项卡。

(2) 分别双击“学生”、“课程”和“选课”表，将它们添加到查询“设计”视图上半部分的窗口中，然后单击“关闭”按钮，关闭“显示表”对话框，如图 4.12 所示。

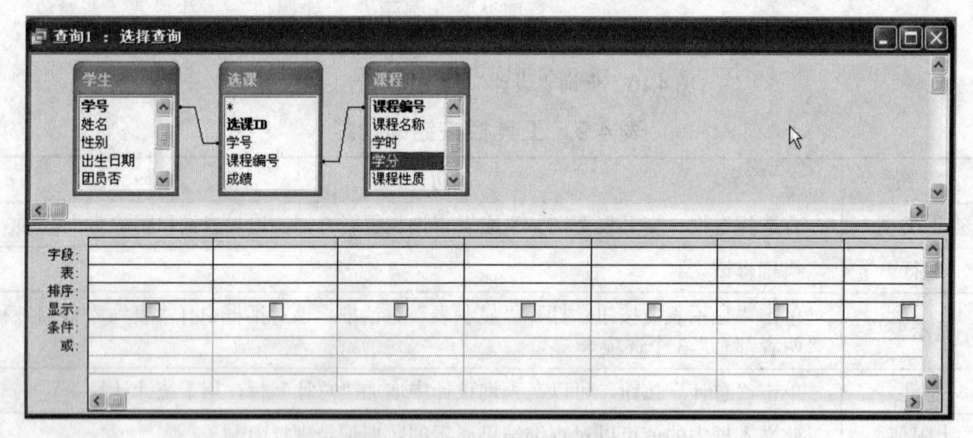

图 4.12　查询“设计”视图窗口

查询“设计”视图窗口分为上、下两部分，上半部分为“字段列表”区，显示所选表的所有字段；下半部分为“设计网格”，由一些字段列和已命名的行组成。其中已命名的行有 6 行，其作用如表 4.10 所示。

(3) 将“学生”字段列表中的“学号”和“姓名”字段、“课程”字段列表中的“课程名称”字段以及“选课”字段列表中的“成绩”字段添加到“字段”行的第 1 列至第 4 列中。同时，“表”行上显示了这些字段所在表的名称，结果如图 4.13 所示。

表 4.10　“设计网格”中行的作用

行的名称	作　用
字段	设置字段或字段的表达式，限制查询的作用字段
表	该字段来自哪个数据表
总计	用于确定字段在查询中的运算方法
排序	是否排序以及排序的方式
显示	确定该字段是否在数据表(查询结果)中显示
条件	指定在查询过程中限制的条件
或	指逻辑关系的多个限制条件

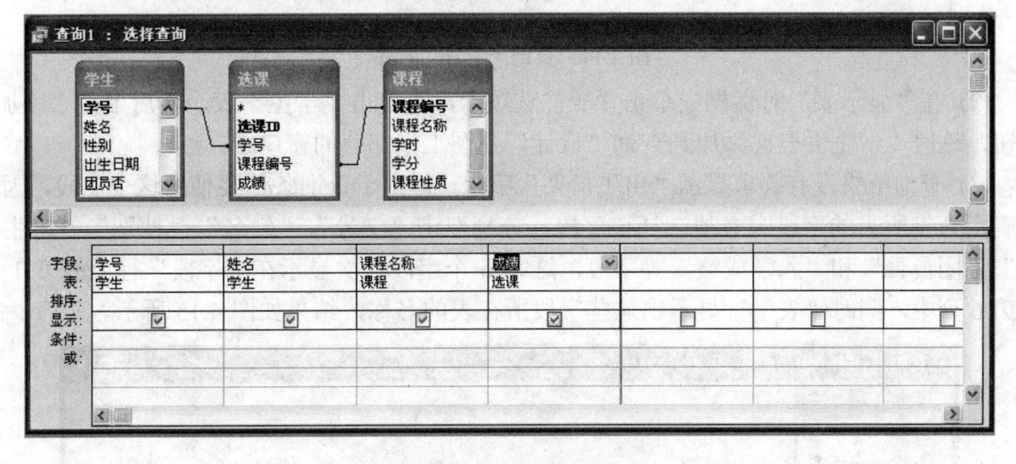

图 4.13　确定查询所需字段

(4) 单击工具栏上的“保存”按钮，弹出“另存为”对话框，在“查询名称”文本框中输入“学生选课成绩”，然后单击“确定”按钮。

(5) 单击工具栏上的“视图”按钮，或单击工具栏上的“运行”按钮，切换到“数据表”视图。这时可看到“学生选课成绩”查询执行的结果，如图 4.9 所示。

4.2.3　创建带条件的查询

在日常工作中，用户的查询并非只是简单的查询，往往带有一定的条件，这时需要通过“设计”视图来建立。在“设计”视图的“条件”行输入查询条件，这样 Access 在运行查询时，就会从指定的表中筛选出符合条件的记录。由此可见，使用条件查询可以很容易地获得所需的数据。

【例 4.4】 查找 1990 年出生的男学生，并显示“学号”、“姓名”、“性别”、“团员否”和“入学成绩”等信息。

具体操作步骤如下：

(1) 在“教学管理”数据库窗口中单击“查询”对象，然后双击“在设计视图中创建查询”选项，这时屏幕上显示如图 4.14 所示的查询“设计”视图，同时在此视图上弹出一个“显示表”对话框。

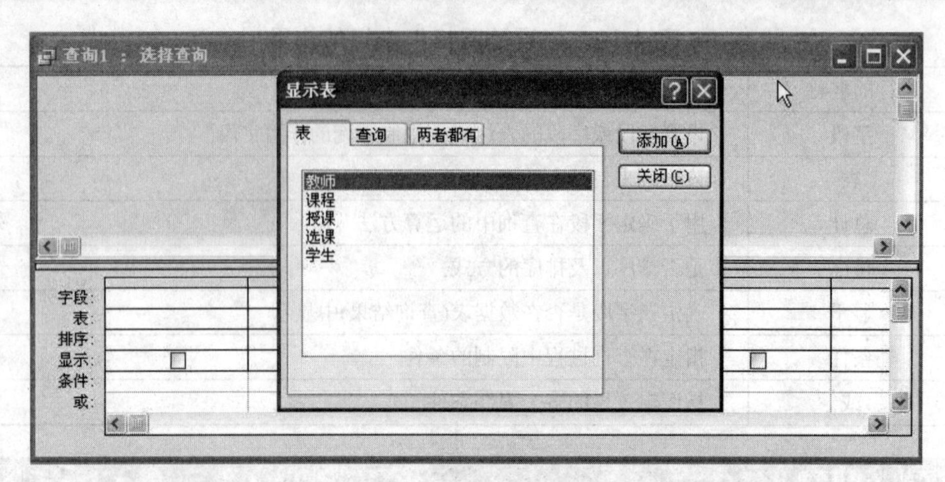

图 4.14 查询“设计”视图

(2) 在“显示表”对话框中单击“表”选项卡，再单击“学生”表，然后单击“添加”按钮，这时“学生”表被添加到查询“设计”视图上半部分的窗口中。

(3) 查询结果没有要求显示“出生日期”字段，但由于查询条件要使用这个字段，因此在确定查询所需的字段时必须选择该字段。分别双击“学号”、“姓名”、“性别”、“出生日期”、“团员否”和“入学成绩”等字段，这时 6 个字段依次显示在“字段”行上的第 1 列至第 6 列中，同时“表”行显示出这些字段所在表的名称，结果如图 4.15 所示。

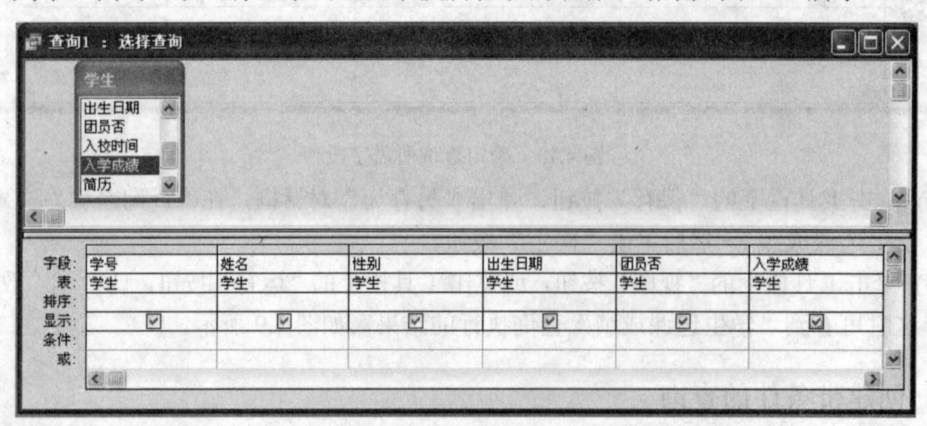

图 4.15 设置查询所涉及字段

(4) 按照查询要求和显示要求，“出生日期”字段只作为查询的一个条件，并不要求显示，因此应取消“出生日期”字段的显示。单击“出生日期”字段“显示”行上的复选框，这时复选框内变为空白。

(5) 在“性别”字段列的“条件”单元格中输入条件"男"，在“出生日期”字段列的“条件”单元格中输入条件“between#1990-01-01#and#1990-12-31#”或“Year([出生日期])=1990”，结果如图 4.16 所示。

(6) 单击工具栏上的“保存”按钮，出现“另存为”对话框，在“查询名称”文本框中输入“90 年出生的男学生”，如图 4.17 所示，然后单击“确定”按钮。

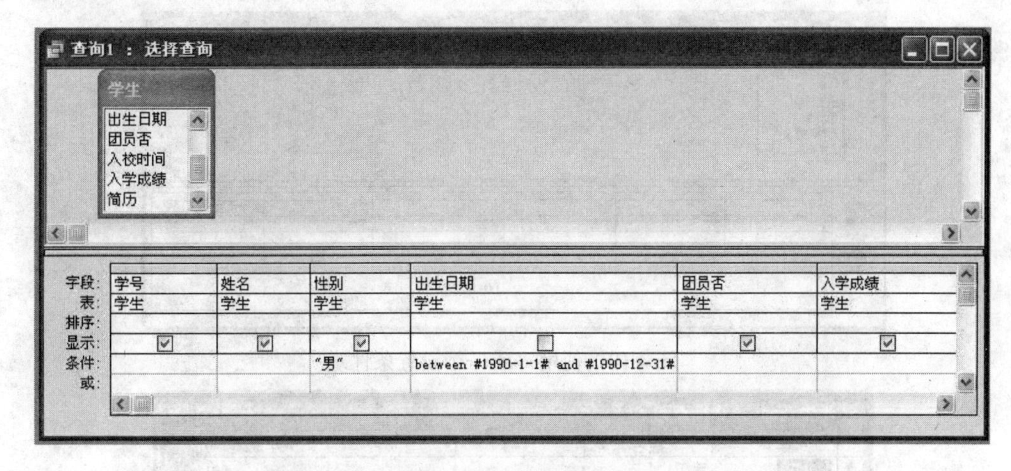

图 4.16　设置条件

图 4.17　“另存为”对话框

(7) 单击工具栏上的“视图”按钮，或单击工具栏上的“运行”按钮切换到“数据表”视图。这时可以看到“90 年出生的男学生”查询执行的结果，如图 4.18 所示。

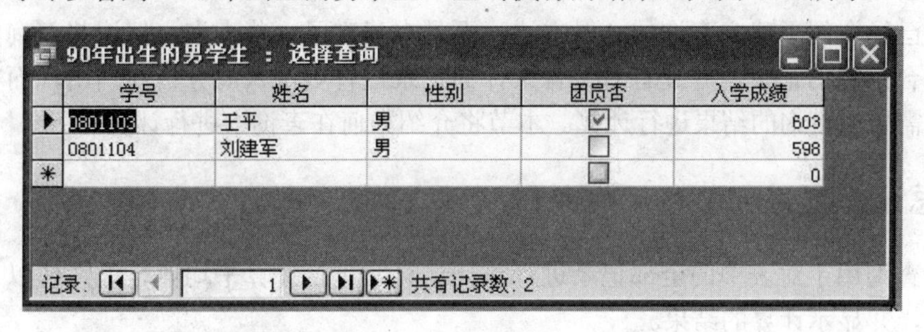

图 4.18　“90 年出生的男学生”查询结果

【例 4.5】 查找并显示 1990 年出生的学生或男学生的“学号”、“姓名”、“性别”、“团员否”和“入学成绩”等信息。

具体操作步骤如下：

(1)～(4)的操作步骤与例 4.4 中(1)～(4)的操作步骤相同。

(5) 在“性别”字段列的“条件”单元格中输入条件“男”，在“出生日期”字段列的“或”行单元格中输入条件“Year([出生日期])=1990”，结果如图 4.19 所示。

(6) 单击工具栏上的“保存”按钮，出现“另存为”对话框，在“查询名称”文本框中输入“学生查询”，然后单击“确定”按钮。

(7) 单击工具栏上的“视图”按钮，或单击工具栏上的“运行”按钮切换到“数据表”视图。这时可以看到“学生查询”的执行结果，如图 4.20 所示。

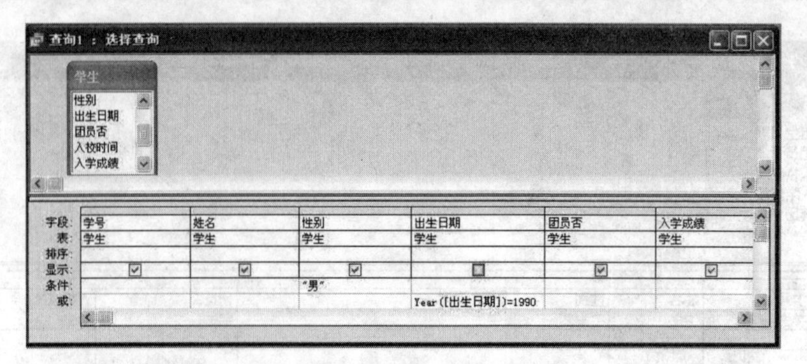

图 4.19　使用“或”行设置条件

学生查询 : 选择查询

学号	姓名	性别	团员否	入学成绩
0801101	曾江	女	☑	621
0801103	王平	男	☑	603
0801104	刘建军	男	☐	598
0801105	李兵	男	☑	611
0801106	刘华	女	☐	588
0801107	张冰	男	☑	566
*			☐	0

记录: 1 共有记录数: 6

图 4.20　使用“或”行的查询结果

4.3　在查询中进行计算

前面已经介绍了建立查询的一般方法，而且也建立了一些查询，但这些查询仅仅是为了获取符合条件的记录，并没有对符合条件的记录进行更深入的分析和利用，而在实际应用中常常需要对查询的结果进行计算。本节将介绍如何在查询中进行计算。

4.3.1　总计查询

总计查询用于对表中的全部记录进行总计计算，包括计算平均值、最大值以及计数和求方差等，并显示计算的结果。

【例 4.6】 统计教师人数。

具体操作步骤如下：

(1) 在“数据库”窗口中单击“查询”对象，然后双击“在设计视图中创建查询”选项，这时屏幕上显示查询“设计”视图，并弹出“显示表”对话框。

(2) 在“显示表”对话框中单击“表”选项卡，然后双击“教师”表，这时“教师”表添加到查询“设计”视图上半部分的窗口中，再单击“关闭”按钮。

(3) 双击“教师”字段列表中的“教师编号”字段，将其添加到字段行的第 1 列中。

(4) 单击“视图”菜单中的“总计”命令，这时 Access 在“设计网格”中插入一个“总计”行，并自动将“教师编号”字段的“总计”单元格设置成“分组”。

(5) 单击“教师编号”字段的“总计”行单元格，并单击其右侧的向下箭头按钮，然后从下拉列表中选择“计数”，如图 4.21 所示。

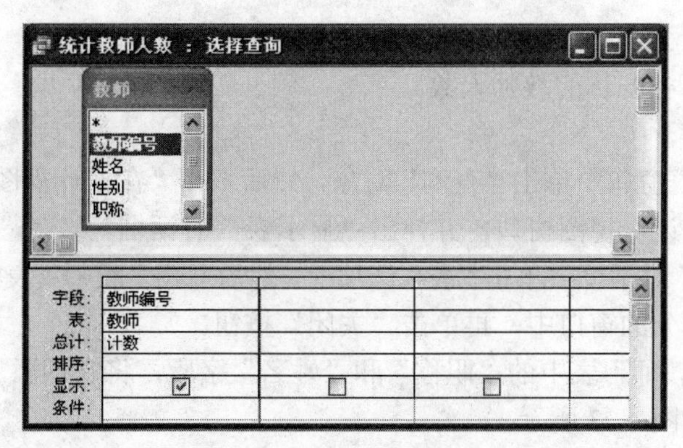

图 4.21 设置总计项

(6) 单击工具栏上的“保存”按钮，出现“另存为”对话框，在“查询名称”文本框中输入“统计教师人数”，然后单击“确定”按钮。

(7) 单击工具栏上的“视图”按钮，或单击工具栏上的“运行”按钮切换到“数据表”视图。这时可以看到“统计教师人数”查询的结果，如图 4.22 所示。

图 4.22 总计查询结果

在查询“设计”视图的“总计”行中的下拉列表中共有 12 个选项，其含义如表 4.11 所示。

表 4.11 总计项及其含义

总 计 项	功 能
分组	用于执行计算中的记录分组
总计	计算每个分组字段值的总和
平均值	计算每个分组字段值的平均值
最大值	计算每个分组字段值的最大值
最小值	计算每个分组字段值的最小值
计数	计算每个分组字段值的数量
标准差	计算每个分组字段值的标准偏差值
方差	计算每组分组字段值的方差值
第一条记录	按照输入时间的顺序返回第一条记录的值
最后一条记录	按照输入时间的顺序返回最后一条记录的值
表达式	创建表达式中包含的计算字段
条件	限制表中可以参加汇总的记录

4.3.2 分组总计查询

在实际应用中，不仅要统计某个字段中的所有值，而且还需要把记录分组，对每个组的值进行统计。在“设计”视图中，将用于分组字段的“总计”行设置成“分组”，就可以对记录进行分组统计了。

【例 4.7】 计算各职称的教师人数。

具体操作步骤如下：

(1) 在“数据库”窗口中单击“查询”对象，然后双击“在设计视图中创建查询”选项，屏幕上显示查询“设计”视图窗口，并弹出“显示表”对话框。

(2) 在“显示表”对话框中单击“表”选项卡，然后双击“教师”表将其添加到查询“设计”视图窗口上半部分的窗口中，再单击“关闭”按钮。

(3) 依次双击“教师”表中的“职称”和“姓名”字段，将它们添加到字段行的第 1 列和第 2 列中，结果如图 4.23 所示。

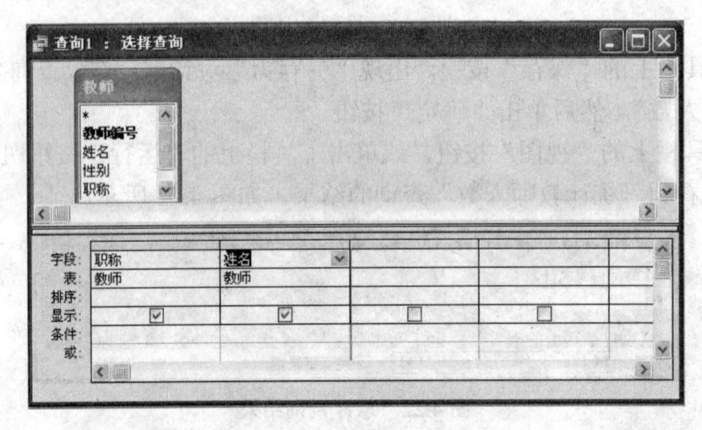

图 4.23　设置统计字段

(4) 单击工具栏上的“合计”按钮Σ，这时 Access 在“设计网格”中插入一个“总计”行，并自动将“职称”字段和“姓名”字段的“总计”行设置成“分组”。

(5) 单击“姓名”字段的“总计”行，再单击其右侧的向下箭头按钮，从下拉列表中选择“计数”，如图 4.24 所示。

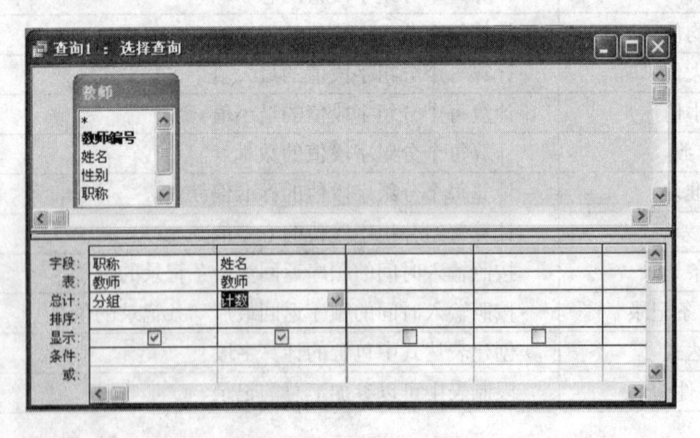

图 4.24　设置分组总计项

(6) 单击工具栏上的“保存”按钮，在出现的“另存为”对话框的“查询名称”文本框中输入“各职称教师人数”，并保存所建查询。运行该查询可以看到如图 4.25 所示的结果。

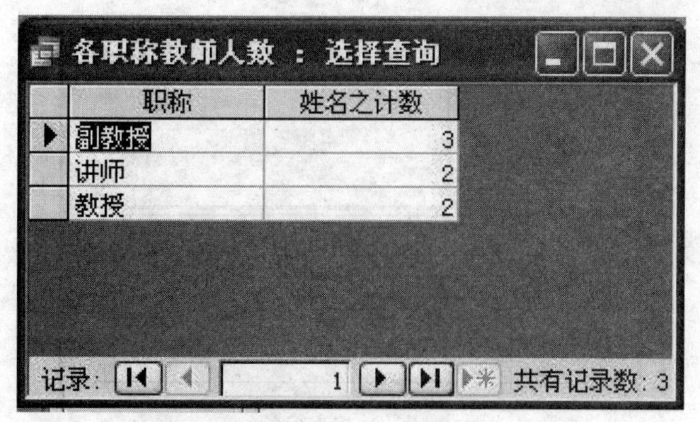

图 4.25 查询结果

4.3.3 添加计算字段

计算字段是指根据一个或多个表中的一个或多个字段，使用表达式建立的新字段。

当用户需要统计的字段不在数据表中，或用于计算的数据值源于多个字段时，就应该添加一个字段来显示需要统计的数据。

【例 4.8】 将例 4.7 所建查询结果显示为图 4.26 所示的形式。

统计各称职教师人数 : 选...

职称	人数
副教授	3
讲师	2
教授	2

记录: 1 共有记录数

图 4.26 查询结果显示形式

具体操作步骤如下：

(1) 双击“查询”对象中的“在设计视图中创建查询”选项，屏幕上显示查询“设计”视图窗口，并弹出“显示表”对话框。

(2) 在“显示表”对话框中单击“查询”选项卡，然后双击“各职称教师人数”，将其添加到查询“设计”视图窗口上半部分的窗口中，再单击“关闭”按钮。

(3) 双击“各职称教师人数”中的“职称”字段，将其添加到字段行的第 1 列中，在第 2 列“字段”行中输入“人数:[各职称教师人数]! [姓名之计数]”，结果如图 4.27 所示。其中，“人数”为新增字段，它的值引自“各职称教师人数”查询中的“姓名之计数”值。

注意，新增字段所引用的字段应注明其所在的数据源，且数据源和引用字段都应用方括号括起来，中间加“！”作为分隔符。

(4) 单击工具栏上的“保存”按钮，在出现的“另存为”对话框的“查询名称”文本框中输入“统计各职称教师的人数”，保存所建查询。

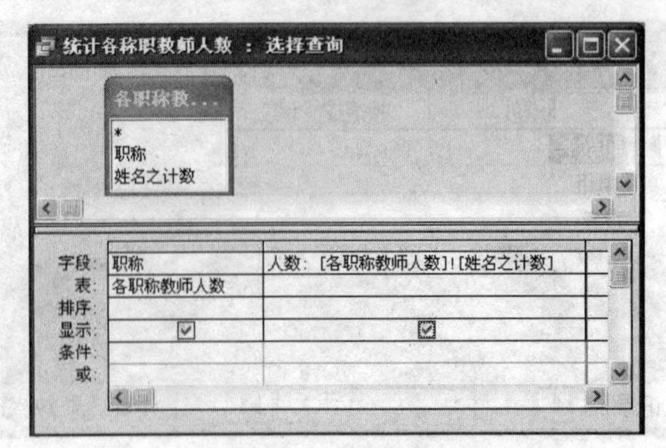

图 4.27 新增字段设计

4.4 创建交叉表查询

所谓交叉表查询，就是将来源于某个表中的字段进行分组，一组列在数据表的左侧，一组列在数据表的上部，然后在数据表行与列的交叉处显示表中某个字段的各种计算值。

交叉表查询除需制定查询对象和字段外，还需要知道如何统计数字，因此需定义相关字段，见表 4.12。

表 4.12 交叉表字段说明

字　段	说　明
行标题	位于数据表左侧第一列，即把某一字段或记录相关的数据放入指定的一行中以便进行概括
列标题	位于表的顶端，即对某一列的字段或表进行统计，并把结果放入该列
列中值	它是用户选择在交叉表中显示的字段，用户需要为该字段指定一个总计类型，如 Sum、Avg、Min、Max 函数等

【例 4.9】 在“教学管理”数据库中创建交叉表查询，显示每名学生的各科成绩。

具体操作步骤如下：

(1) 在“数据库”窗口中单击“查询”对象，然后双击“在设计视图中创建查询”选项，这时屏幕上显示查询“设计”视图窗口，并弹出“显示表”对话框。

(2) 在“显示表”对话框中单击“表”选项卡，然后分别双击“学生”表、“选课”表和“课程”表，将它们添加到查询“设计”视图上半部分的窗口中，再单击“关闭”按钮。

(3) 双击“学生”列表中的“姓名”字段，将其放到“字段”行的第 1 列，然后分别双击“课程”表中的“课程名称”字段和“选课”表中的“成绩”字段，将它们分别放到“字段”行的第 2 列和第 3 列中。

(4) 单击工具栏上“查询类型”按钮 右侧的向下箭头按钮，从下拉列表中选择“交叉表查询”选项。

(5) 单击“姓名”字段的“交叉表”单元格，然后单击该单元格右侧的向下箭头按钮，从下拉列表中选择“行标题”。使用同样的方法，将“课程名称”设置为“列标题”，“成绩”设置为“值”，并将“成绩”字段的“总计”行设置为“第一条记录”，结果如图 4.28 所示。

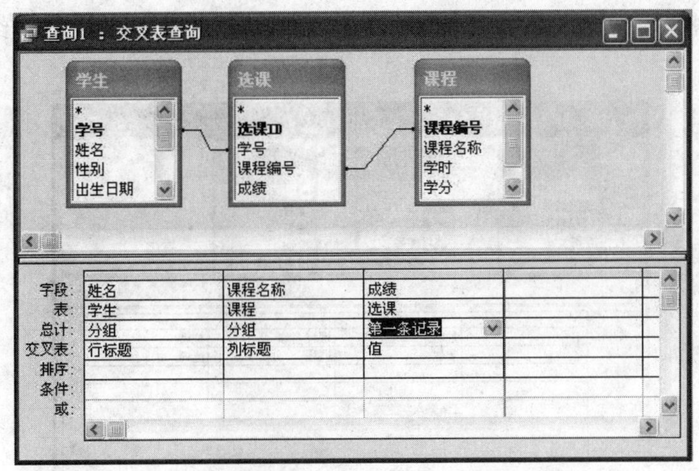

图 4.28　设置交叉表中的字段

(6) 单击工具栏上的“保存”按钮，并将查询命名为“学生选课成绩交叉表”，然后单击“确定”按钮。

(7) 单击工具栏上的“视图”按钮，或单击工具栏上的“运行”按钮切换到“数据表”视图，这时可以看到如图 4.29 所示的“学生选课成绩交叉表”的查询结果。

学生选课成绩交叉表 : 交叉表查询

姓名	C语言程序设计	编译原理	大学计算机基础	多媒体计算机技术	计算机原理	数据库技术与应用
刘建军			56			
刘艳	74		78	76	52	89
王平	55		80			62
曾江	80	80	85			75

记录: 1 共有记录数: 4

图 4.29　“学生选课成绩交叉表”的查询结果

4.5　创建参数查询

前面介绍的建立查询的方法都是在条件固定的情况下，如果用户希望根据某个或某些字段不同的值来查询，可使用 Access 提供的参数查询。

参数查询通过对话框提示用户输入查询参数，然后检索数据库中符合用户要求的记录或值。用户不仅可以建立单参数查询，还可以建立更为复杂的多参数查询。

4.5.1　单参数查询

单参数查询是指在字段中只指定一个参数，在执行查询时，用户只需输入一个参数值。

【例 4.10】 以“学生选课成绩”查询为数据源建立一个查询，并显示某学生所选课程的成绩。

具体操作步骤如下：

(1) 在“数据库”窗口的“查询”对象中单击“学生选课成绩”查询，然后单击“设计”按钮 设计(D)，屏幕上显示查询“设计”视图窗口。

(2) 在“姓名”字段的“条件”单元格中输入“[请输入学生姓名:]”，结果如图 4.30 所示。

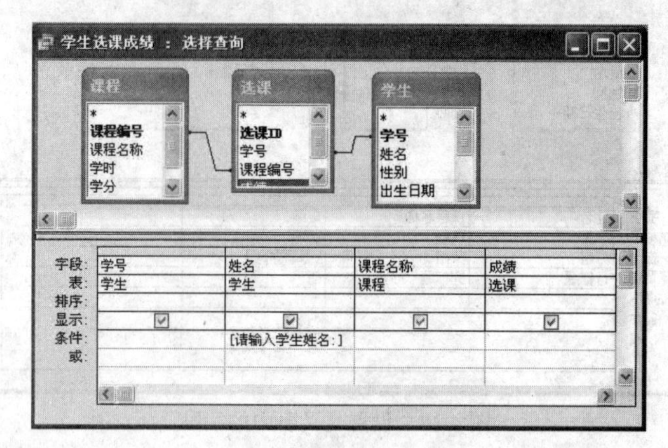

图 4.30　设置单参数查询

(3) 单击工具栏上的“视图”按钮，或单击工具栏上的“运行”按钮，这时屏幕上显示“输入参数值”对话框，如图 4.31 所示。

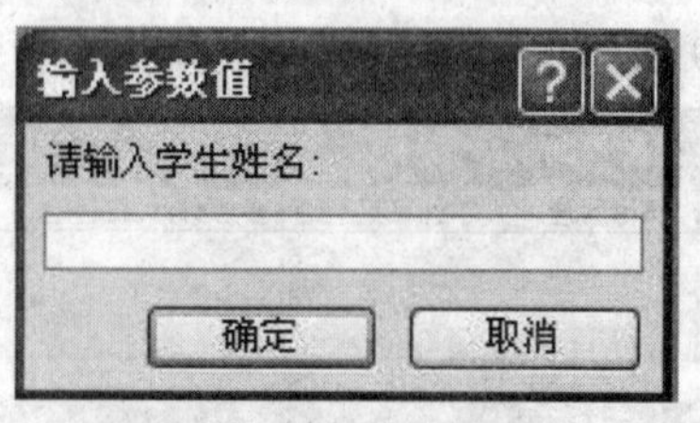

图 4.31　输入参数值

(4) 在“请输入学生姓名”文本框中输入姓名“王平”，然后单击“确定”按钮，这时就可以看到所建参数查询的查询结果，如图 4.32 所示。

学生选课成绩 : 选择查询

学号	姓名	课程名称	成绩
0801103	王平	大学计算机基础	80
0801103	王平	C语言程序设计	55
0801103	王平	数据库技术与应用	62

记录: 1 共有记录数: 3

图 4.32　参数查询的查询结果

(5) 若希望将所建参数查询保存起来，应选择“文件”菜单中的“另存为”命令，然后在弹出的“另存为”对话框中的“将查询‘学生选课成绩’另存为”文本框中输入文件名“学生选课成绩参数查询”，如图 4.33 所示，最后单击“确定”按钮。

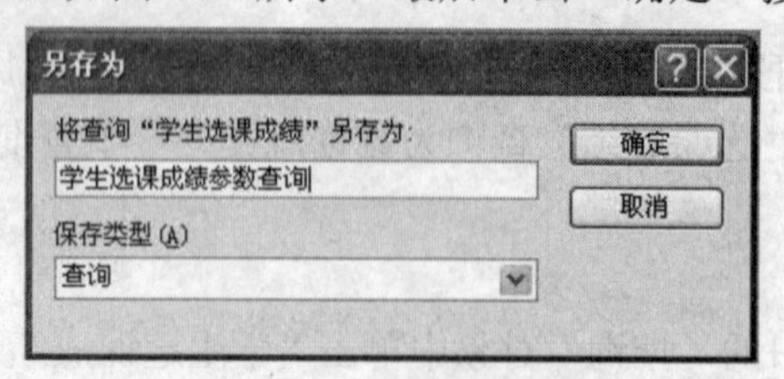

图 4.33　确定参数查询文件名

4.5.2　多参数查询

多参数查询就是在字段中指定多个参数，在执行查询时，用户需要输入多个参数。

【例 4.11】 建立多参数查询，要求查询出生日期在 1990 年 5 月至 1991 年 5 月之间的学生姓名和成绩信息。

具体操作步骤如下：

(1) 在“教学管理”数据库窗口中打开查询“设计”视图窗口，在“显示表”对话框中将“学生”、“选课”、“课程”表添加到查询设计窗口中。

(2) 在表中双击需要建立查询的字段，添加“姓名”、“成绩”、“出生日期”和“课程名称”字段，并在“出生日期”字段列的“条件”行中输入查询条件“Between [请输入最早出生时间:] And [请输入最晚出生时间:] ”，如图 4.34 所示。

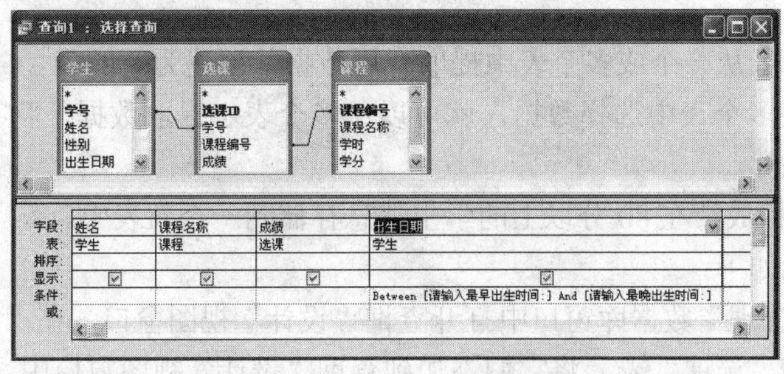

图 4.34　定义查询条件

(3) 单击“查询设计”工具栏上的“运行”按钮 ，分别弹出两个“输入参数值”对话框，输入“1990-5-1”和“1991-5-31”，如图 4.35、图 4.36 所示，然后单击“确定”按钮。

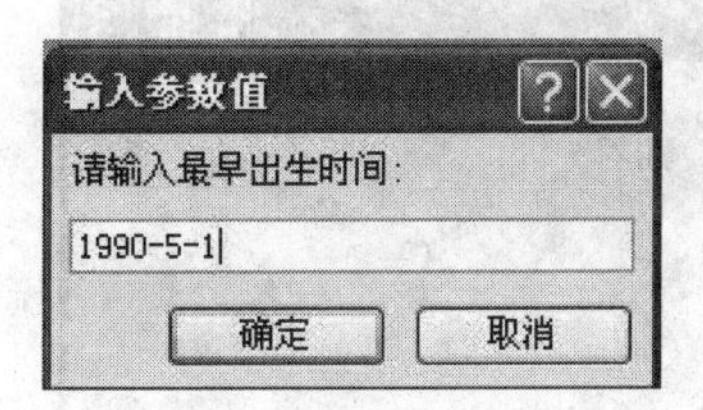

图 4.35　输入参数 1

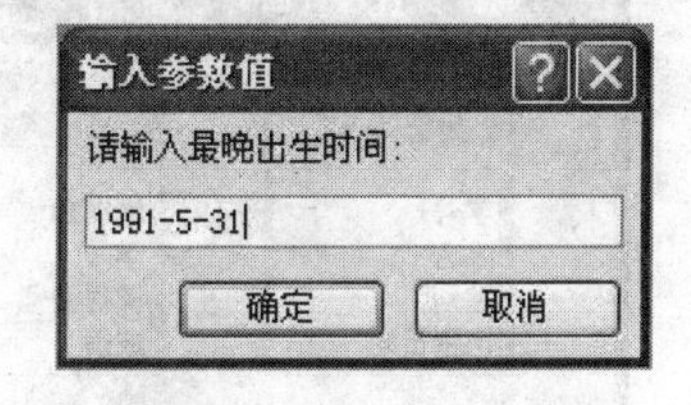

图 4.36　输入参数 2

(4) 结果如图 4.37 所示，单击“保存”按钮，命名为“多参数查询”。

查询1 : 选择查询

姓名	课程名称	成绩	出生日期
曾江	大学计算机基础	85	1990-10-12
曾江	C语言程序设计	80	1990-10-12
曾江	数据库技术与应用	75	1990-10-12
曾江	编译原理	80	1990-10-12
刘艳	大学计算机基础	78	1991-2-12
刘艳	C语言程序设计	74	1991-2-12
刘艳	数据库技术与应用	89	1991-2-12
刘艳	多媒体计算机技术	76	1991-2-12
刘艳	计算机原理	52	1991-2-12
王平	大学计算机基础	82	1990-5-3
王平	C语言程序设计	55	1990-5-3
王平	数据库技术与应用	66	1990-5-3
刘建军	大学计算机基础	56	1990-12-12
刘建军	C语言程序设计	83	1990-12-12
刘建军	数据库技术与应用	76	1990-12-12

记录: 1 共有记录数: 15

图 4.37　多参数查询结果

4.6　创建操作查询

操作查询用于通过查询的结果来快速地更改、新增、创建或删除表。前面介绍的查询过程中对原始数据表不能做任何修改，而操作查询可以在查询的基础上对原始数据表进行操作。

操作查询可以在一个操作中更改许多条记录，例如，在一个操作中删除一组记录、更新一组记录等。

操作查询包括生成表查询、删除查询、更新查询和追加查询 4 种。

4.6.1　生成表查询

生成表查询用于从一个或多个表中提取有用数据并创建为新的表。

如果经常要从多个表中选择数据，就可以从多个表中提取数据，将其组合起来，生成一个新表而永久保存。

【例 4.12】 将成绩在 80 分以上的学生信息存储到一个新表中。

具体操作步骤如下：

(1) 在"教学管理"数据库窗口中打开查询"设计"视图窗口，在"显示表"对话框中选择"学生"表和"选课"表，将它们添加到查询"设计"视图窗口中。

(2) 在表中双击需要建立查询的字段，添加"学号"、"姓名"、"性别"和"成绩"字段，并在"成绩"字段的"条件"行中输入查询条件">=80"，如图 4.38 所示。

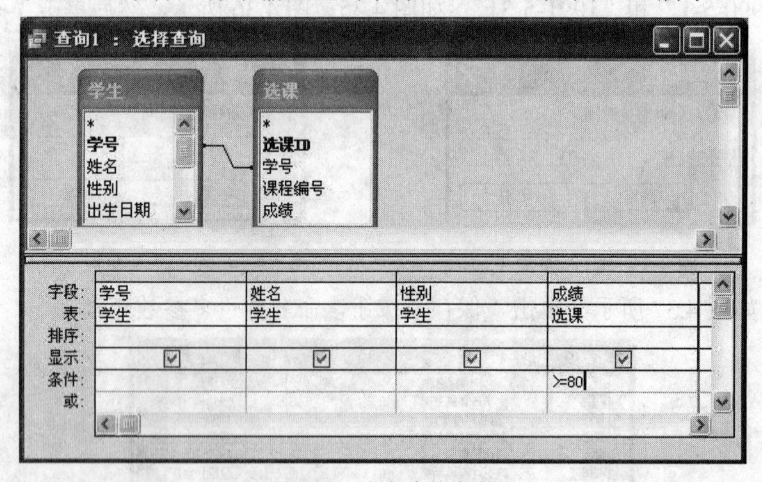

图 4.38　定义查询条件

(3) 单击工具栏上"查询类型"按钮右侧的向下箭头，在弹出的下拉列表中选择"生成表查询"选项或执行"查询"→"生成表查询"菜单命令，弹出"生成表"对话框，如图 4.39 所示。

(4) 在"生成表"对话框中输入新表的名称"80 分以上学生情况"，并选择"当前数据库"单选按钮，然后单击"确定"按钮。

图 4.39　“生成表”对话框

(5) 单击工具栏上的“运行”按钮，弹出提示框，如图 4.40 所示。单击“是”按钮，完成新表的创建。

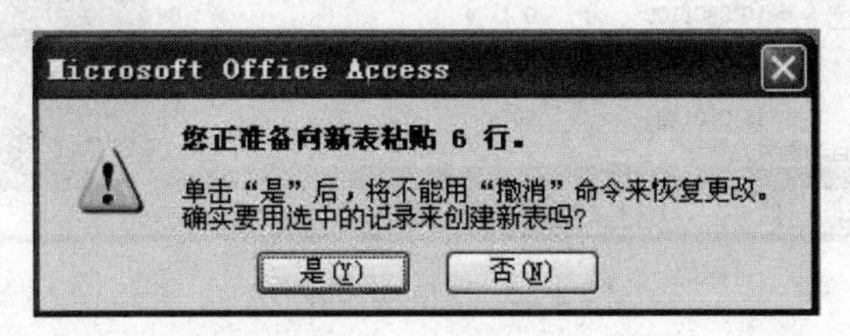

图 4.40　提示框

4.6.2　删除查询

删除查询用于从一个或多个表中将一组记录或一类记录删除。删除查询主要用于删除同一类的一组记录，可以从单个表中删除，也可以从多个相互关联的表中删除。

【例 4.13】 将“选课”表中成绩低于 60 分的记录删除。

具体操作步骤如下：

(1) 在“教学管理”数据库设计窗口中打开查询“设计”视图窗口，将“选课”表添加到查询设计视图窗口中，并将要删除的字段添加到设计网格中。

(2) 单击工具栏上“查询类型”按钮右侧的向下箭头，在弹出的下拉列表中选择“删除查询”项或执行“查询”→“删除查询”菜单命令。

(3) 在查询设计器的设计部分添加“删除”行，在“删除”栏中分别选择相应的字段，然后在“条件”行中输入条件“[成绩]<60”，如图 4.41 所示。

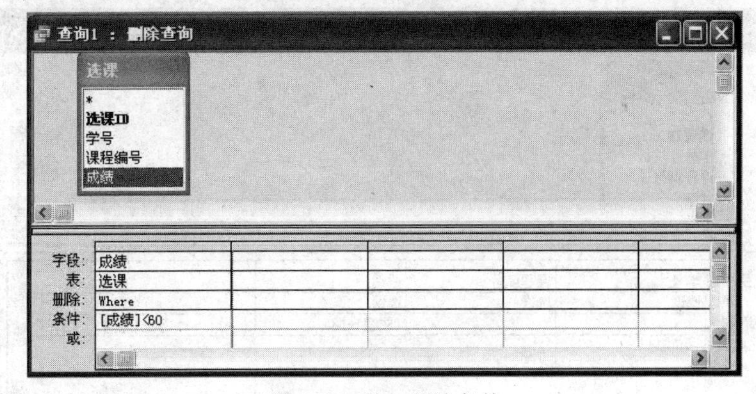

图 4.41　输入删除条件

(4) 单击工具栏上的“运行”按钮，弹出删除提示框，单击“是”按钮，即删除指定的记录。

(5) 单击工具栏上的“保存”按钮，打开“选课”表，可以看到成绩低于 60 分的记录都被删除了，如图 4.42 所示。

选课 ：表

选课ID	学号	课程编号	成绩
1	0801101	001	85
2	0801101	002	80
3	0801101	003	75
4	0801101	006	80
5	0801102	001	78
6	0801102	002	74
7	0801102	003	89
8	0801102	004	76
10	0801103	001	82
12	0801103	003	66
14	0801104	002	83
15	0801104	003	76
(自动编号)			0

记录: 1 共有记录数: 12

图 4.42　删除后的结果

4.6.3　更新查询

更新查询用于对一个或多个表中的记录进行更新和修改。更新查询主要用于对大量且符合一定条件的数据进行更新和修改，它是比较简单、快捷的方法。

【例 4.14】 使用更新查询更新“选课”表中的成绩。

具体操作步骤如下：

(1) 在“教学管理”数据库窗口中打开查询“设计”视图窗口，在“显示表”对话框中选择“选课”表添加到查询“设计”视图窗口中，并将所需要的查询字段添加到设计网格中。

(2) 单击工具栏中“查询类型”按钮右侧的向下箭头，在弹出的下拉列表中选择“更新查询”项或执行“查询”→“更新查询”菜单命令，此时在“设计”视图网格中将出现“更新到”栏，在“成绩”字段所对应的“更新到”栏内输入更新表达式“[成绩]+1”，如图 4.43 所示。

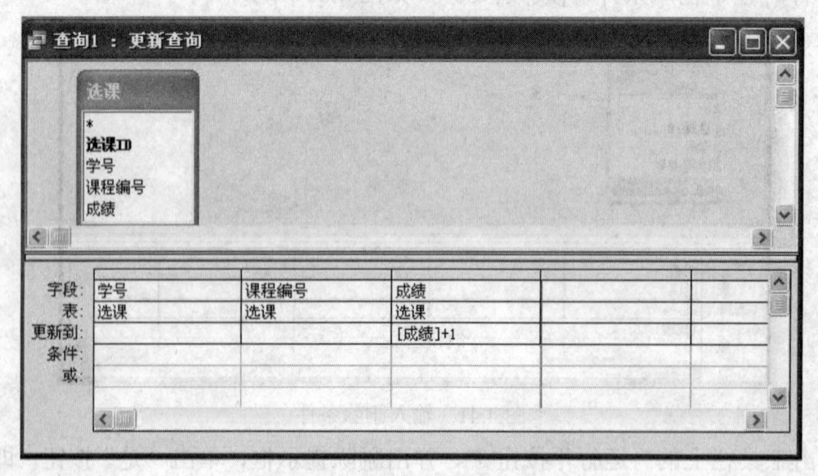

图 4.43　输入更新表达式

(3) 单击工具栏上的“运行”按钮，弹出提示框，如图4.44所示。单击“是”按钮，完成更新查询，保存更新查询名为“更新查询”。

图4.44 提示框

4.6.4 追加查询

追加查询是指从一个或多个表中将一组记录添加到一个或多个表的尾部。追加查询主要用于在数据库维护时，将某一个表中符合条件的记录添加到另一个表中。

【例4.15】 建立一个追加查询，将选课成绩为70～80分的学生成绩添加到已建立的“80分以上学生情况”表中。

具体操作步骤如下：

(1) 在“教学管理”数据库窗口中打开查询“设计”视图窗口，将“学生”表和“选课”表添加到查询“设计”视图窗口中，并将表中相应字段添加到设计网格中。

(2) 单击工具栏上“查询类型”按钮右侧的向下箭头，在弹出的下拉列表中选择“追加查询”项或执行“查询”→“追加查询”菜单命令，此时弹出“追加”对话框，如图4.45所示。

图4.45 “追加”对话框

(3) 在“表名称”文本框中输入“80分以上学生情况”或从下拉列表中选择“80分以上学生情况”表，将查询的记录追加到“80分以上学生情况”表中；选中“当前数据库”选项按钮，然后单击“确定”按钮，这时设计网格中显示一个“追加到”行。

(4) 将表中的“学号”、“姓名”、“性别”和“成绩”字段添加到设计网格中，并且在“追加到”行中自动填入“学号”、“姓名”、“性别”和“成绩”。

(5) 在“成绩”字段的“条件”单元格中输入条件“>=70 And <80”，以便将70分以上的学生情况添加到“80分以上学生情况”表中，结果如图4.46所示。

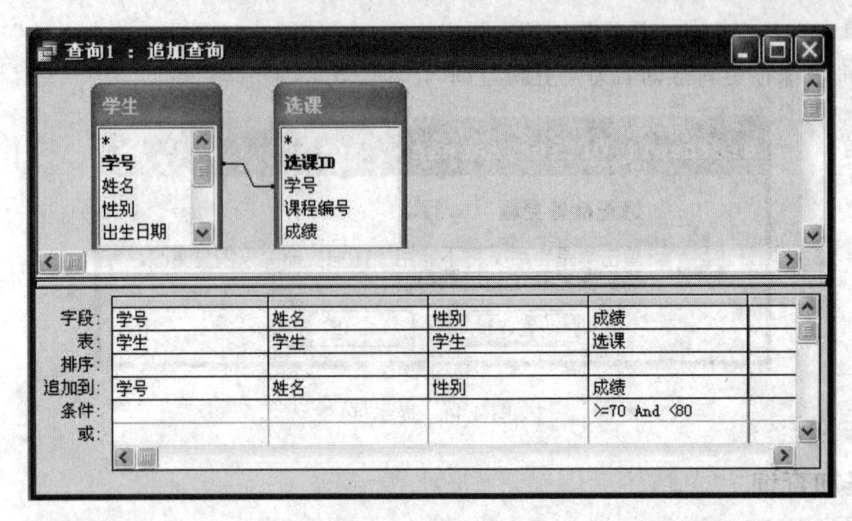

图 4.46　设置追加查询

(6) 单击工具栏上的“运行”按钮 ，弹出追加提示框，如图 4.47 所示。

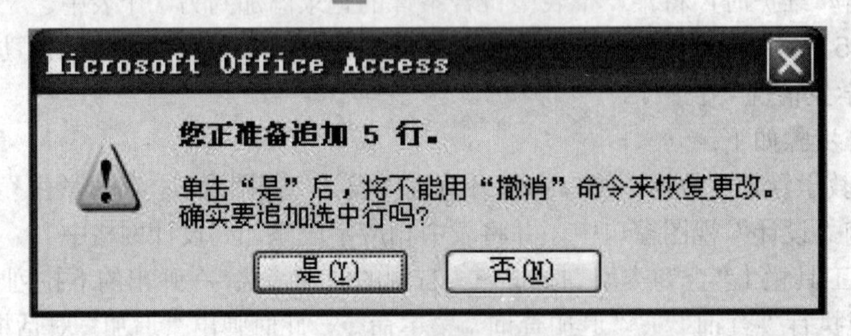

图 4.47　追加提示框

(7) 单击“是”按钮，Access 将符合条件的一组记录追加到指定的表中。

(8) 此时打开“80 分以上学生情况”表就可以看到增加了 70～80 分学生的情况，如图 4.48 所示。

80分以上学生情况 : 表

学号	姓名	性别	成绩
0801101	曾江	女	85
0801101	曾江	女	80
0801101	曾江	女	80
0801102	刘艳	女	89
0801103	王平	男	82
0801104	刘建军	男	83
0801101	曾江	女	75
0801102	刘艳	女	78
0801102	刘艳	女	74
0801102	刘艳	女	76
0801104	刘建军	男	76

记录: 1 共有记录数: 11

图 4.48　追加后的表

4.7　创建 SQL 查询

SQL 查询是指直接用 SQL 语句创建的查询。

SQL 查询主要用于完成复杂的查询工作，因为有一些查询无法用查询向导和设计器创建出来。实际上，因为 Access 查询就是以 SQL 为基础来实现查询功能的，所以 Access 中的查询都可以认为是一个 SQL 查询。

4.7.1　使用 SELECT 语句创建查询

SELECT 语句的基本语法格式如下：

SELECT　<字段列表>　FROM　<表名>

说明：

(1) 字段列表——是查询中显示的字段，它们之间用逗号隔开，如要查询表中的所有字段，可使用“*”来代替。

(2) 表名——指查询的数据表。

【例 4.16】 在 SQL 视图中输入 SELECT 语句，创建学生数据查询。

(1) 在“教学管理”数据库窗口中打开查询“设计”视图窗口，将“显示表”对话框关闭。

(2) 单击工具栏上的“视图”按钮，再选择 SQL 视图(Q)，或执行“视图”→“SQL 视图”菜单命令，如图 4.49 所示。

(3) 在窗口中输入 SELECT 语句，如图 4.50 所示。

图 4.49　SQL 视图窗口

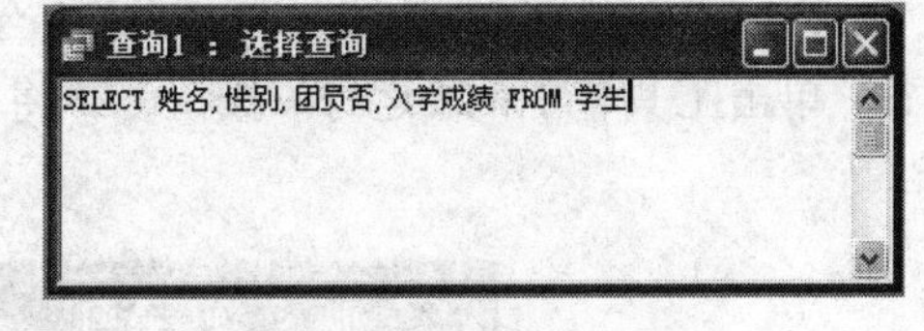

图 4.50　输入 SELECT 语句

(4) 单击工具栏上的“运行”按钮，将显示 SELECT 语句查询的结果，如图 4.51 所示。

查询1 : 选择查询

姓名	性别	团员否	入学成绩
曾江	女	☑	621
刘艳	女	☐	560
王平	男	☑	603
刘建军	男	☐	598
李兵	男	☑	611
刘华	女	☐	588
张冰	男	☑	566
*		☐	0

记录: 1 共有记录数: 7

图 4.51　SELECT 语句查询的结果

(5) 单击工具栏上的“保存”按钮，弹出“另存为”对话框，在“查询名称”文本框中输入“学生表”，单击“确定”按钮，如图 4.52 所示。

图 4.52　“另存为”对话框

4.7.2　使用 SELECT 语句中的子句进行查询

1. SELECT 语句中的 WHERE 子句

SELECT 语句中 WHERE 子句的基本语法格式如下：

SELECT　<字段列表>　FROM　<表名>　[WHERE <条件表达式>]

说明：

条件表达式——用于设置查询条件，它可以使用算术操作符、赋值和关系操作、逻辑操作符、连接操作符及各种总计函数。

【例 4.17】 在 SQL 视图中，为 SELECT 语句添加查询条件，查找“学生”表中“性别”为“男”的数据记录。

具体操作步骤如下：

(1) 在“教学管理”数据库窗口中打开查询“设计”视图窗口，并转换到 SQL 视图中。

(2) 输入如下 SQL 语句：

SELECT 姓名,性别,团员否 FROM 学生　WHERE 性别="男"

(3) 单击工具栏上的“运行”按钮，将显示 SELECT 语句条件查询的结果，如图 4.53 所示。

查询1 : 选择查询

姓名	性别	团员否
王平	男	☑
刘建军	男	☐
李兵	男	☑
张冰	男	☑
*		☐

记录: 1 共有记录数: 4

图 4.53　SELECT 语句条件查询的结果

2. SELECT 语句中的 ORDER BY 子句

SELECT 语句中 ORDER BY 子句的基本语法格式如下：

SELECT　<字段列表>　FROM　<表名>
[WHERE <条件表达式>] [ORDER BY <字段名> [ASC | DESC]]

说明：

字段名——制定用于排序的字段，也可以使用多个字段，但在排序时先按前面的字段排序，再按后面的字段排序。

【例 4.18】 在 SQL 视图中，为 SELECT 语句添加查询条件，并将“学生”表中的男生按“入学成绩”排序。

具体操作步骤如下：

(1) 在“教学管理”数据库窗口中打开查询“设计”视图窗口，并转换到 SQL 视图。

(2) 输入如下 SQL 语句：

```
SELECT 姓名,性别,团员否,入学成绩 FROM 学生
WHERE 性别="男"   ORDER BY 入学成绩
```

(3) 单击工具栏上的“运行”按钮，将显示 SELECT 语句条件查询的结果，如图 4.54 所示。

查询1 : 选择查询

	姓名	性别	团员否	入学成绩
▶	张冰	男	☑	566
	刘建军	男	☐	598
	王平	男	☑	603
	李兵	男	☑	611
*			☐	0

记录: 1 共有记录数: 4

图 4.54 SELECT 语句条件查询的结果

3. SELECT 语句中的 GROUP BY 子句

SELECT 语句中 GROUP BY 子句的基本语法格式如下：

SELECT <字段列表 1> FROM <表名> GROUP BY <字段列表 2 >

说明：

字段列表 2——用于进行分组的字段，是“字段列表 1”中没有使用总计函数的字段。

【例 4.19】 在 SQL 视图中，使用 GROUP BY 子句对查询的结果按“性别”进行分组。

具体操作步骤如下：

(1) 在“教学管理”数据库窗口中打开查询“设计”视图，并转换到 SQL 视图。

(2) 输入如下 SQL 语句：

```
SELECT 性别 FROM 学生   GROUP BY 性别
```

(3) 单击工具栏上的“运行”按钮，将显示 SELECT 语句条件查询的结果，如图 4.55 所示。

图 4.55 查询的结果

4.8 操作已创建的查询

在实际应用中，常常需要根据实际情况对已经创建的查询进行修改、编辑，如调整列宽，编辑字段、数据源，对查询结果进行排序等，以使查询满足用户需要。

4.8.1 编辑查询中的字段

在查询“设计”视图中，可以在原有的基础上对字段进行增加、删除和移动操作。

【例 4.20】 在查询“设计”视图中修改“学生选课成绩”，增加“学分”字段、删除“课程编号”字段，并将“学分”字段移至“成绩”字段前。

具体操作步骤如下：

(1) 在“教学管理”数据库窗口的“对象”列中选择“查询”对象，并选择需要修改的“学生选课成绩”。

(2) 单击工具栏上的“设计”按钮设计(D)，打开“学生选课成绩”设计视图窗口，如图 4.56 所示。

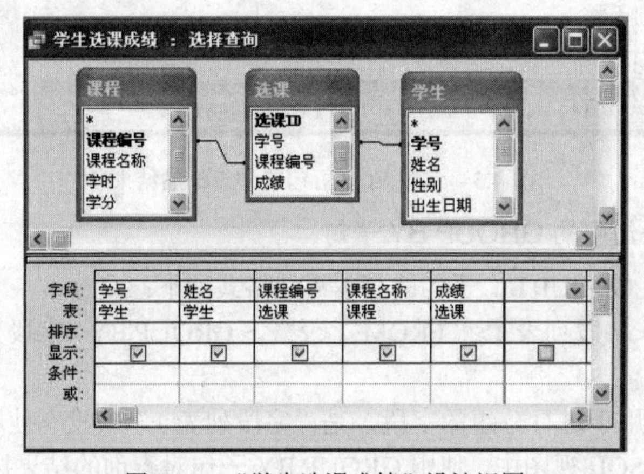

图 4.56 “学生选课成绩”设计视图

(3) 双击“课程”表中的“学分”字段，进行字段添加，如图 4.57 所示。单击工具栏上的“运行”按钮，显示查询结果，如图 4.58 所示。

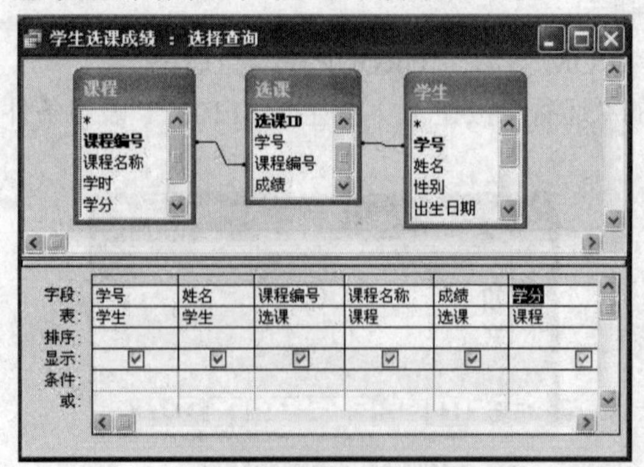

图 4.57 添加字段

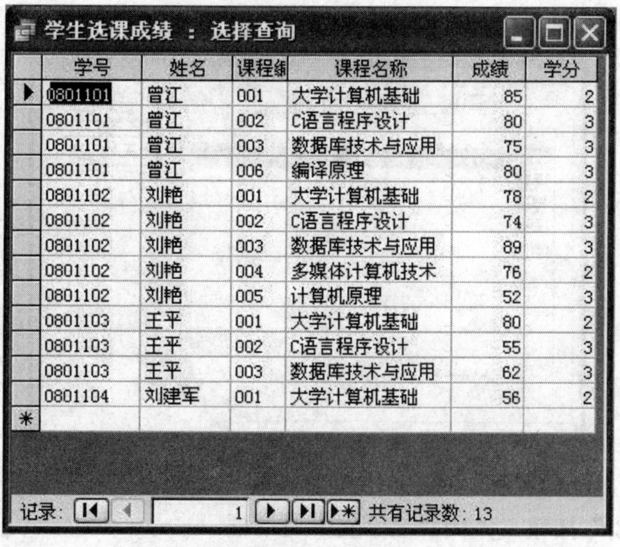
学生选课成绩 ： 选择查询

学号	姓名	课程编	课程名称	成绩	学分
0801101	曾江	001	大学计算机基础	85	2
0801101	曾江	002	C语言程序设计	80	3
0801101	曾江	003	数据库技术与应用	75	3
0801101	曾江	006	编译原理	80	3
0801102	刘艳	001	大学计算机基础	78	2
0801102	刘艳	002	C语言程序设计	74	3
0801102	刘艳	003	数据库技术与应用	89	3
0801102	刘艳	004	多媒体计算机技术	76	2
0801102	刘艳	005	计算机原理	52	3
0801103	王平	001	大学计算机基础	80	2
0801103	王平	002	C语言程序设计	55	3
0801103	王平	003	数据库技术与应用	62	3
0801104	刘建军	001	大学计算机基础	56	2

记录: 1 共有记录数: 13

图 4.58　添加字段数据结果

(4) 单击工具栏上的“视图”按钮，返回查询“设计”视图。在设计网格中，选中“课程编号”字段的选择器，按键盘上的 Delete 键或执行“编辑”→“删除列”菜单命令。保存后，单击工具栏上的“运行”按钮，显示查询结果，如图 4.59 所示。

(5) 单击工具栏上的“视图”按钮，返回查询设计视图。在设计网格中，选中“学分”字段的选择器进行拖动，拖至“成绩”字段前。保存后，单击工具栏上的“运行”按钮，显示查询结果，如图 4.60 所示。

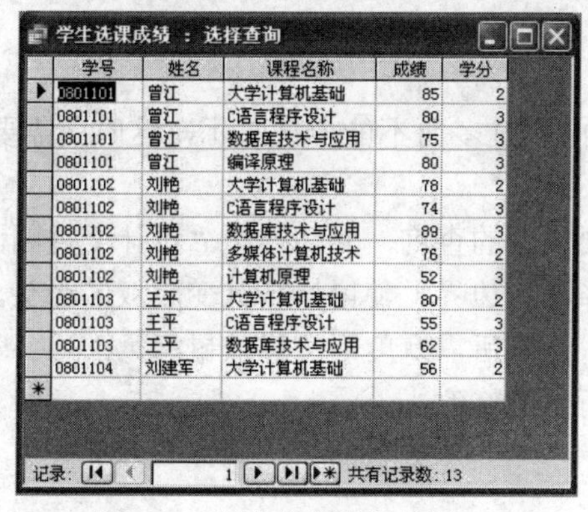
学生选课成绩 ： 选择查询

学号	姓名	课程名称	成绩	学分
0801101	曾江	大学计算机基础	85	2
0801101	曾江	C语言程序设计	80	3
0801101	曾江	数据库技术与应用	75	3
0801101	曾江	编译原理	80	3
0801102	刘艳	大学计算机基础	78	2
0801102	刘艳	C语言程序设计	74	3
0801102	刘艳	数据库技术与应用	89	3
0801102	刘艳	多媒体计算机技术	76	2
0801102	刘艳	计算机原理	52	3
0801103	王平	大学计算机基础	80	2
0801103	王平	C语言程序设计	55	3
0801103	王平	数据库技术与应用	62	3
0801104	刘建军	大学计算机基础	56	2

记录: 1 共有记录数: 13

图 4.59　删除字段数据结果

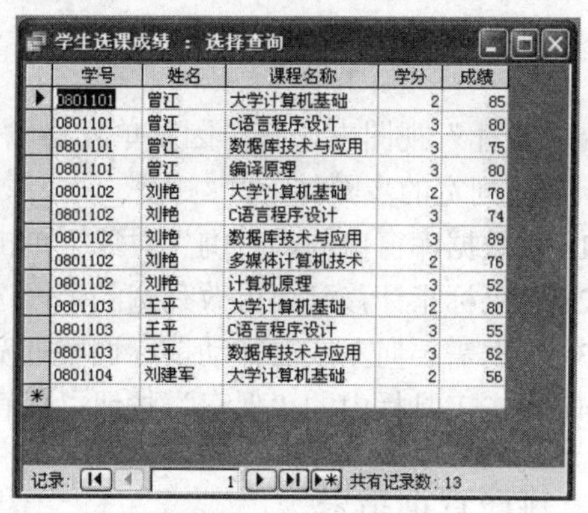
学生选课成绩 ： 选择查询

学号	姓名	课程名称	学分	成绩
0801101	曾江	大学计算机基础	2	85
0801101	曾江	C语言程序设计	3	80
0801101	曾江	数据库技术与应用	3	75
0801101	曾江	编译原理	3	80
0801102	刘艳	大学计算机基础	2	78
0801102	刘艳	C语言程序设计	3	74
0801102	刘艳	数据库技术与应用	3	89
0801102	刘艳	多媒体计算机技术	2	76
0801102	刘艳	计算机原理	3	52
0801103	王平	大学计算机基础	2	80
0801103	王平	C语言程序设计	3	55
0801103	王平	数据库技术与应用	3	62
0801104	刘建军	大学计算机基础	2	56

记录: 1 共有记录数: 13

图 4.60　移动字段数据结果

4.8.2　编辑查询中的数据源

编辑查询中的数据源包括添加表或查询、删除表或查询。

1．添加表或查询

在设计视图中添加表或查询的步骤如下：

(1) 在数据库窗口的“查询”对象下单击要修改的查询，并切换至“设计”视图。

(2) 单击工具栏上的“显示表”按钮，打开图 4.61 所示的“显示表”对话框，选择需要添加的表或查询，再单击“添加”按钮。

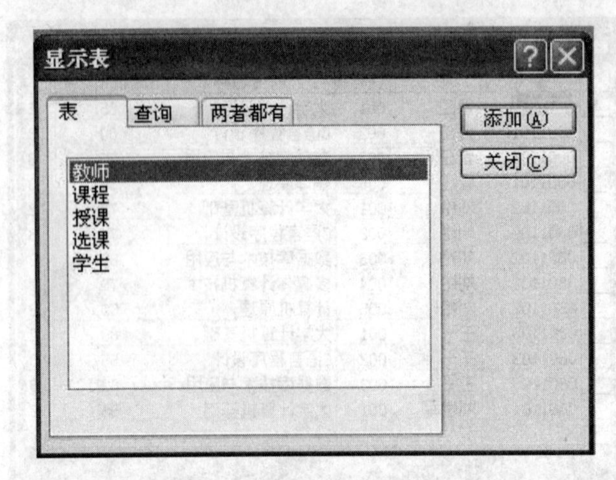

图 4.61　“显示表”对话框

(3) 单击“关闭”按钮，关闭“显示表”对话框。

(4) 单击工具栏中的“保存”按钮，保存所做的修改。

2. 删除表或查询

在“设计”视图中删除表或查询的步骤与添加的步骤相似，具体如下：

(1) 在数据库窗口的“查询”对象下单击要修改的查询，并切换至“设计”视图。

(2) 选择需要删除的表或查询，再单击 Delete 键。

(3) 单击工具栏中的“保存”按钮，保存所做的修改。

4.8.3　调整查询的列宽

在“设计”视图中，有时因某单元格输入内容过多而不能全部显示，这时就需要调整列宽。调整列宽的步骤如下：

(1) 在数据库窗口的“查询”对象下单击要修改的查询，并切换至“设计”视图。

(2) 将鼠标指针移到要更改列宽的字段选择器右边界，使鼠标指针变成双向箭头。

(3) 根据需要向左或右拖动鼠标调整列宽，达到所需宽度后，释放鼠标。

(4) 单击工具栏中的“保存”按钮，保存所做的修改。

4.8.4　排序查询结果

在实际应用过程中，有时候会需要对查询结果按一定规则进行排序。

【例 4.21】 将“教学管理”数据库中的“学生选课成绩”按“成绩”字段升序排序。

具体操作步骤如下：

(1) 在“教学管理”数据库窗口的“对象”列中选择“查询”对象，并选择需要修改的“学生选课成绩”。

(2) 单击工具栏上的“设计”按钮 设计(D)，打开“学生选课成绩”设计视图窗口。

(3) 在“设计”视图的成绩字段的“排序”栏中选择“升序”，如图 4.62 所示。

(4) 单击工具栏上的“运行”按钮 ! ，显示查询结果，如图 4.63 所示。

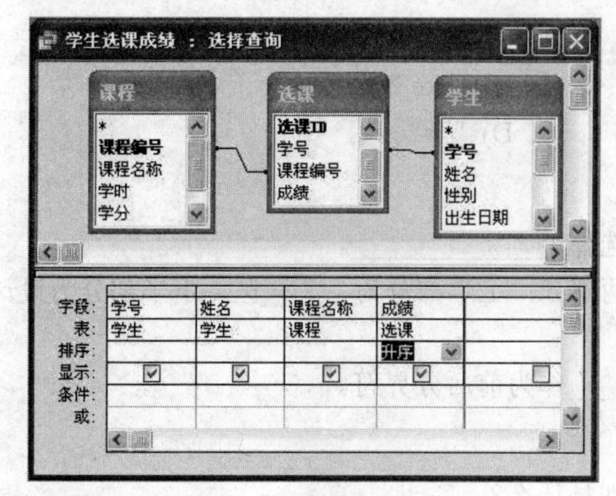

图 4.62 选择排序方法

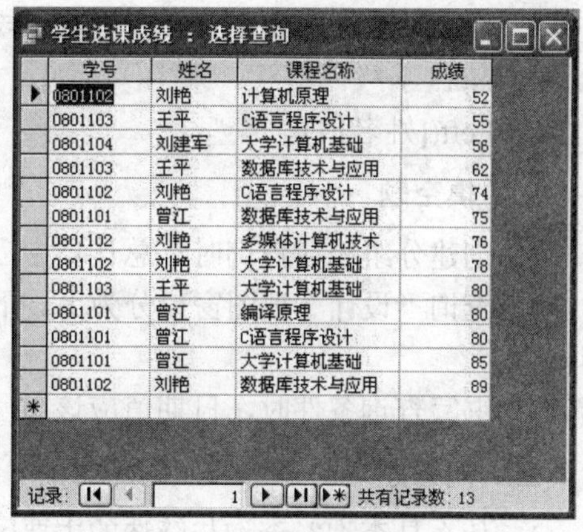

学号	姓名	课程名称	成绩
0801102	刘艳	计算机原理	52
0801103	王平	C语言程序设计	55
0801104	刘建军	大学计算机基础	56
0801103	王平	数据库技术与应用	62
0801102	刘艳	C语言程序设计	74
0801101	曾江	数据库技术与应用	75
0801102	刘艳	多媒体计算机技术	76
0801102	刘艳	大学计算机基础	78
0801103	王平	大学计算机基础	80
0801101	曾江	编译原理	80
0801101	曾江	C语言程序设计	80
0801101	曾江	大学计算机基础	85
0801102	刘艳	数据库技术与应用	89

图 4.63 运行排序的结果

本 章 小 结

查询是 Access 处理和分析数据的工具，它能够把多个表中的数据抽取出来，供使用者查看、更改和分析。查询是 Access 数据库中的一个重要对象，是使用者按照一定条件从 Access 数据库表或已建立的查询中检索所需数据的最主要方法。在 Access 中可以通过查询向导和设计视图来创建查询，同时可以对查询结果进行统计，如求和、求最大值和求平均值等。Access 可以通过交叉表查询、参数查询、操作查询和 SQL 查询等方法实现对数据库中数据的操作。

习 题

一、选择题

1．以下关于查询的叙述中正确的是(　　)。

A) 只能根据数据库表创建查询　　B) 只能根据已建查询创建查询

C) 可以根据数据库表和已建查询创建查询　　D) 不能根据已建查询创建查询

2．Access 支持的查询类型有(　　)。

A) 选择查询、交叉表查询、参数查询、SQL 查询和操作查询

B) 基本查询、选择查询、参数查询、SQL 查询和操作查询

C) 多表查询、单表查询、交叉表查询、参数查询和操作查询

D) 选择查询、总计查询、参数查询、SQL 查询和操作查询

3．以下不属于操作查询的是(　　)。

A) 交叉表查询　　B) 更新查询　　C) 删除查询　　D) 生成表查询

4．在查询设计视图中(　　)。

A) 只能添加数据库表　　B) 可以添加数据库表，也可以添加查询

C) 只能添加查询　　D) 以上说法都不对

5. 假设某数据库表中有一个姓名字段，查询姓“李”的记录的条件是(　　)。

A) Not "李*"　　B) Like "李"

C) Left([姓名],1)= "李"　　D) "李"

二、填空题

1. 创建分组统计查询时，总计项中应选择______________。

2. 查询“设计”视图窗口分为上、下两部分：上半部分为______区，下半部分为设计网格。

3. 书写查询条件时，日期值应该用______作为前后分界符。

三、问答题

1. 什么是查询？查询与筛选的主要区别是什么？

2. 使用查询的目的是什么？查询具有哪些功能？

3. 什么是总计查询，总计项有哪些，如何使用这些总计项？

第5章　窗　体

◆◆

问题：

1. 窗体由哪些部分组成？
2. 如何创建和设计窗体？
3. 窗体中的主要控件有哪些？
4. 如何美化窗体？

引例：“输入教师基本信息”窗体

窗体是 Access 数据库的一种对象。通过窗体，用户可以方便地输入数据、编辑数据、显示和查询表中的数据。利用窗体可以将整个应用程序组织起来，形成一个完整的应用系统。本章将介绍窗体的概念和作用、窗体的组成以及窗体的基本操作等。

5.1　认识窗体

窗体是 Access 数据库应用中一个非常重要的工具。与数据表不同的是，窗体本身没有存储数据，也不像表那样只以行和列的形式显示数据。

5.1.1　窗体的概念和作用

窗体是一种主要用于在 Access 中输入、输出数据的数据库对象，是用户和 Access 应用程序之间的主要接口，通过计算机屏幕将数据库中的表或查询中的数据反映给使用者。

窗体的主要用途如下：

(1) 数据通过窗体显示，并向表中输入；

(2) 创建切换面板窗体，可以用来打开其他窗体和报表；

(3) 创建自定义对话框可接受用户输入的信息，并执行相应操作；

(4) 窗体可以显示警告、错误、提示等信息。

5.1.2　窗体的组成

一个完整的窗体由窗体页眉、页面页眉、主体、页面页脚及窗体页脚等部分组成，各部分的功能如表 5.1 所示，窗体“设计”视图如图 5.1 所示。另外，窗体中还包含标签、文本框、复选框、列表框、组合框、选项组、命令按钮、图像等图形化的对象，这些对象被称为控件，在窗体中起不同的作用。

表 5.1 窗体各部分的功能

名 称	功 能
窗体页眉	主要用于设置窗体的标题、使用说明或放置命令按钮，一般位于窗体顶部
窗体页脚	主要用于显示内容、使用命令的操作说明等，一般位于窗体底部
主体	通常用于显示记录数据，可以显示一条或多条记录
页面页眉	主要用于设置页头信息
页面页脚	主要用于显示打印时的页脚信息

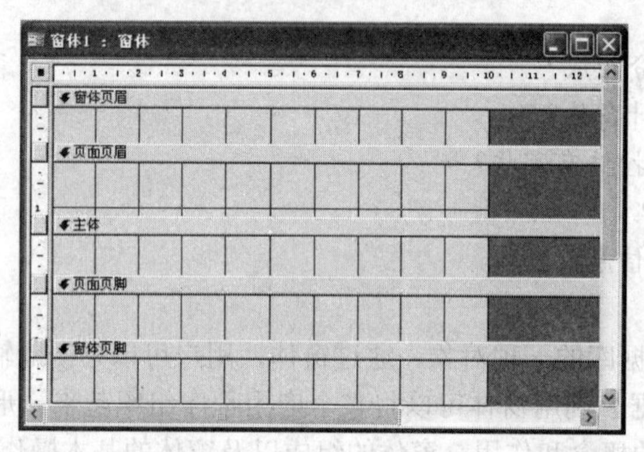

图 5.1 窗体“设计”视图

5.1.3 窗体的类型

Access 提供了 6 种类型的窗体，分别是纵栏式窗体、表格式窗体、主/子窗体、数据表窗体、数据透视表窗体和图表窗体。

1. 纵栏式窗体

纵栏式窗体将窗体中的一条显示记录按列分隔，每列的左边显示字段名，右边显示字段内容，如图 5.2 所示。

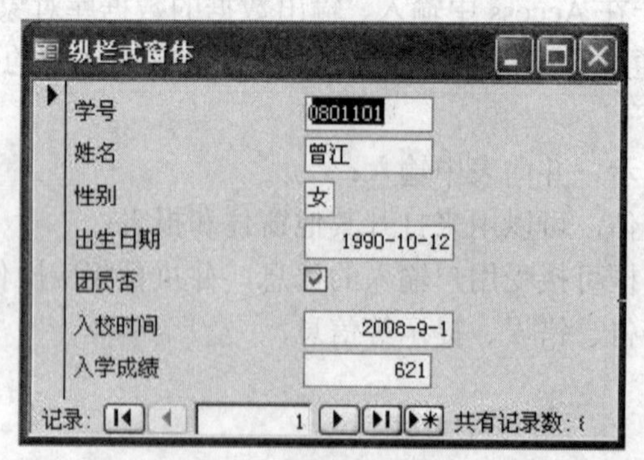

图 5.2 纵栏式窗体

在纵栏式窗体中，可以随意地安排字段，可以使用 Windows 的多种控制操作，还可以设置直线、方框、颜色、特殊效果等。使用纵栏式窗体，可以美化操作界面，提高操作效率。

2．表格式窗体

表格式窗体是以表格的形式显示数据，允许用户一次查看多条记录，用户可以十分方便地输入和编辑数据，如图5.3所示。

表格式窗体适用于同时显示多条记录信息，并可以通过垂直滚动条浏览所有信息。

表格式窗体

学号	姓名	性别	出生日期	团员否	入校时间	入学成绩
0801101	曾江	女	1990-10-12	☑	2008-9-1	621
0801102	刘艳	女	1991-2-12	☐	2008-9-1	560
0801103	王平	男	1990-5-3	☑	2008-9-1	603
0801104	刘建军	男	1990-12-12	☐	2008-9-1	598
0801105	李兵	男	1991-10-25	☑	2008-9-1	611
0801106	刘华	女	1990-4-9	☐	2008-9-1	588
0801107	张冰	男	1994-2-23	☑	2008-9-1	566
0801108	刘亮	女	1994-12-11	☑	2008-9-1	602
*				☐		0

记录：1　共有记录数：8

图5.3　表格式窗体

3．数据表窗体

数据表窗体在外观上与数据表和查询显示数据的界面相同，如图5.4所示。

数据表窗体

学号	姓名	性	出生日期	团员否	入校时间	入学成绩
0801101	曾江	女	1990-10-12	☑	2008-9-1	621
0801102	刘艳	女	1991-2-12	☐	2008-9-1	560
0801103	王平	男	1990-5-3	☑	2008-9-1	603
0801104	刘建军	男	1990-12-12	☐	2008-9-1	598
0801105	李兵	男	1991-10-25	☑	2008-9-1	611
0801106	刘华	女	1990-4-9	☐	2008-9-1	588
0801107	张冰	男	1994-2-23	☑	2008-9-1	566
0801108	刘亮	女	1994-12-11	☑	2008-9-1	602
*				☐		0

记录：1　共有记录数：8

图5.4　数据表窗体

数据表窗体的主要作用是作为一个窗体的子窗体。

4．主/子窗体

主/子窗体主要用于显示查询数据和一对多关系的表对象，包含主窗体和子窗体，如图5.5所示。其中窗体中的窗体称为子窗体，包含子窗体的基本窗体称为主窗体。

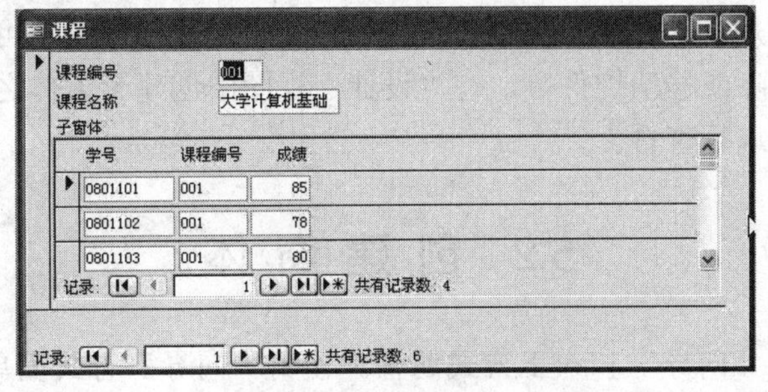

图5.5　主/子窗体

主窗体只能显示为纵栏式的窗体，子窗体可以显示为数据表窗体，也可以显示为表格式窗体。当在主窗体中输入数据或添加记录时，Access 会自动保存每一条记录到窗体对应的表中。在子窗体中还可创建二级子窗体，即在主窗体内可以包含子窗体，而子窗体内又可以含有子窗体。

5. 图表窗体

图表窗体利用 Microsoft Graph 以图表方式显示用户的数据，如图 5.6 所示。

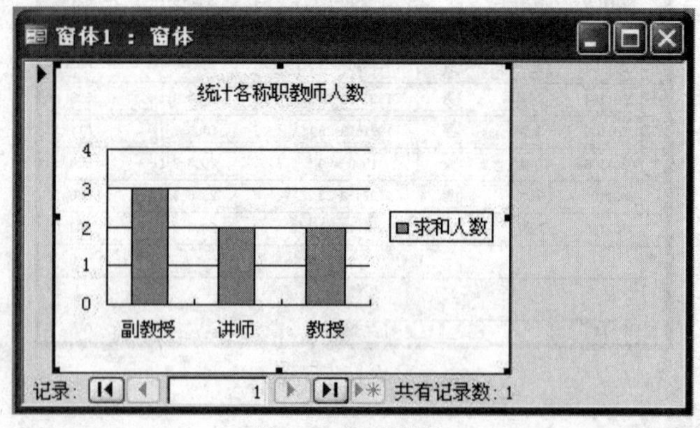

图 5.6　图表窗体

图表窗体可以单独使用，也可以用在子窗体中来增加窗体的功能。图表窗体的数据源可以是数据表，也可以是查询。

6. 数据透视表窗体

数据透视表窗体是 Access 为了以指定的数据表或查询为数据源产生一个 Excel 的分析表而建立的一种窗体形式。数据透视表窗体允许用户对表格内的数据进行操作；用户也可以改变透视表的布局，以满足不同的数据分析方式和要求。数据透视表窗体对数据进行的处理是 Access 中其他工具所无法完成的。

5.1.4　窗体的视图

窗体有 3 种视图，即“设计”视图、“窗体”视图和“数据表”视图。窗体的“设计”视图是用于创建窗体或修改窗体的窗口；窗体的“窗体”视图是显示记录数据的窗口，主要用于添加或修改表中的数据；窗体的“数据表”视图是以行列格式显示表、查询或窗体数据的窗口。在“数据表”视图中可以编辑、修改、查找或删除数据。

创建窗体的工作是在“设计”视图中进行的。在“设计”视图中可以更改窗体的设计，例如添加、修改、删除或移动控件等。在“设计”视图中创建了窗体之后就可以在“窗体”视图或“数据表”中进行查看。

5.2　创 建 窗 体

创建窗体有使用“向导”和人工方式两种。使用“向导”方式简单、快捷。用户可按“向导”的提示输入有关信息，一步一步地完成窗体的创建工作。Access 提供了 4 种制作窗体的向导，即“自动创建窗体”、“窗体向导”、“图表向导”、“数据透视表向导”。在设计Access 应用程序时，往往先使用“向导”建立窗体的基本轮廓，再切换到“设计”视图，使用人工方式进行调整。本节主要介绍通过“向导”建立窗体的步骤。

5.2.1 使用“自动创建窗体”新建窗体

“自动创建窗体”主要用于快速创建简单窗体，也就是对窗体的布局没有特别要求的情况。其格式是系统设定好的，包含表或查询的全部字段，并顺序保持表或查询的物理顺序。

【例 5.1】 在“教学管理”数据库中使用“自动创建窗体:纵栏式”创建“课程”窗体。

具体操作步骤如下：

(1) 打开“教学管理”数据库，选择“窗体”设计器。

(2) 单击“新建”按钮 新建(N)，打开“新建窗体”对话框。

(3) 选择“自动创建窗体:纵栏式”。

(4) 选择“课程”数据表为数据源，如图 5.7 所示。

(5) 单击“确定”按钮，生成一个纵栏式窗体，如图 5.8 所示。

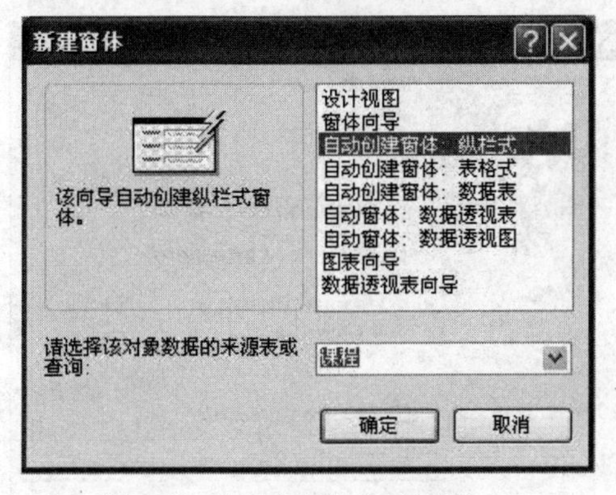

图 5.7 “新建窗体”对话框

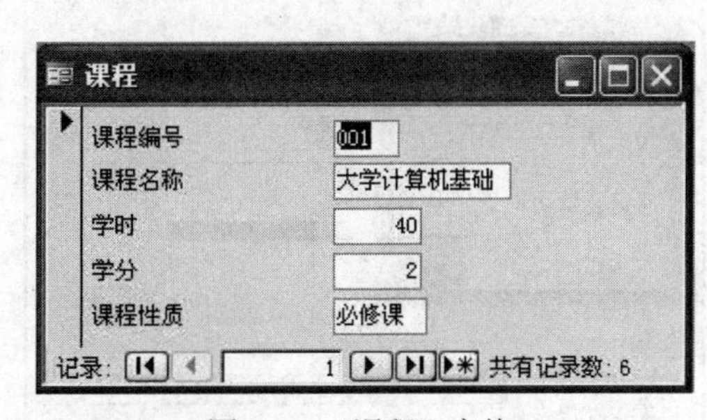

图 5.8 “课程”窗体

5.2.2 使用“窗体向导”新建窗体

使用“窗体向导”能够基于一个或多个表，也可以基于查询创建窗体。向导会要求输入所需的记录源、字段、版式和格式信息，根据用户的需求来创建窗体，因而也是常用的创建窗体的方法之一。

1. 创建基于一个表的窗体

【例 5.2】 在“教学管理”数据库中利用“窗体向导”创建“成绩”窗体。

具体操作步骤如下：

(1) 打开“教学管理”数据库，选择“窗体”设计器。

(2) 双击“使用向导创建窗体”，进入“窗体向导”窗口。

(3) 在“表/查询”下拉框中选择“表:选课”，并选择所需字段，如图 5.9 所示，然后单击“下一步”按钮。

(4) 选择窗体布局，如选择“纵栏表”，如图 5.10 所示，然后单击“下一步”按钮。

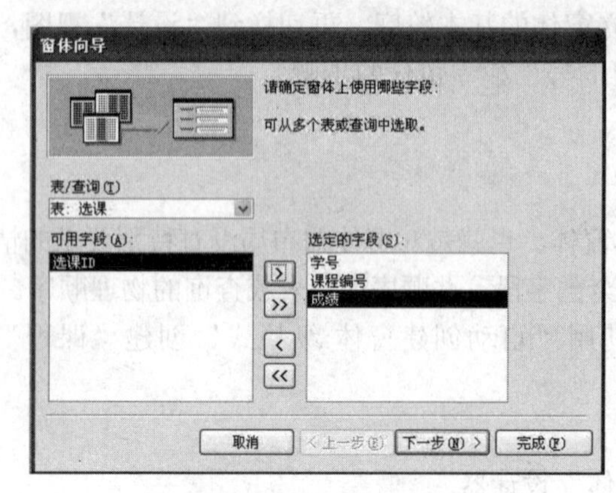

图 5.9　确定表及其字段

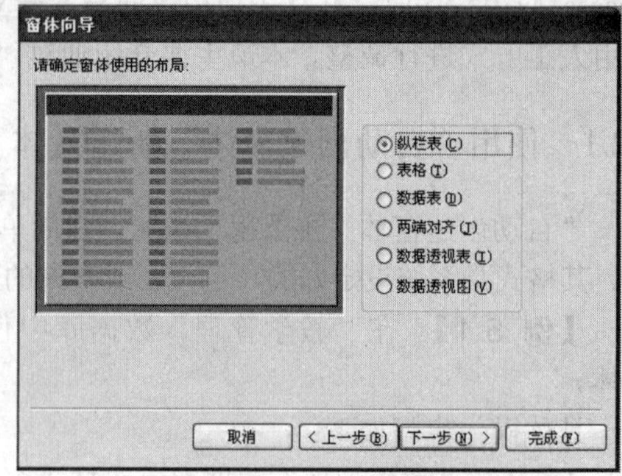

图 5.10　确定窗体布局

(5) 选择窗体样式，当选中一种样式后，可以在左侧看到该样式的预览效果，如图 5.11 所示，然后单击“下一步”按钮。

(6) 为窗体命名，并选择“打开窗体查看或输入信息”单选项，如图 5.12 所示。

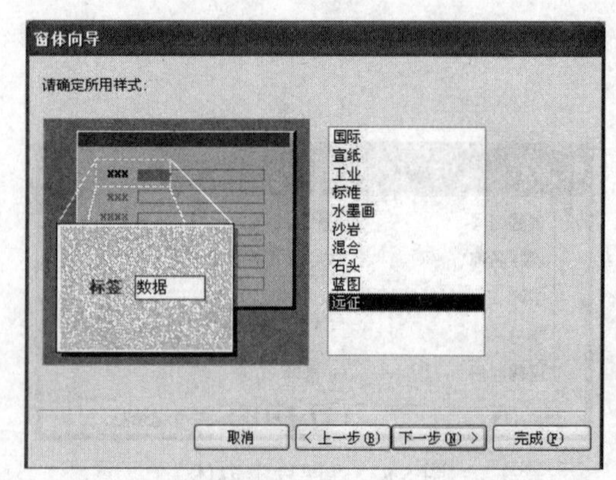

图 5.11　确定窗体样式

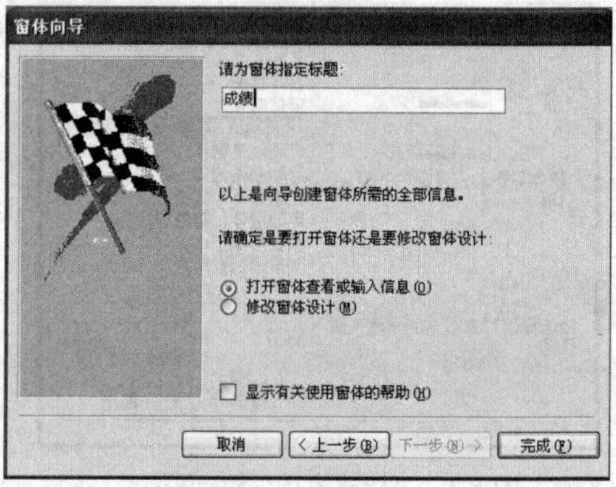

图 5.12　为窗体命名

(7) 单击“完成”按钮，结果如图 5.13 所示。

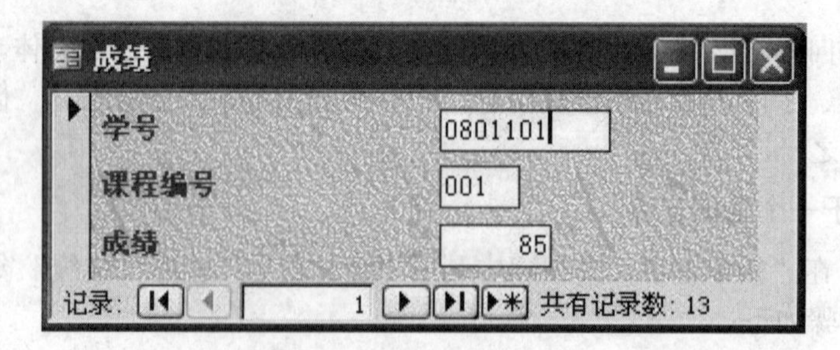

图 5.13　“成绩”窗体

2．创建基于多个表的主/子窗体

创建主/子窗体之前，要先建立作为主窗体的数据源与作为子窗体的数据源之间存在的一对多关系，否则 Access 将弹出错误信息提示框。创建主/子窗体的方法有两种：一是同时创建主窗体与子窗体；二是将已有的窗体作为子窗体添加到另一个已有的窗体中。

【例 5.3】 在“教学管理”数据库中创建基于“学生”和“选课”数据表的窗体，并命名为“学生成绩单”。

具体操作步骤如下：

(1) 打开“教学管理”数据库，选择“窗体”设计器。

(2) 双击“使用向导创建窗体”，进入“窗体向导”窗口。

(3) 在“表/查询”下拉框中选择“表:学生”，并选择所需“学号”、“姓名”字段，再在“表/查询”下拉框中选择“表:选课”，选择所需“学号”、“课程编号”、“成绩”字段，如图 5.14 所示，然后单击“下一步”按钮。

(4) 确定窗体查看数据的方式，这里选择“通过学生”的方式，并选择“带有子窗体的窗体”单选项，如图 5.15 所示，然后单击“下一步”按钮。

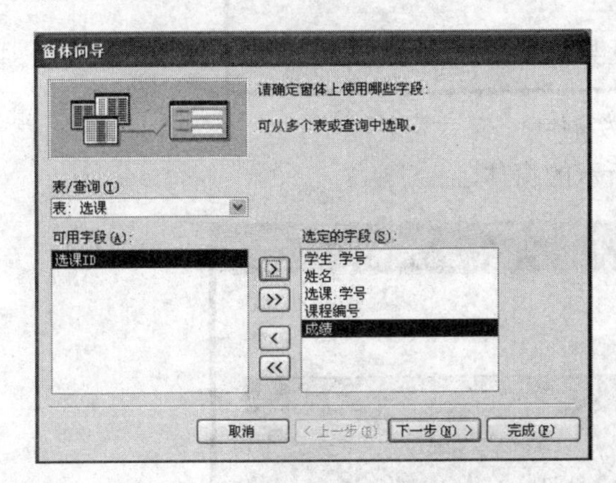

图 5.14　确定表及其字段

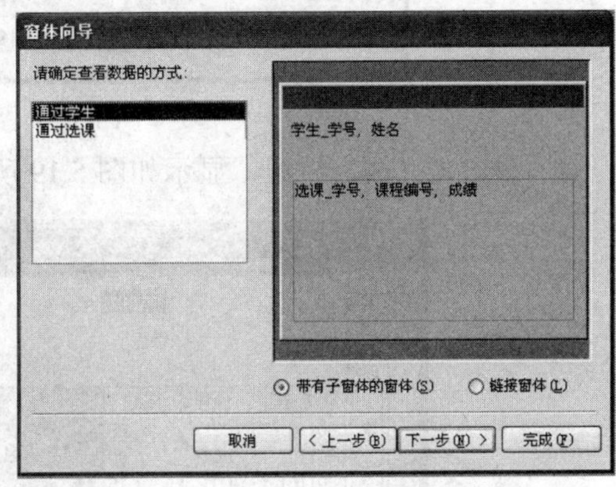

图 5.15　确定窗体查看数据方式

(5) 确定子窗体的布局，这里选择“数据表”单选项，如图 5.16 所示，然后单击“下一步”按钮。

(6) 确定窗体的样式，这里选择“标准”，如图 5.17 所示，然后单击“下一步”按钮。

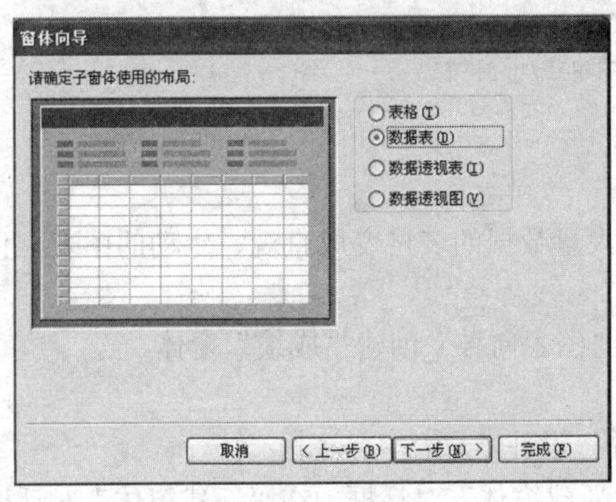

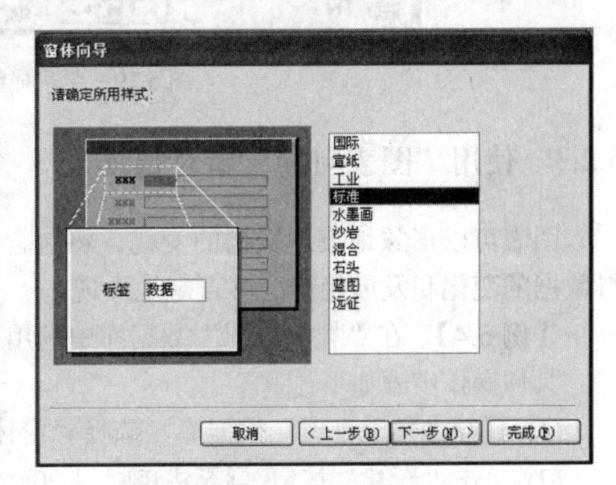

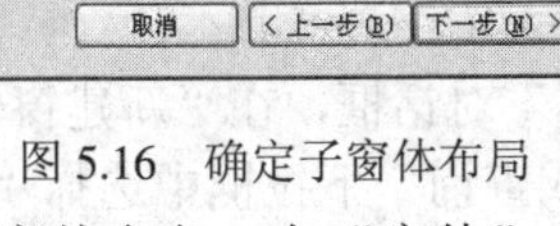

图 5.16　确定子窗体布局　　图 5.17　确定窗体样式

(7) 为窗体命名，在“窗体”文本框中输入主窗体标题“学生成绩单”，在“子窗体”文本框中输入子窗体标题“成绩子窗体”，如图 5.18 所示。

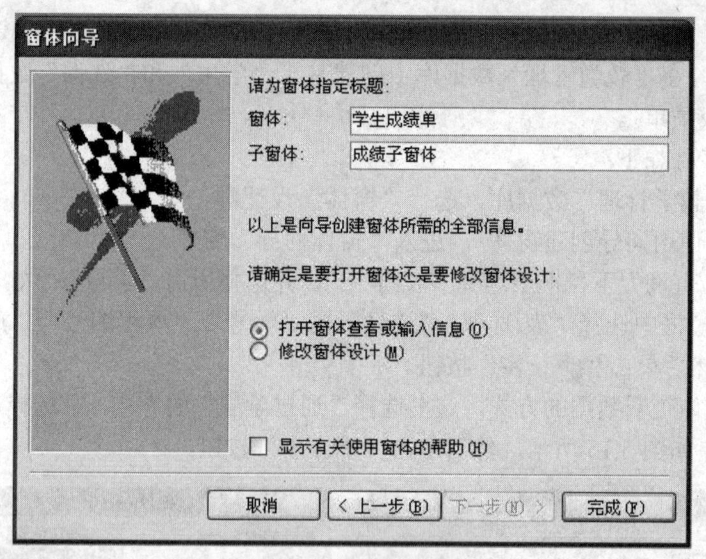

图 5.18　为窗体命名

(8) 单击“完成”按钮，显示如图 5.19 所示的窗体。

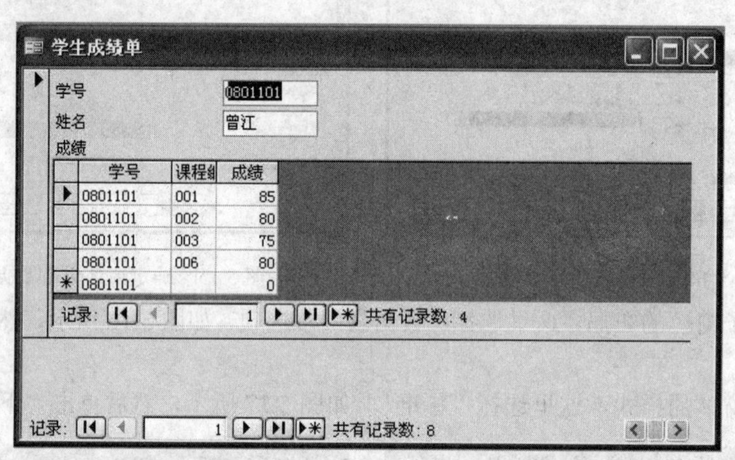

图 5.19　学生成绩单主/子窗体

5.2.3　使用“图表向导”新建窗体

图表可以形象地表达数据的变化。将包含大量数据的表格变成直观、生动的图表，使得数据的变化和发展趋势能够直观地展现。

【例 5.4】 在“教学管理”数据库中利用“图表向导”创建“成绩”窗体。

具体操作步骤如下：

(1) 打开“教学管理”数据库，选择“窗体”设计器。

(2) 单击“新建”按钮 新建(N)，打开“新建窗体”对话框，在“新建窗体”对话框中选择“图表向导”；在“请选择该对象数据的来源表或查询”下拉框中选择“选课”，如图 5.20 所示。

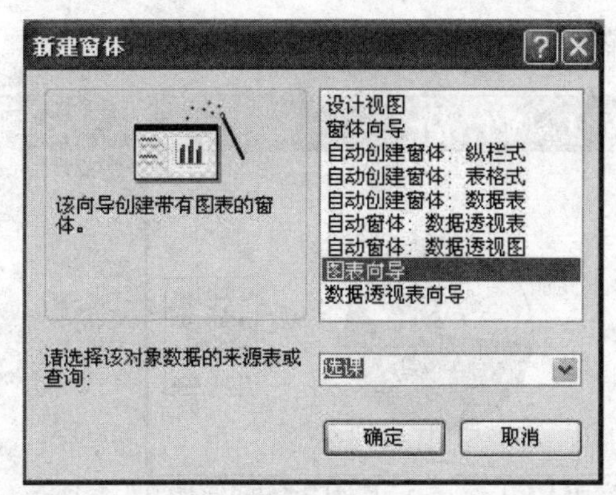

图5.20 “新建窗体”对话框

(3) 单击“确定”按钮，打开“图表向导”对话框(一)，如图5.21所示，选择所需字段，然后单击“下一步”按钮。

(4) 打开“图表向导”对话框(二)，如图5.22所示，选取所要采用的图表类型，然后单击“下一步”按钮。

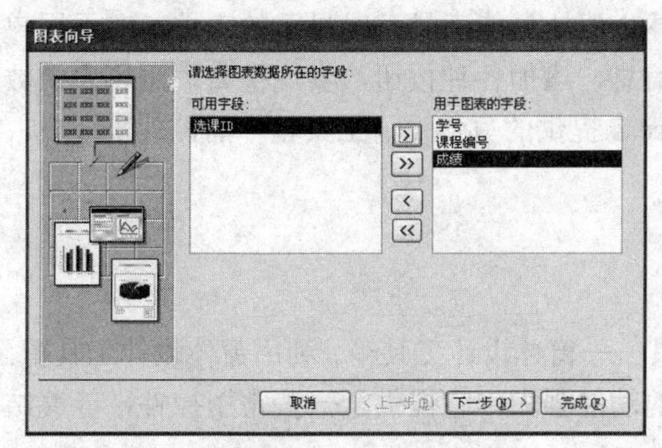

图5.21 “图表向导”对话框(一)

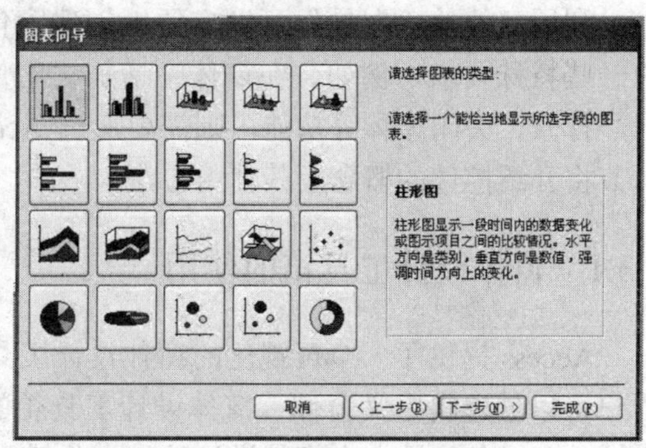

图5.22 “图表向导”对话框(二)

(5) 打开“图表向导”对话框(三)，如图5.23所示，指定数据在图表中的布局方式，选择右边的字段作为横坐标、纵坐标和系列，然后单击“下一步”按钮。

(6) 打开“图表向导”对话框(四)，如图5.24所示，输入图表标题，然后单击“完成”按钮。

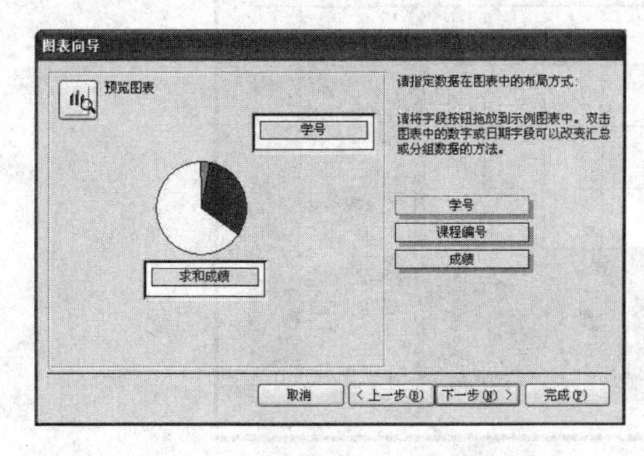

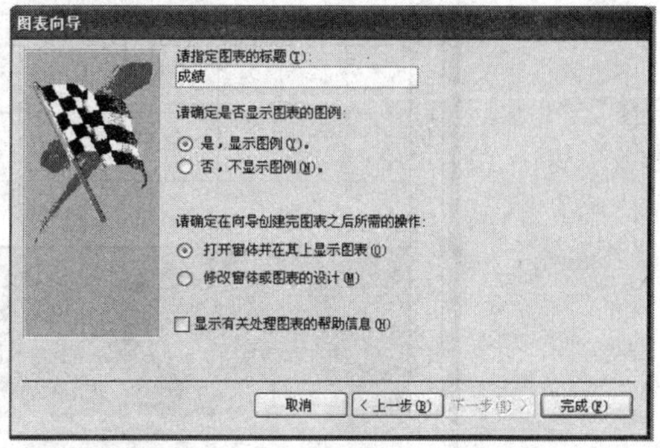

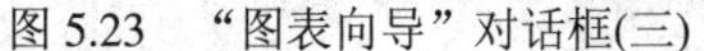

图5.23 “图表向导”对话框(三)

图5.24 “图表向导”对话框(四)

(7) 打开建立的图表窗体，如图 5.25 所示。

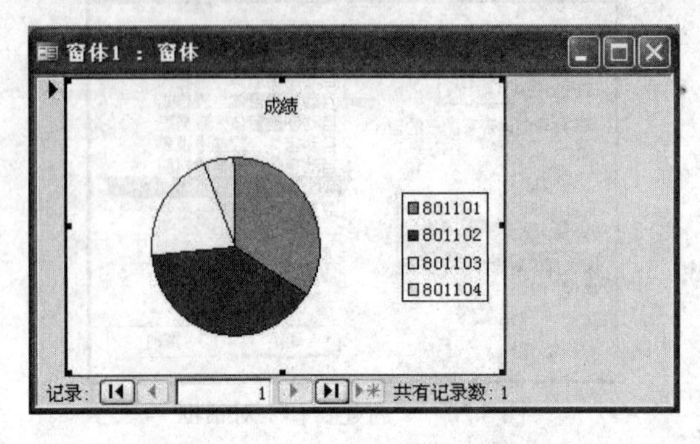

图 5.25　“图表向导”创建的窗体

5.3 自定义窗体

利用窗体的“向导”可以方便地创建窗体，但这只能满足一般显示的需求。对于用户的一些特殊要求，例如，在窗体中增加说明信息，增加各种按钮，实现检索，浏览表中数据，打开、关闭窗体等功能，则需要通过 Access 提供的窗体设计工具箱中的控件来完成。本节将介绍控件的概念及其使用方法。

5.3.1　窗体设计工具箱的使用

Access 提供了一个可视化的窗体设计工具——窗体设计工具箱。利用窗体设计工具箱，用户可以创建自定义窗体。窗体设计工具箱的功能强大，它提供了一些常用控件，能够结合控件和对象构造一个窗体设计的可视化模型。

在 Access 中，进入如图 5.26 所示的窗体设计界面，就可以看到工具箱，如果工具箱未显示，可以通过执行“视图”→“工具箱”菜单命令，将工具箱显示在屏幕上，工具箱中的按钮是 Access 提供的多种窗体控件，如图 5.27 所示。

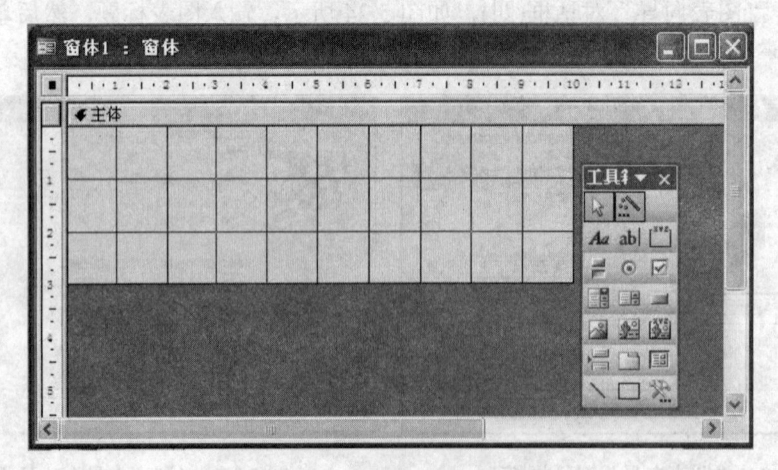

图 5.26　窗体设计界面

图 5.27　工具箱

表 5.2 中列出了工具箱中的常用工具及其功能。

表 5.2　工具箱中的常用工具及其功能

按钮	名 称	功　能
	选择对象	选择一个或一组窗体控件
	控件向导	其他工具按钮使用期间自动对应的辅助向导
	标签	显示窗体中各种说明和提示信息
	文本框	表或窗体中非备注型和通用型字段值的输入、输出等操作，用于输入、编辑和显示文本
	选项组	控制在多个选项中只选择其中之一
	切换按钮	可以将窗体上的切换按钮用作独立的控件来显示基础记录源的“是/否”值
	选项按钮	显示数据源中“是/否”字段的值
	复选框	显示数据源中“是/否”字段的值，可以选择多项
	组合框	从列表中选取数据，并显示在编辑窗口中
	列表框	显示一个可滚动的数据列表
	命令按钮	控制程序的执行过程以及窗体数据的操作
	图像	显示一个静止的图形文件
	非绑定对象框	作用与“图像”控件类似，用于排放一些非绑定的 OLE 对象
	绑定对象框	绑定到 OLE 对象型的字段上
	分页符	在窗体上开始一个新的屏幕，或在打印机窗体上开始新的一页
	选项卡控件	创建多页窗体或多页控件
	子窗体/子报表	在主窗体中显示与数据来源相关的子数据表中数据的窗体
	直线	在窗体或者报表中绘制线条
	矩形	在窗体或者报表中绘制矩形
	其他控件	单击将弹出一个列表，可以从中选择所需的控件源加到当前窗体内

5.3.2　窗体中的控件

控件是用于在窗体中显示数据、执行操作和装饰窗体的对象。

Access 中包含的控件有标签、文本框、复选框、切换按钮、选项组、列表框、组合框、命令按钮、图像控件、结合对象框、非结合对象框、子窗体/子报表、分页符、直线、矩形等。各种控件都可以在窗体“设计”视图窗口中的工具箱中看到。

1. 标签控件

标签主要用于在窗体或报表中显示说明性文本，如窗体标题。它没有数据源，不显示字段或表达式的值，显示内容是固定不变的。图 5.28 中左边鼠标箭头所指即标签控件。

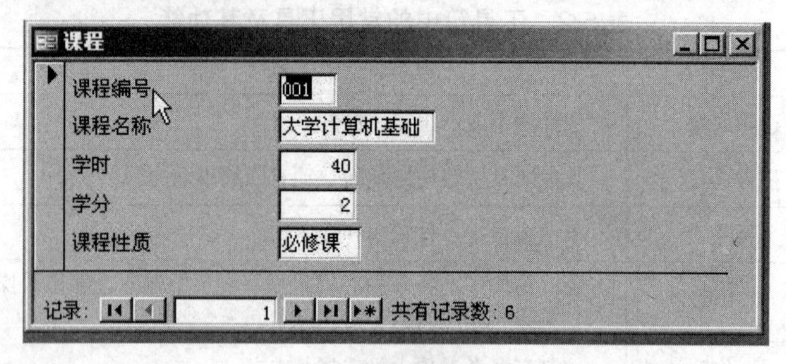

图 5.28　标签控件

2. 文本框控件

文本框主要用于显示、输入、编辑数据源、显示数据结果等。按照使用来源和属性不同，可以分为绑定型、非绑定型、计算型。

(1) 绑定型：也称为结合型，主要用于显示、输入、更新数据库中的字符。

(2) 非绑定型：也称为非结合型，主要用于显示提示信息，它并没有链接到某一字段。非绑定型控件除文本框外，还有直线、矩形、按钮和标签等。

(3) 计算型：主要用于显示表达式的结果，表达式中使用的是窗体基本表或查询中的数据。

图 5.29 中鼠标箭头所指即绑定型文本框控件。

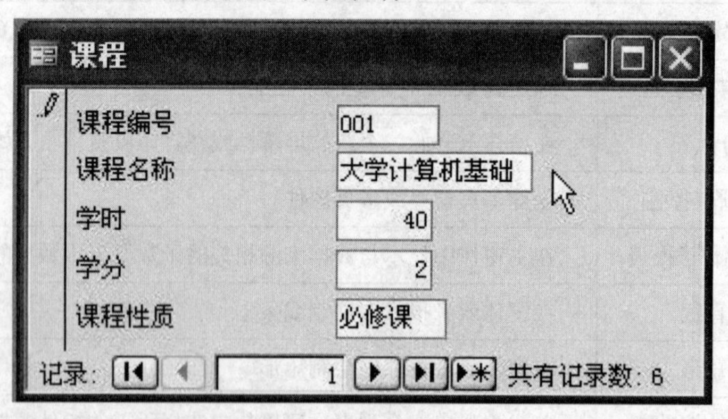

图 5.29　文本框控件

3. 复选框、切换按钮、选项按钮控件

复选框、切换按钮和选项按钮均可以作为单独的控件来显示表或查询中的“是”或“否”的值。复选框和选项按钮处于选中状态时的值为“是”，反之为“否”；切换按钮处于选中状态时的值为“是”，反之为“否”，如图 5.30 所示。

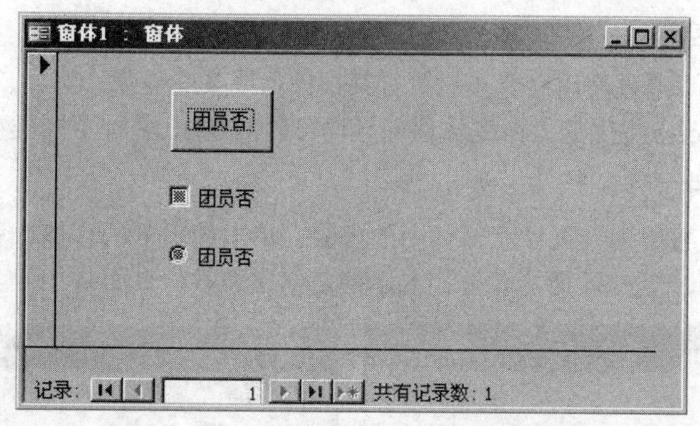

图 5.30　复选框、切换按钮、选项按钮控件

4. 选项组控件

一个组框及一组复选框、选项按钮或切换按钮组成一个选项组，如图 5.31 所示。使用选项组可使用户选择某一组确定的值更加方便，只需单击选项组中的值即可为字段选定数据值，选项组中每次只能选择一个选项。

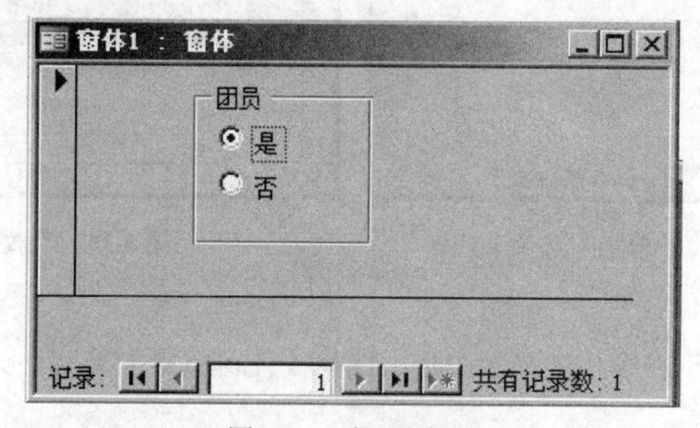

图 5.31　选项组控件

5. 列表框与组合框控件

若某一字段的值只有固定的几个值，如“性别”不是“男”就是“女”，不会再有其他的值，我们就可以使用列表框或者组合框来完成。这样既可以提高输入效率，又可以减少输入错误。如图 5.32 所示“性别”字段值采用列表框输入，“政治面貌”字段值采用组合框输入。列表框只能选择，而组合框既可以选择，也可以由用户自己输入。

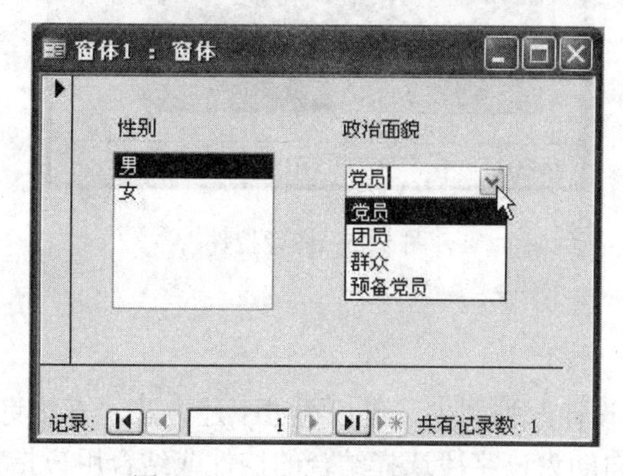

图 5.32　列表框、组合框控件

6. 命令按钮控件

在窗体中，可以通过使用命令按钮执行某项操作或某些操作。例如，“确定”、“取消”、“关闭”。使用 Access 提供的“命令按钮向导”可以创建 30 多种不同类型的命令按钮。

7. 选项卡控件

选项卡控件主要用来分页显示窗体中的内容。单击选项卡的标签，就可以在不同页面间切换，如图 5.33、图 5.34 所示，分别显示的是学生和教师页面。

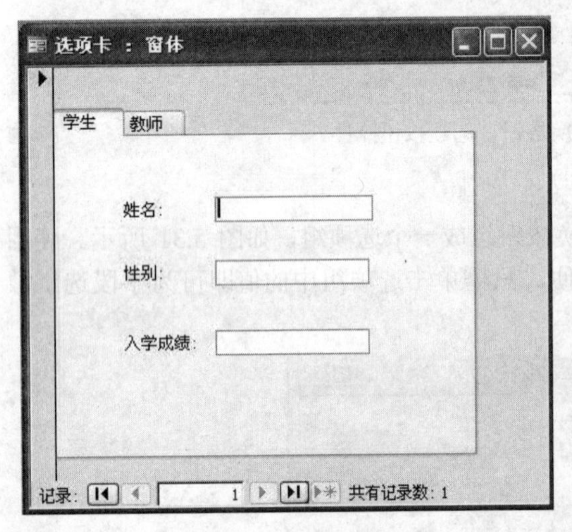

图 5.33　“学生”选项卡　　图 5.34　“教师”选项卡

8. 图像控件

图像控件主要用于在窗体中显示图形、图像，使窗体更加美观。如图 5.35 所示为利用图像控件显示图片。

图 5.35　图像控件

5.3.3　控件的使用

在 Access 窗体的“设计”视图中，可以通过下述方法，直接将一个或多个字段拖曳到主体节区域，Access 会自动为该字段选择结合的控件或结合用户指定的控件。

(1) 单击工具栏中的“字段列表”按钮，显示数据源的字段列表。

(2) 从字段列表中拖动一个字段到主体节区域。

1. 创建绑定型文本框控件

【例5.5】 在窗体设计视图中创建名为“输入教师基本信息”的窗体。

具体操作步骤如下：

(1) 在“教学管理”数据库窗口的“窗体”对象中，单击“新建”按钮 新建(N)，屏幕显示“新建窗体”对话框。

(2) 在“新建窗体”对话框中选择“设计视图”选项，在“请选择该对象数据的来源表或查询”列表中选择“教师”，然后单击“确定”按钮。

(3) 在窗体的“设计”视图下，单击工具栏上的“字段列表”按钮，弹出“教师”表中的字段列表，结果如图5.36所示。

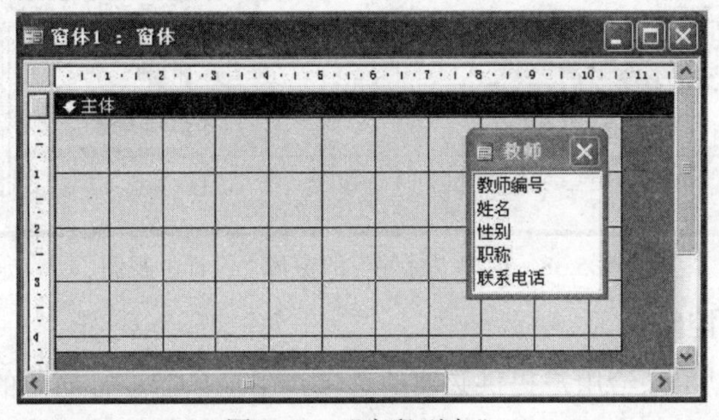

图5.36 “字段列表”

(4) 将“教师编号”、“姓名”、“联系电话”等字段依次拖到窗体内适当的位置上，即可在该窗体中创建绑定型文本框。Access 根据字段的数据类型和默认的属性设置，为字段创建相应的控件并设置特定的属性，如图5.37所示。

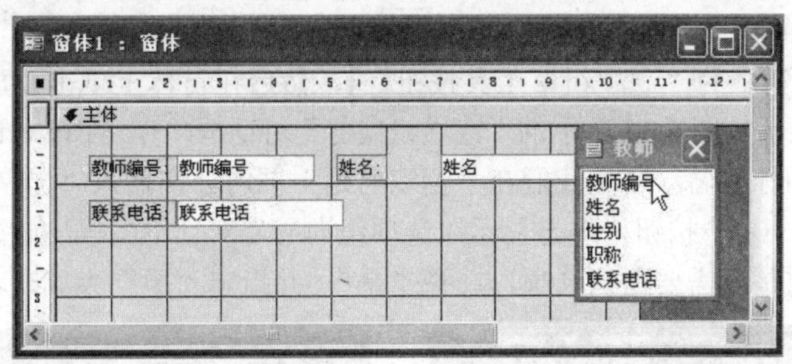

图5.37 创建绑定型“文本框”的窗体“设计”视图

单击要选择的第一个字段，按下 Shift 键，然后单击要选择的最后一个字段，可以同时选中相邻的多个字段；按下 Ctrl 键，单击需要选择的字段，可以同时选中多个不相邻的字段；双击字段列表标题栏，可以选中所有字段。

(5) 将该窗体保存为“输入教师基本信息”。

2. 创建标签控件

如果希望在窗体显示窗体标签，可以在窗体页眉处添加“标签”控件。

【例 5.6】 为例 5.5 中得到的窗体添加窗体标题“输入教师基本信息”。

具体操作步骤如下：

(1) 在窗体“设计”视图中，执行“视图”→“窗体页眉/页脚” 菜单命令，这时在窗体“设计”视图中添加了一个“窗体页眉”节。

(2) 确保工具箱中的“控件向导”工具已按下。

(3) 单击工具箱中“标签”工具按钮，再在窗体页眉处单击要放置标签的位置，然后输入标签内容“输入教师基本信息”，如图 5.38 所示。

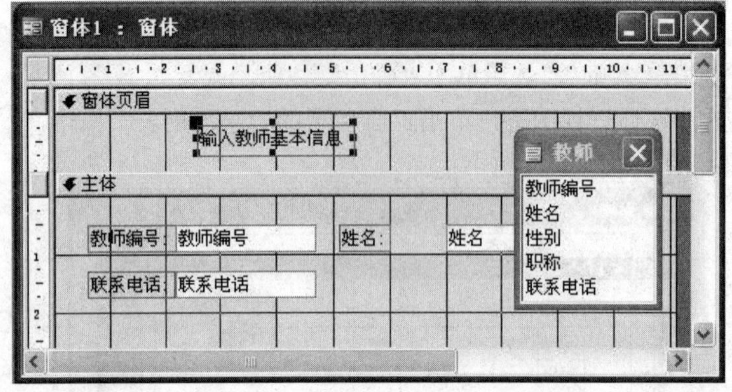

图 5.38　创建“标签”的窗体“设计”视图

3. 创建选项组控件

选项组控件可以用来给用户提供必要的选项，用户只需进行简单的选取即可完成参数的设置。选项组中可以包含复选框、切换按钮或选项按钮等控件。用户可以利用向导来创建选项组，也可以在窗体的“设计”视图中直接创建。

【例 5.7】 在例 5.6 所建窗体中创建“性别”选项组。

具体操作步骤如下：

(1) 确保工具箱中的“控件向导”工具已按下。

(2) 单击工具箱中的“选项组”工具按钮，然后在窗体上单击要放置“选项组”的位置，此时屏幕显示如图 5.39 所示的“选项组向导”对话框(一)。在该对话框中要求输入选项组中每个选项的标签名。这里我们在“标签名称”框内分别输入“男”、“女”。

(3) 单击“下一步”按钮，屏幕显示“选项组向导”对话框(二)，如图 5.40 所示。该对话框要求用户确定是否需要默认选项，选择“是”，并指定“男”为默认项。

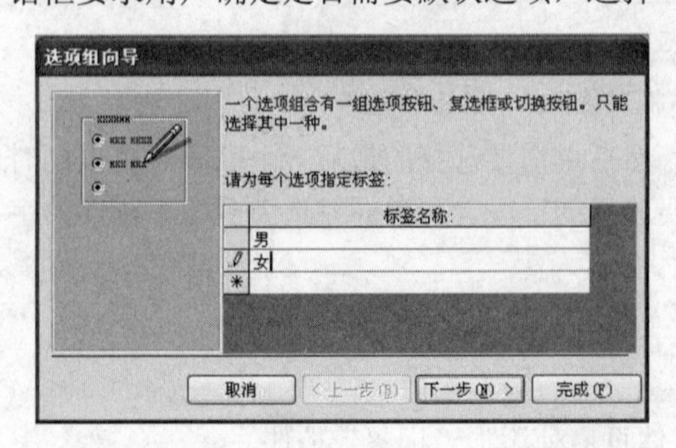

图 5.39　“选项组向导”对话框(一)

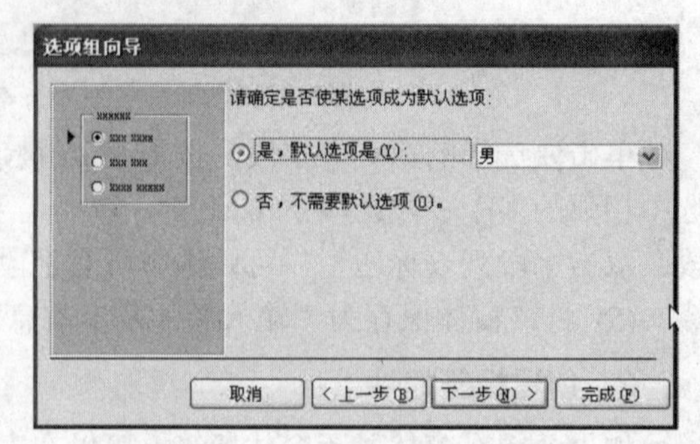

图 5.40　“选项组向导”对话框(二)

(4) 单击“下一步”按钮，显示如图5.41所示的“选项组向导”对话框(三)。这里我们为“男”的选项赋0值，为“女”的选项赋1值。

(5) 单击“下一步”按钮，显示如图5.42所示的“选项组向导”对话框(四)。选中“在此字段中保存该值”，并在右边的组合框中选择“性别”字段。

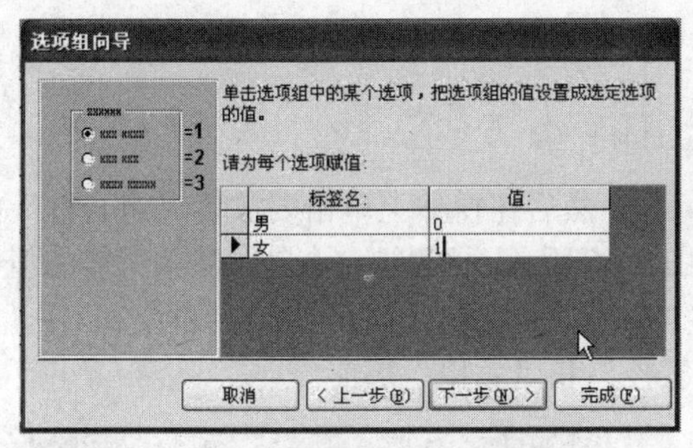

图5.41　“选项组向导”对话框(三)

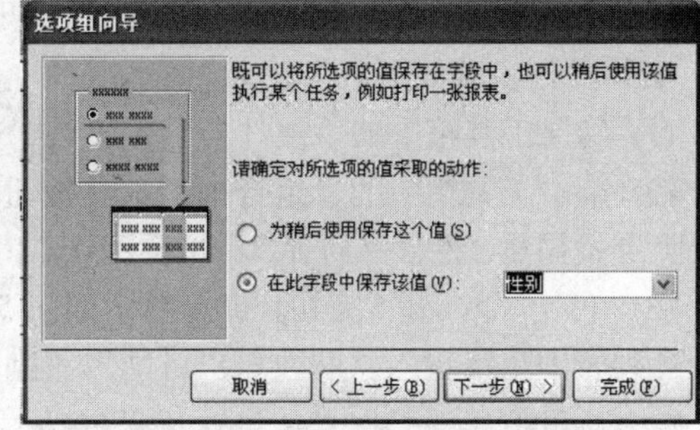

图5.42　“选项组向导”对话框(四)

(6) 单击“下一步”按钮，显示如图5.43所示的“选项组向导”对话框(五)。选项组可选用的控件为“选项按钮”、“复选框”和“切换按钮”，这里选择“选项按钮”及“蚀刻”按钮样式。

(7) 单击“下一步”按钮，显示如图5.44所示的“选项组向导”对话框(六)。在“请为选项组指定标题”文本框中输入选项组的标题“性别”，然后单击“完成”按钮。

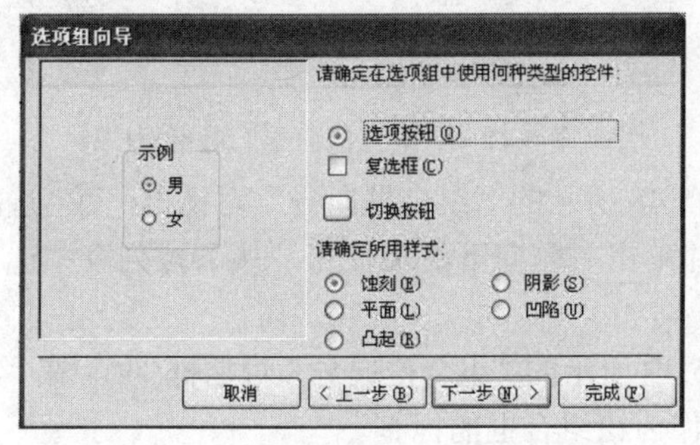

图5.43　“选项组向导”对话框(五)

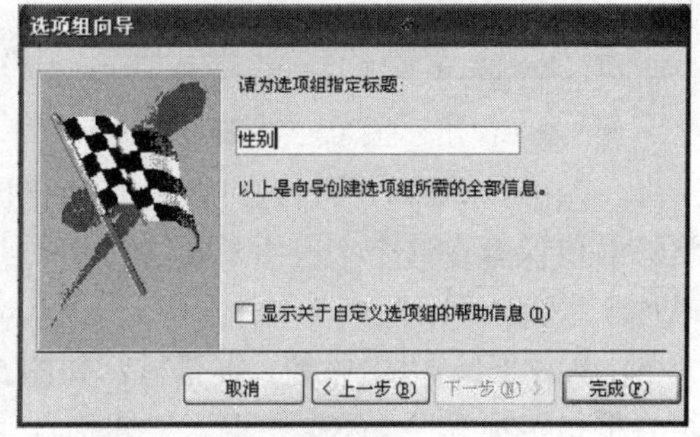

图5.44　“选项组向导”对话框(六)

这时在“设计”视图中就可以看到创建的“选项组”，如图5.45所示。

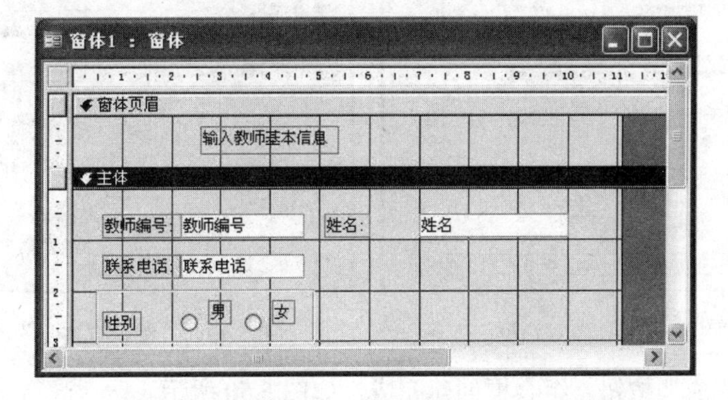

图5.45　创建“选项组”的窗体“设计”视图

4. 创建结合型组合框控件

“组合框”分为结合型与非结合型，如果要保存组合框中的值到某一字段中，一般建立结合型的“组合框”；如果使用“组合框”中选择的值来决定其他控件内容，就可以创建一个非结合型的“组合框”。

【例 5.8】 在例 5.7 所建窗体中创建“职称”组合框。

具体操作步骤如下：

(1) 确保工具箱中的“控件向导”工具已按下。

(2) 单击工具箱中的“组合框”工具按钮，然后在窗体上单击要放置“组合框”的位置，屏幕显示“组合框向导”对话框(一)，如图 5.46 所示。这里选择“自行键入所需的值”。

(3) 单击“下一步”按钮，屏幕显示如图 5.47 所示的“组合框向导”对话框(二)。在“第 1 列”列表中依次输入“助教”、“讲师”、“副教授”和“教授”等值。

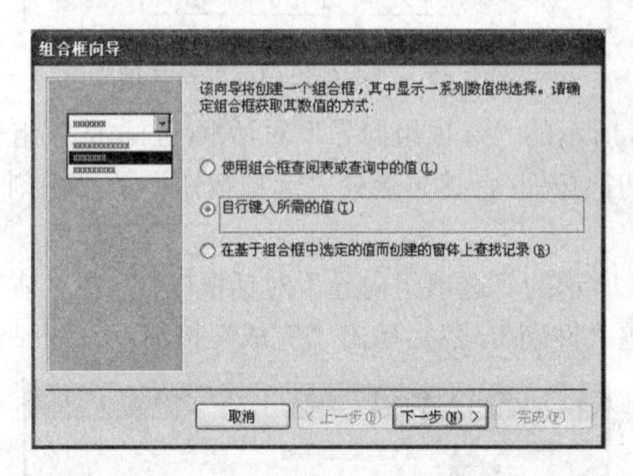

图 5.46 “组合框向导”对话框(一)

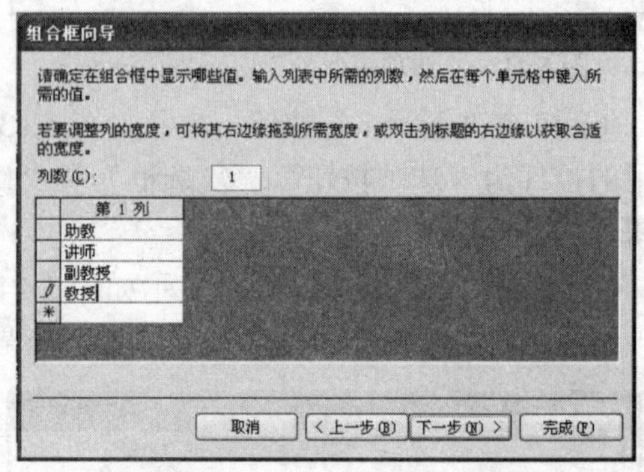

图 5.47 “组合框向导”对话框(二)

(4) 单击“下一步”按钮，屏幕显示如图 5.48 所示的“组合框向导”对话框(三)。选择“将该数值保存在这个字段中”单选按钮，并单击右侧向下箭头按钮，从下拉列表中选择“职称”字段。

(5) 单击“下一步”按钮，屏幕显示如图 5.49 所示的“组合框向导”对话框(四)。在“请为组合框指定标签”文本框中输入“职称”，作为该组合框的标签。

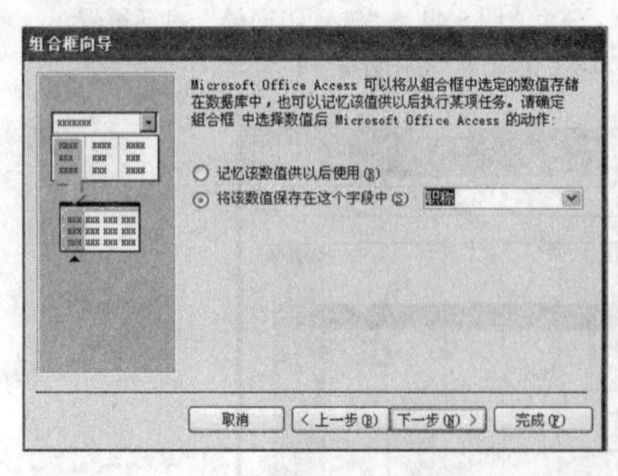

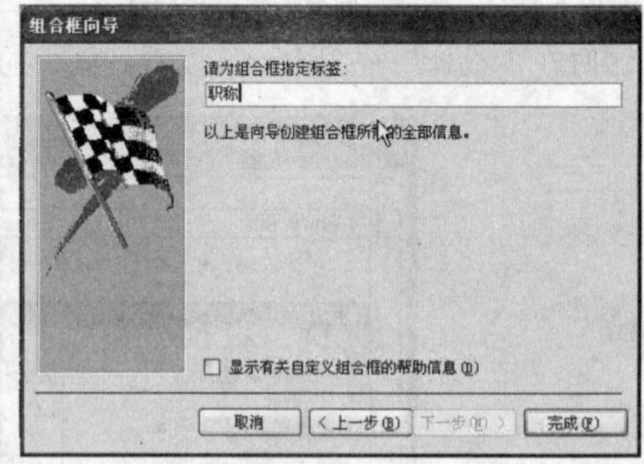

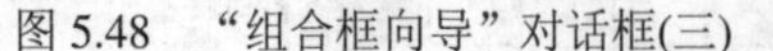
图 5.48 “组合框向导”对话框(三)　　　　图 5.49 “组合框向导”对话框(四)

(6) 单击“完成”按钮。组合框创建完成，如图 5.50 所示。

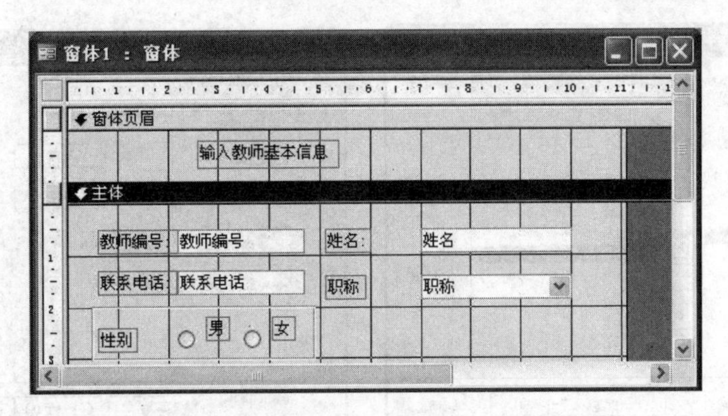

图 5.50　创建“组合框”的窗体“设计”视图

5. 创建结合型列表框控件

列表框也分为结合型和非结合型两种。用户可以利用向导来创建“列表框”，也可以在窗体的“设计”视图中直接创建。

【例 5.9】 在窗体中创建“课程名称”列表框。

具体操作步骤如下：

(1) 在“教学管理”数据库窗口的“窗体”对象中，单击“新建”按钮 新建(N)，屏幕显示“新建窗体”对话框。

(2) 在“新建窗体”对话框中选择“设计视图”选项，然后单击“确定”按钮。

(3) 单击工具栏中的“列表框”控件，在窗体适当位置创建列表框控件，在弹出的对话框中选择“使用列表框查阅表或查询中的值”，如图 5.51 所示。

(4) 单击“下一步”按钮，如图 5.52 所示，选择“表:课程”。

(5) 单击“下一步”按钮，如图 5.53 所示，选择字段“课程编号”、“课程名称”。

(6) 单击“下一步”按钮，如图 5.54 所示，确定列表使用的排序次序，设置“课程编号”为升序排列。

(7) 单击“下一步”按钮，如图 5.55 所示，调整列宽至合适宽度。

(8) 单击“下一步”按钮，如图 5.56 所示，设置可用字段为“课程名称”。

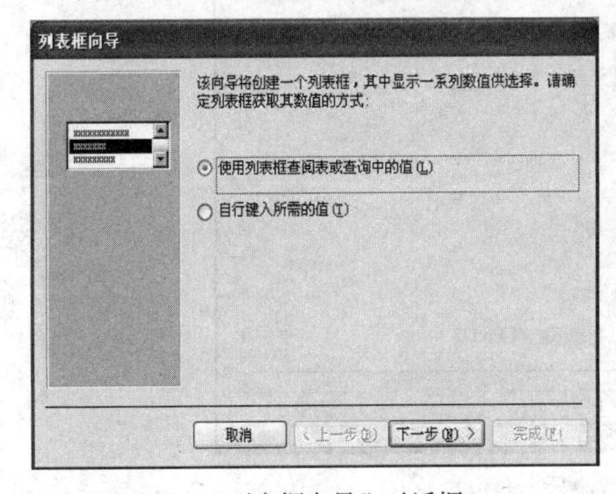

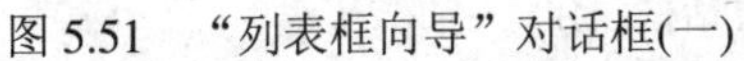
图 5.51　“列表框向导”对话框(一)

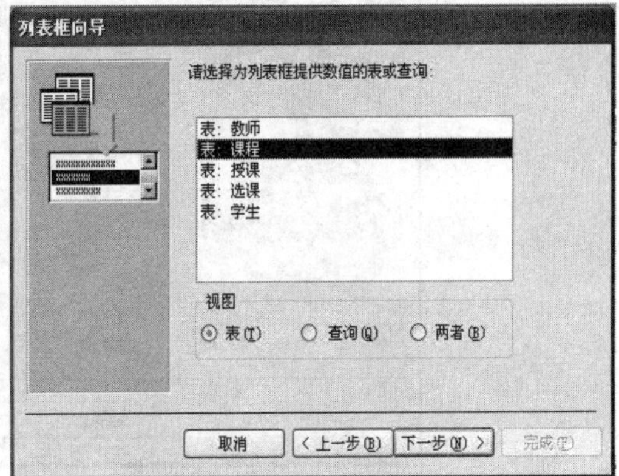

图 5.52　“列表框向导”对话框(二)

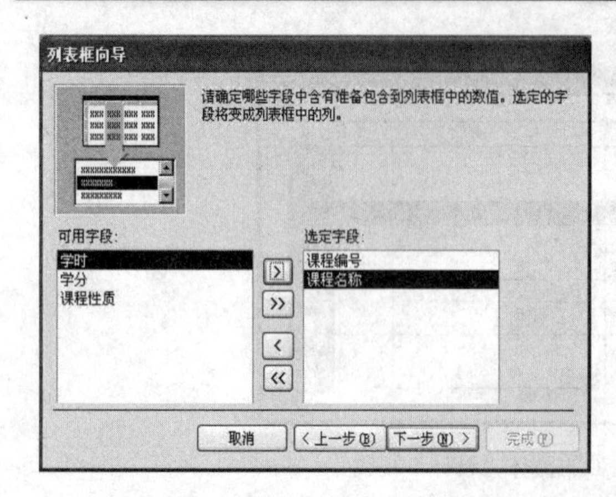

图 5.53　“列表框向导”对话框(三)

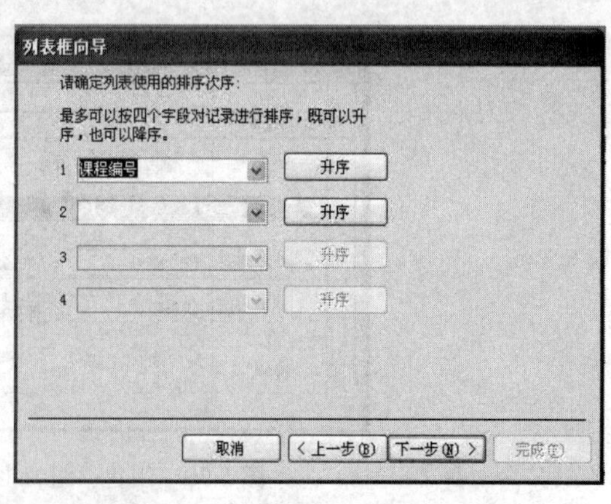

图 5.54　“列表框向导”对话框(四)

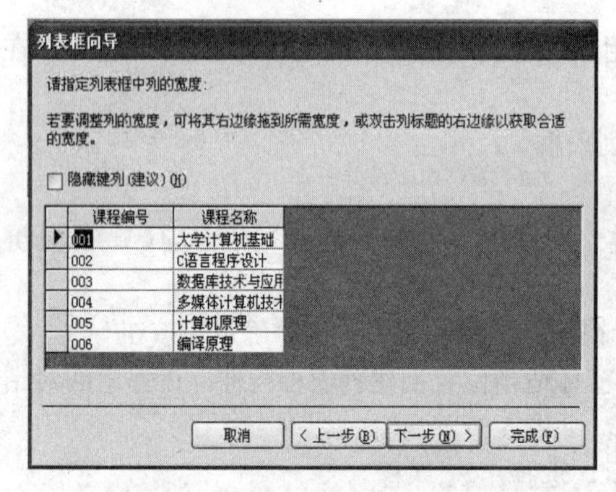

图 5.55　“列表框向导”对话框(五)

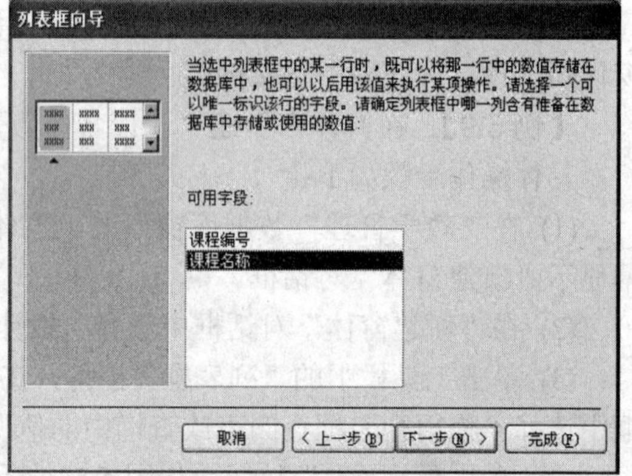

图 5.56　“列表框向导”对话框(六)

(9) 单击“下一步”按钮，如图 5.57 所示，设置列表框标签为“课程”。

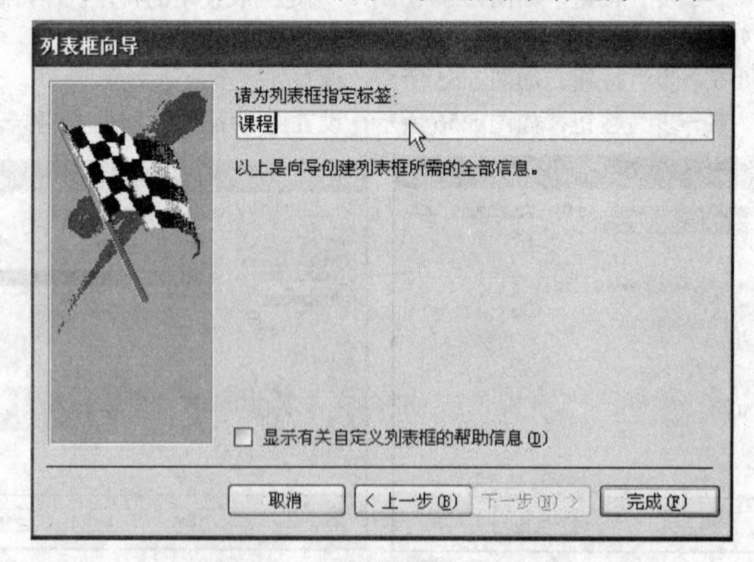

图 5.57　“列表框向导”对话框(七)

(10) 单击“完成”按钮，切换至“窗体”视图，如图 5.58 所示。

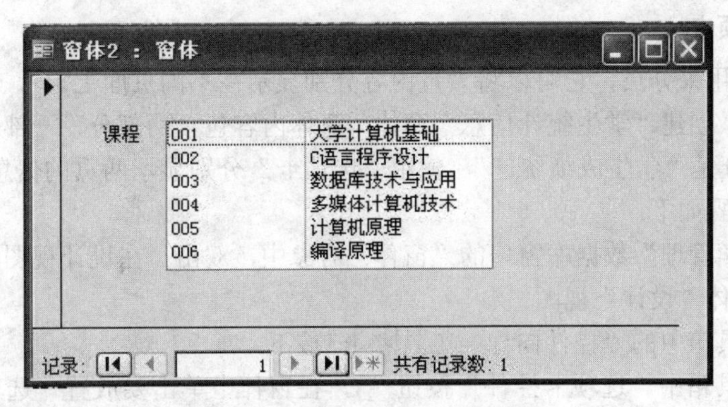

图 5.58　创建“列表框”的窗体

6. 创建命令按钮

在窗体中单击命令按钮，可以执行相应的操作，例如“添加记录”、“删除记录”等。

【例 5.10】 在例 5.8 所建窗体中创建“添加记录”按钮。

具体操作步骤如下：

(1) 确保工具箱中的“控件向导”工具已按下。

(2) 单击工具箱中的“命令按钮”控件，在窗体页脚创建命令按钮，在弹出的“命令按钮向导”对话框中选择记录操作类的“添加新记录”，如图 5.59 所示。

(3) 单击“下一步”按钮，在弹出的对话框中选择“文本”，如图 5.60 所示。

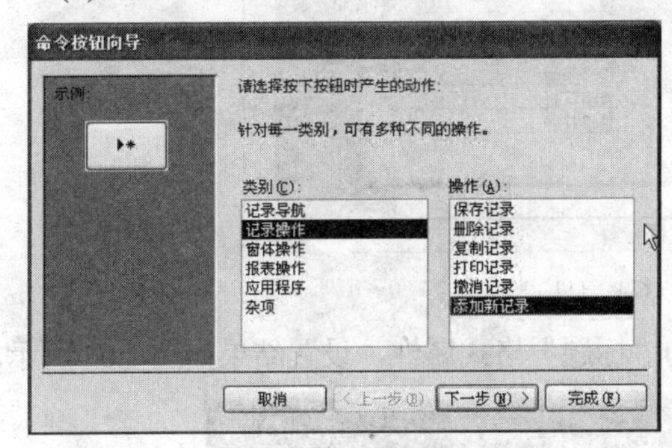

图 5.59　“命令按钮向导”对话框(一)

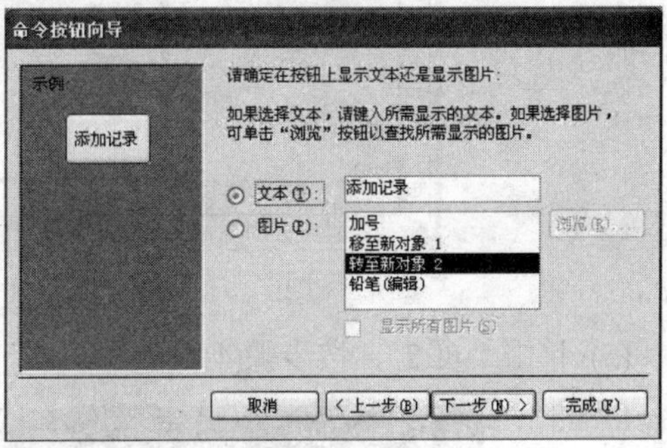

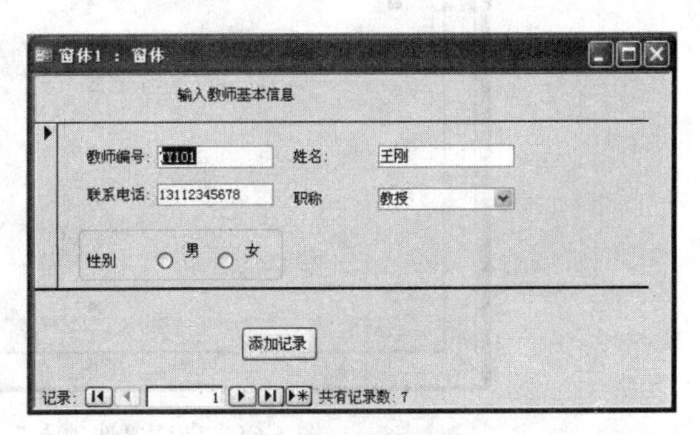

图 5.60　“命令按钮向导”对话框(二)

(4) 单击“下一步”按钮，如图 5.61 所示，为命令按钮命名。

(5) 单击“完成”按钮，切换至“窗体”视图，如图 5.62 所示。

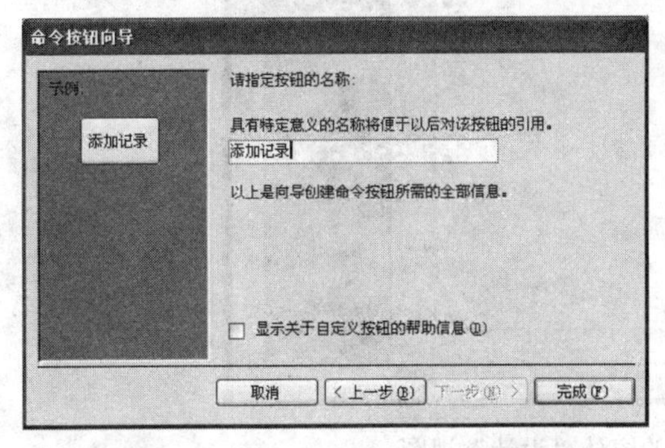

图 5.61　“命令按钮向导”对话框(三)

图 5.62　窗体视图

7. 创建选项卡

选项卡主要用来分页，它可以将大量内容分别显示在不同页面上。

【例 5.11】 创建“学生统计信息”窗体，窗体内容包含两部分，一部分是“学生信息统计”，另一部分是“学生成绩统计”。使用“选项卡”分别显示两页的信息。

具体操作步骤如下：

(1) 在“教学管理”数据库窗口的“窗体”对象中，双击“在设计视图中创建窗体”选项，屏幕显示窗体“设计”视图。

(2) 确保工具箱中的“控件向导”工具已按下。

(3) 单击工具箱中“选项卡控件”按钮，在窗体上单击要放置“选项卡”的位置，调整其大小。然后单击工具栏中的“属性”按钮，打开属性对话框。

(4) 单击“设计”视图中的选项卡“页 1”，然后单击“属性”对话框中的“格式”选项卡，在“标题”属性行中输入“学生信息统计”，设置结果如图 5.63 所示。

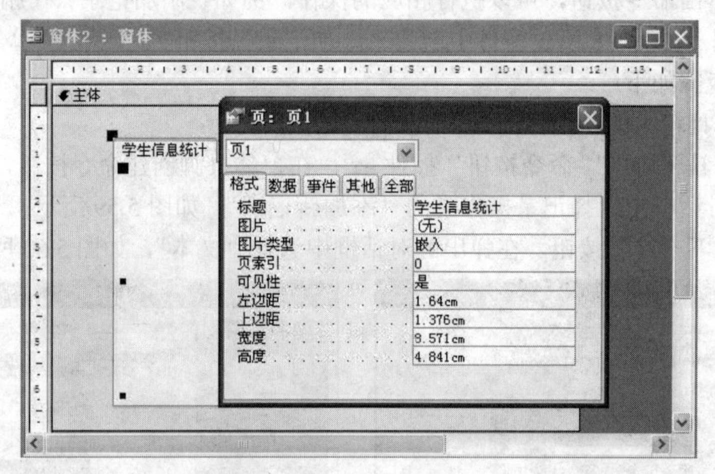

图 5.63　“页”格式属性设置

(5) 单击“页 2”，按步骤(4)设置“页 2”的“标题”格式属性，设置结果如图 5.64 所示。

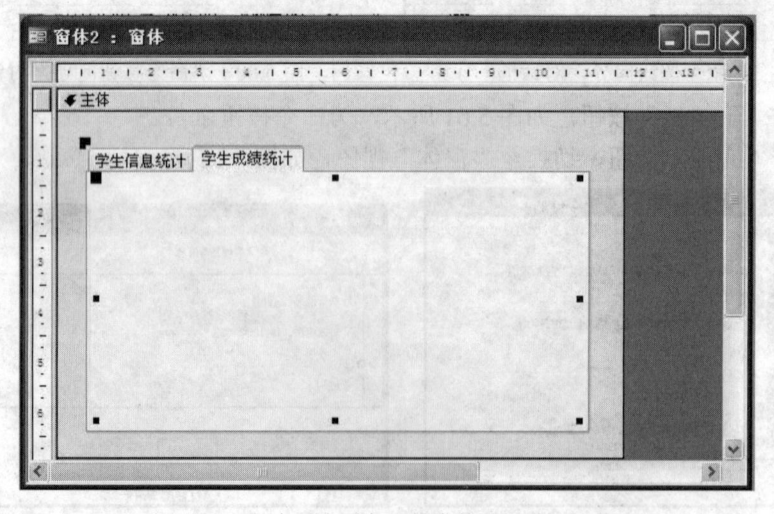

图 5.64　创建“选项卡”的窗体“设计”视图

如果需要将其他控件添加到“选项卡”控件上，可先选中某一页，然后按上面介绍的方法直接在“选项卡”控件上创建即可。

【例 5.12】 在“学习成绩统计”选项卡内添加一个“列表框”控件，用来显示学生选课成绩的内容。

具体操作步骤如下：

(1) 在如图 5.64 所示的“设计”视图中，继续创建“列表框”控件。

(2) 单击工具箱中的“列表框”按钮，在窗体上单击要放置“列表框”的位置，屏幕上显示“列表框向导”对话框(一)，如图 5.65 所示。选择“使用列表框查阅表或查询中的值”。

(3) 单击“下一步”按钮，屏幕上显示图 5.66 所示的“列表框向导”对话框(二)。选择“视图”选项组中的“查询”，然后从查询的列表中选择“查询:学生选课成绩”。

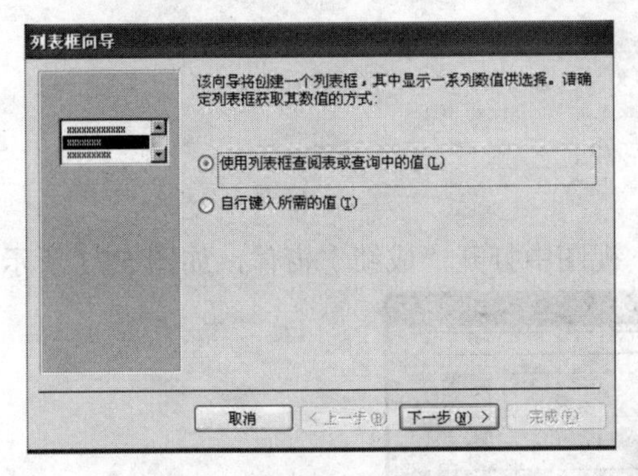

图 5.65　“列表框向导”对话框(一)

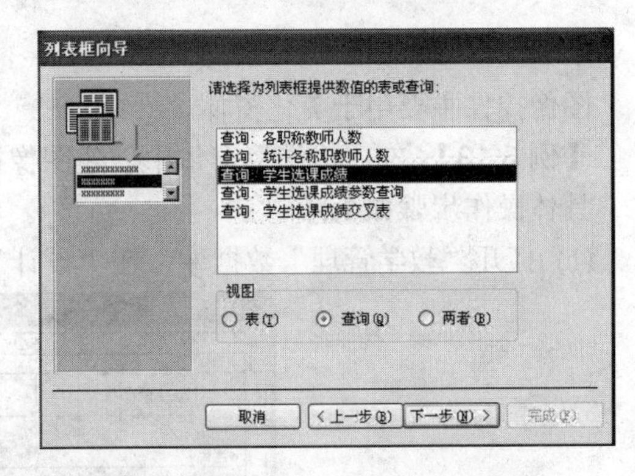

图 5.66　“列表框向导”对话框(二)

(4) 单击“下一步”按钮，显示如图 5.67 所示的“列表框向导”对话框(三)，将“可用字段”列表中的所有字段移到“选定字段”列表框中。

(5) 单击“下一步”按钮，显示如图 5.68 所示的“列表框向导”对话框(四)，确定列表使用的排序次序，设置“学号”为升序排列。

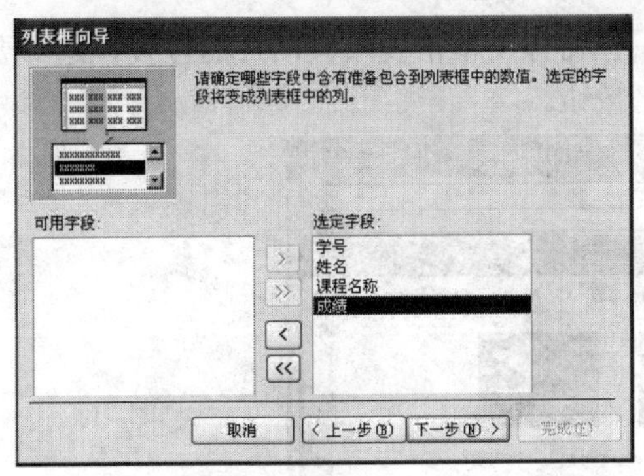

图 5.67　“列表框向导”对话框(三)

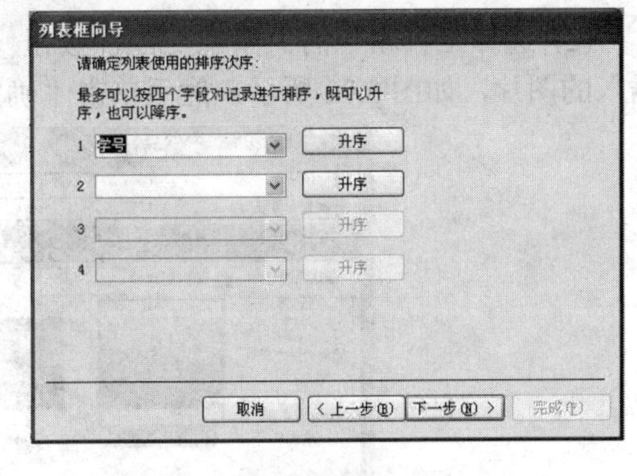

图 5.68　“列表框向导”对话框(四)

(6) 单击“下一步”按钮，显示如图 5.69 所示的“列表框向导”对话框(五)，其中列出了所有字段的列表。此时，拖动各列右边框可以改变列表框的宽度。

(7) 单击“完成”按钮，切换至“窗体”视图，结果如图 5.70 所示。

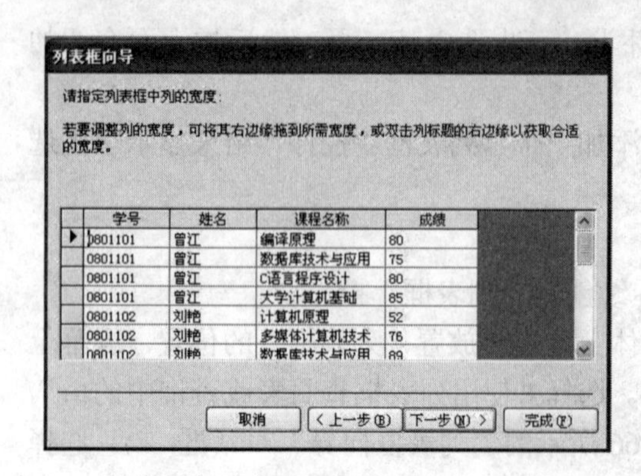

图 5.69 “列表框向导”对话框(五)

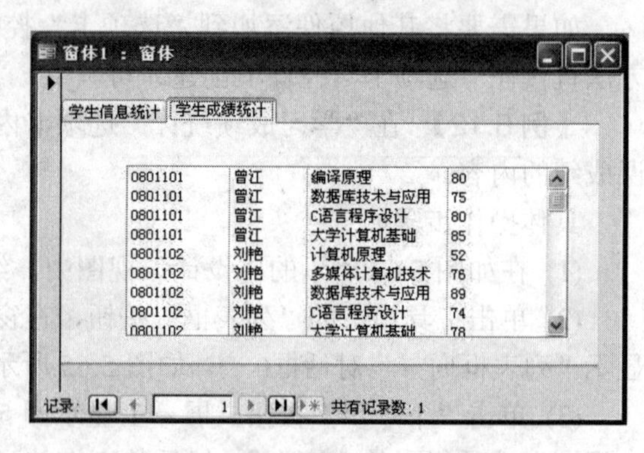

图 5.70 添加“列表框”的选项卡

8. 创建图像控件

图像控件主要用于美化窗体。

【例 5.13】 在“成绩”窗体中创建图像控件。

具体操作步骤如下：

(1) 打开“教学管理”数据库，在“设计”视图中打开“成绩”窗体，如图 5.71 所示。

图 5.71 “成绩”窗体“设计”视图

(2) 选择工具箱中的“图像”控件按钮，在窗体上单击要放置图片的位置，选择要插入的图片，如图 5.72 所示，然后单击“确定”按钮。

图 5.72 插入图片

(3) 切换至“窗体”视图，如图5.73所示。

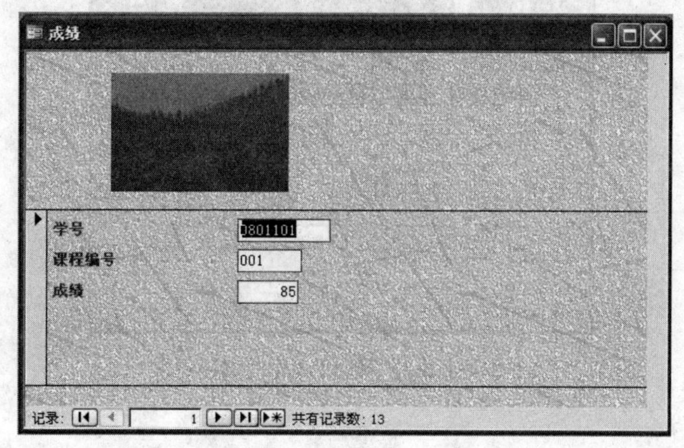

图5.73　插入“图像控件”的窗体

9. 添加ActiveX控件

Access提供了功能强大的ActiveX控件。利用ActiveX控件，可以直接在窗体中添加并显示一些具有某一功能的组件。例如，利用日历控件显示日期等。添加ActiveX控件的操作十分简单，具体操作步骤如下：

(1) 在窗体的“设计”视图中，单击工具箱中的“其他控件”按钮，这时屏幕上显示如图5.74所示的列表。

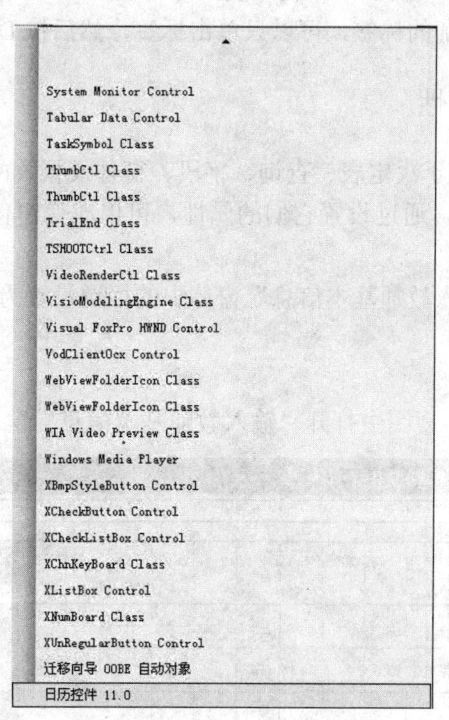

图5.74　ActiveX控件列表

(2) 从列表中选取“日历控件”。

(3) 在窗体上单击要放置日历的位置，并调整其大小，结果如图5.75所示。

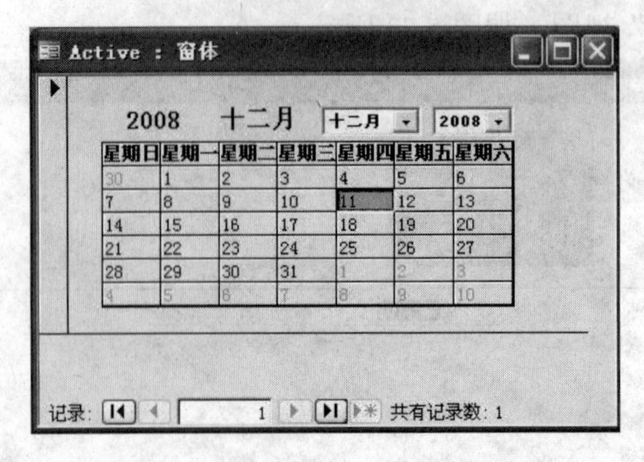

图 5.75　添加“日历控件”后的窗体

10. 删除控件

窗体中的每个控件均被看做独立的对象，用户可以使用鼠标单击控件来选择它。被选中的控件的四周将出现小方块状的控制句柄。用户可以将鼠标放置在控制句柄上拖曳以调整控件的大小，也可以将鼠标放置在控件左上角的移动控制句柄上拖曳来移动控件。若要改变控件的类型，则要先选择该控件，然后单击鼠标右键，在弹出的快捷菜单中选择“更改为”级联菜单中所需的新控件类型即可。如果用户希望删除不用的控件，操作步骤如下：

(1) 在“设计”视图中打开要操作的窗体。

(2) 选中要删除的控件，按 Delete 键，或执行“编辑”→“删除”菜单命令，该控件将被删除。如果只想删除附加的标签，可以只单击标签，然后按 Delete 键。

5.3.4　窗体和控件的属性

在 Access 中，属性用于决定表、查询、字段、窗体及报表的特性。窗体及窗体中的每一个控件都有自己的属性，通过设置它们的属性，可以改变窗体及控件的外观，使得窗体更美观。

【例 5.14】 将“输入教师基本信息”窗体中的标题设置为：15 号隶书，凸起，背景色为蓝色，前景色为白色。

具体操作步骤如下：

(1) 在窗体的“设计”视图中打开“输入教师基本信息”窗体，如图 5.76 所示。

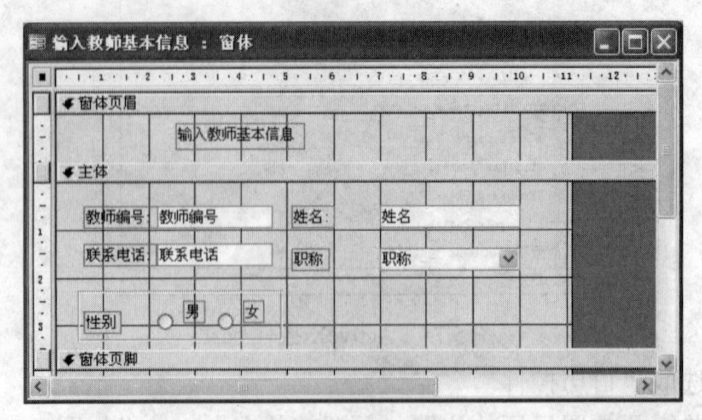

图 5.76　“输入教师基本信息”的窗体“设计”视图

(2) 选中“输入教师基本信息”标签，单击右键，在弹出的快捷菜单中选择“属性”，打开属性窗口，如图5.77所示。

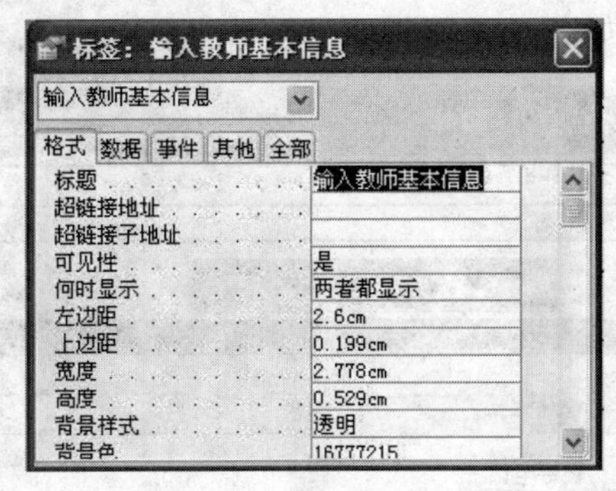

图5.77　标签的属性窗口

(3) 在“格式”选项卡下对各种属性进行设置：字体名称为隶书，字号为15，特殊效果为凸起，背景色为蓝色，前景色为白色，如图5.78所示。

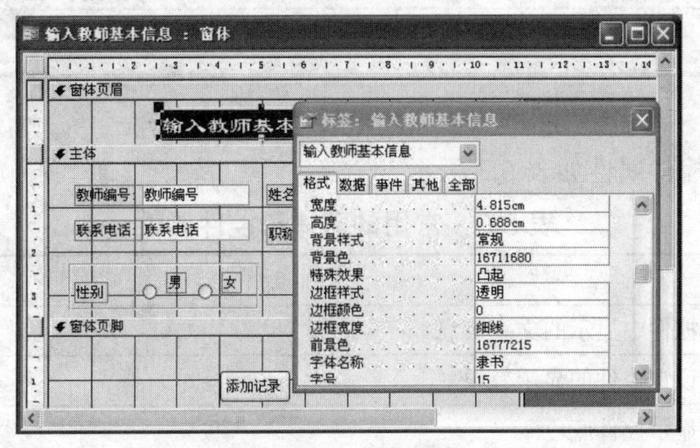

图5.78　设置属性

【例5.15】 将图5.78中的“教师编号”文本框设置为：12号宋体，凹陷，背景色为紫色，大小为3 cm × 0.5 cm。

具体操作步骤如下：

(1) 在“输入教师基本信息”窗体“设计”视图中，选择“教师编号”文本框，单击鼠标右键打开快捷菜单，选择“属性”命令，打开属性窗口，如图5.79所示。

文本框：教师编号

教师编号

格式 数据 事件 其他 全部

特殊效果	凹陷
边框样式	透明
边框颜色	0
边框宽度	细线
前景色	0
字体名称	宋体
字号	12
字体粗细	正常
倾斜字体	否
下划线	否
文本对齐	常规

图5.79　文本框的属性窗口

(2) 在“格式”选项卡下对各种属性进行设置：宽度为 3 cm，高度为 0.5 cm，背景色为紫色，特殊效果为凹陷，字体名称为宋体，字号为 12。

(3) 设置完成后的效果如图 5.80 所示。

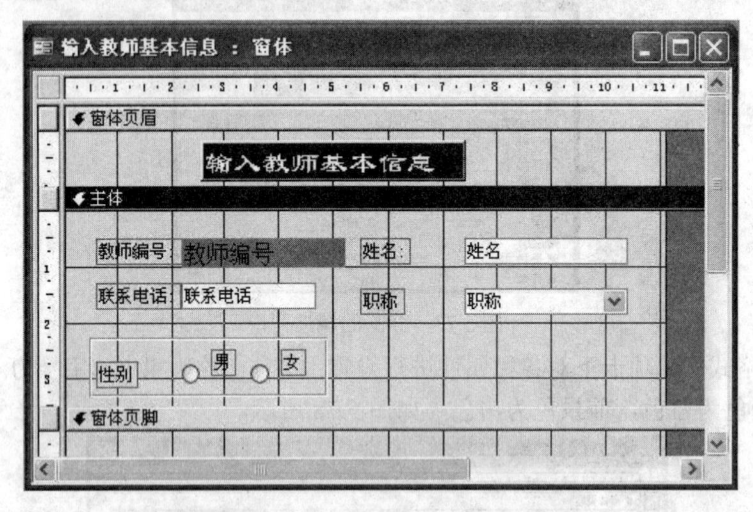

图 5.80　文本框设置完成后的效果

常用的窗体和控件属性如表 5.3 所示。

表 5.3　常用的窗体和控件属性

属性名称	功　能
标题	控件中显示的文字信息
特殊效果	设定控件的显示效果
背景颜色	显示控件底色
前景颜色	显示控件中文字的颜色
默认视图	设置窗体显示的形式，分为“连续窗体”、“单一窗体”、“数据表”3 种
滚动条	显示或隐藏窗体滚动条
记录选定器	其值非“是”即“否”，用于显示或隐藏分隔线
自动居中	其值非“是”即“否”，用于设置窗体显示位置
输入掩码	设置控件输入格式，仅对文本和日期型数据有效
默认值	设定计算型或非绑定型控件的初始值
有效性规则	检查输入的数据是否合法
控件提示文本	设置鼠标经过时显示的提示文本
独占方式	若设置为“是”，则无法打开其他窗体

5.3.5　窗体和控件的事件

在 Access 中，窗体和控件的事件主要有键盘事件、鼠标事件、窗体事件、对象事件、操作事件等，各种事件类型及说明分别如表 5.4～表 5.8 所示。

表5.4 键盘事件

事 件	说 明
键按下	窗体或者控件处于选中状态时，按下键盘任意键所触发的事件
键释放	窗体或者控件处于选中状态时，释放按下的键所触发的事件
击键	窗体或者控件处于选中状态时，按下并释放一个键时触发的事件

表5.5 鼠标事件

事 件	说 明
单击	鼠标单击窗体或控件触发的事件
双击	鼠标双击窗体或控件触发的事件
鼠标按下	鼠标在当前对象上按下左键触发的事件
鼠标移动	鼠标在当前对象上移动时触发的事件
鼠标释放	鼠标指针位于窗体或控件上时，释放按下的键时触发的事件

表5.6 窗体事件

事 件	说 明
打开	窗体打开，第一条记录显示之前触发的事件
关闭	关闭窗体并移出窗体时触发的事件
加载	发生在“打开”之后，是指打开窗体并显示了记录后发生的事件

表5.7 对象事件

事 件	说 明
获得焦点	窗体或控件接收焦点时触发的事件
失去焦点	窗体或控件失去焦点时触发的事件
更新前	控件或者记录用更改了的数据更新之前发生的事件
更新后	控件或者记录用更改了的数据更新之后发生的事件
更改	文本框或组合框部分内容更改时发生的事件

表5.8 操作事件

事 件	说 明
删除	确认删除和实际执行删除之前触发的事件
插入前	输入了新记录，但还未添加入数据库中时触发的事件
插入后	新记录添加后触发的事件
成为当前	将焦点移动到一条记录，使之成为当前记录
不在列表	输入一个组合框中不存在的数据时触发的事件
确认删除前	删除记录，但还未确认删除或取消删除前触发的事件
确认删除后	确认删除并已经执行删除操作后触发的事件

5.4 美化窗体

窗体创建好后，要使窗体更加美观，还要经过进一步的编辑处理。本节将简单介绍几种美化窗体的方法。

5.4.1 使用自动套用格式

使用窗体向导创建窗体后，可以修改窗体格式，即使用自动套用格式。其具体操作步骤如下：

(1) 打开数据库，选择“窗体”对象。

(2) 选中要修改背景的窗体，打开“设计”视图。

(3) 执行“格式”→“自动套用格式”菜单命令，弹出如图 5.81 所示的“自动套用格式”窗口。

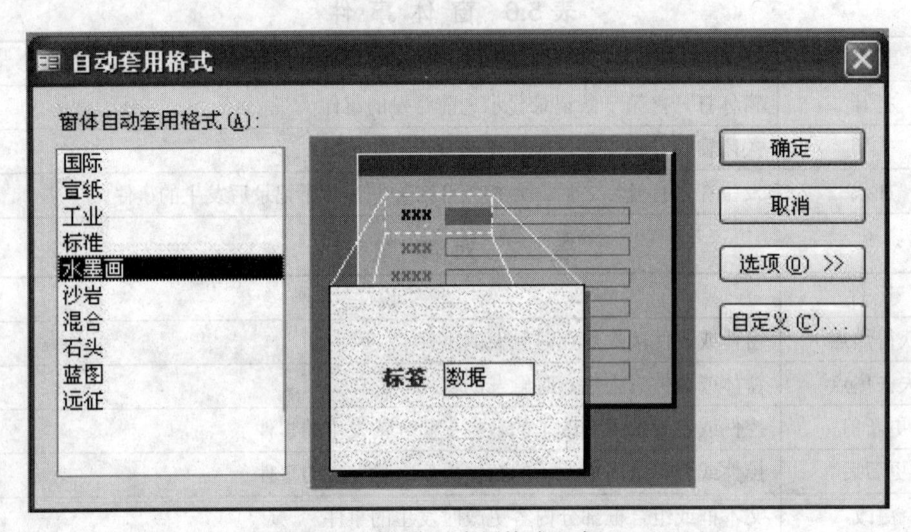

图 5.81 “自动套用格式”窗口

(4) 选择所需格式，单击“确定”按钮。

5.4.2 设置窗体的“格式”属性

通过设置窗体的“格式”属性，也可以达到美化窗体的效果。

【例 5.16】 设置“教学管理”数据库中的“课程”窗体：滚动条为两者均无；分隔线为否。

具体操作步骤如下：

(1) 打开“教学管理”数据库中的“课程”窗体，切换至“设计”视图。

(2) 选中窗体，单击右键，在弹出的快捷菜单中选择“属性”，打开属性对话框，按要求设置相应属性，如图 5.82 所示。

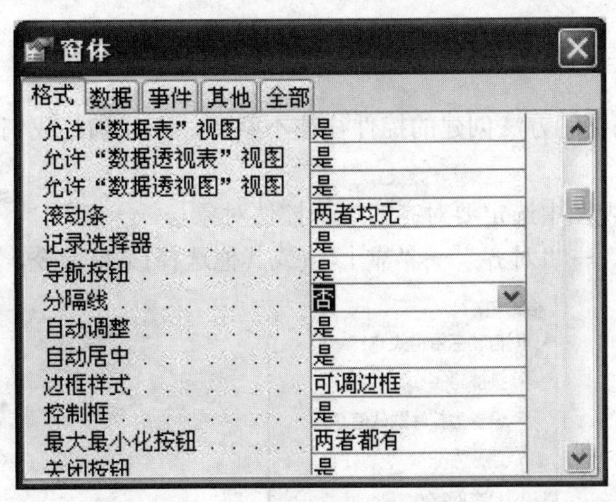

图 5.82　设置窗体的“格式”属性

(3) 切换至“窗体”视图，如图 5.83 所示。

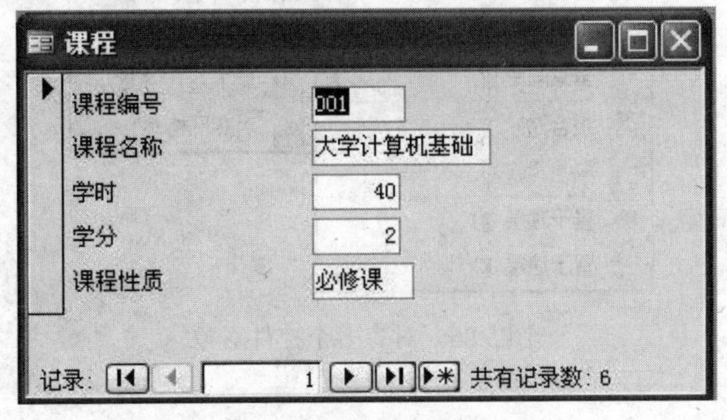

图 5.83　“课程”窗体

5.4.3　添加当前日期和时间

在窗体中添加时间和日期的具体操作步骤如下：

(1) 选择要添加时间和日期的窗体并在“设计”视图中打开，执行“插入”→“日期和时间”菜单命令，如图 5.84 所示。

(2) 在如图 5.85 所示的对话框中选择要插入的对象及格式，单击“确定”按钮。

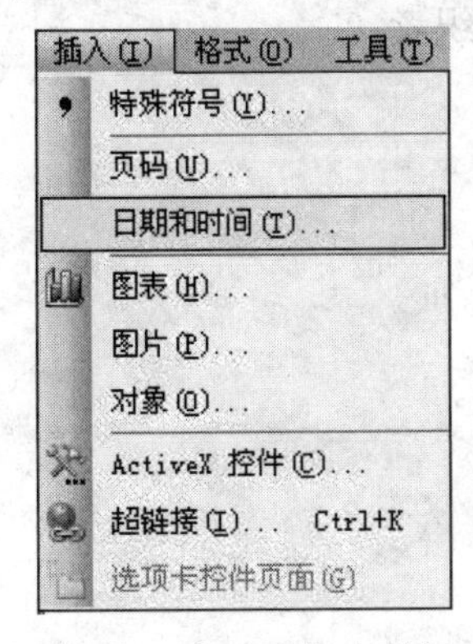

图 5.84　插入日期和时间

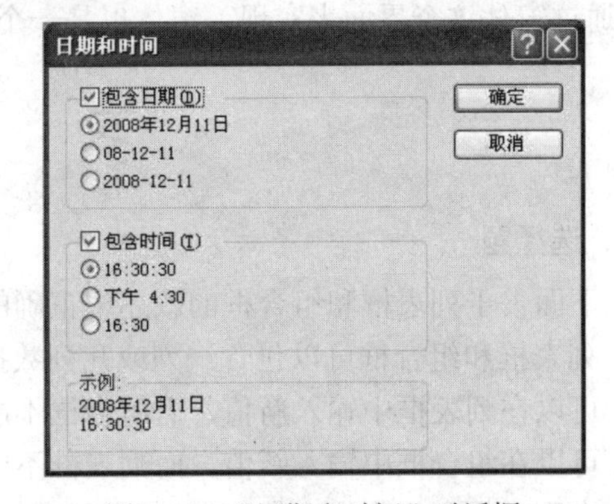

图 5.85　“日期和时间”对话框

5.4.4 对齐控件

在窗体中通过拖曳的方法创建的控件往往不整齐，不能满足我们的要求，可通过以下步骤对齐各个控件：

(1) 在“设计”视图中选定要对齐的多个控件对象。

(2) 执行“格式”→“对齐”→“靠上”(或其他选择)菜单命令，如图 5.86 所示。

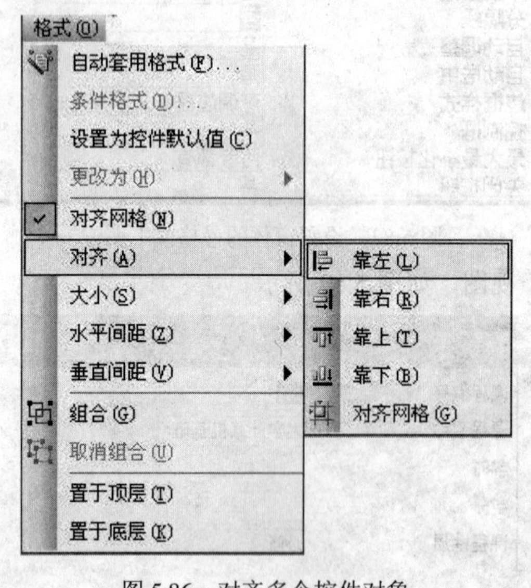

图 5.86 对齐多个控件对象

本 章 小 结

窗体是 Access 的重要对象。窗体作为应用程序控制驱动的界面，将整个系统的对象组织起来，从而形成了一个功能完整、风格统一的数据库应用系统。窗体设计得好坏决定了用户对该系统的直观印象。窗体本身不能存储数据，但是可以通过窗体对数据库的数据进行输入、修改和查看，窗体中可以包含各种控件，通过这些控件可以打开报表或其他窗体、执行宏或 VBA 编写的代码程序。在一个数据库应用系统开发完成后，对数据库的所有操作都可以通过窗体这个界面来实现。窗体也是一个系统的组织者。

习 题

一、选择题

1. 下面关于列表框和组合框的叙述中正确的是(　　)。

A) 列表框和组合框可以包含一列或几列数据

B) 可以在列表框中输入新值，而组合框不能

C) 可以在组合框中输入新值，而列表框不能

D) 在列表框和组合框中均可以输入新值

2．为窗体上的控件设置Tab键的顺序，应选择属性表中的(　　)。

A) 格式选项卡　B) 数据选项卡　C) 事件选项卡　D) 其他选项卡

3．下述有关选项组的叙述中正确的是(　　)。

A) 如果选项组结合到某个字段，实际是选项组框架内的复选框、选项按钮或切换按钮结合到该字段上

B) 选项组中的复选框可选可不选

C) 使用选项组，只要单击选项组中所需的值，就可以为字段选定数据值

D) 以上说法都不对

4．"特殊效果"属性值用于设定控件的显示效果，下列不属于"特殊效果"属性值的是(　　)。

A) 平面　B) 凸起　C) 蚀刻　D) 透明

5．窗口事件是指操作窗口时所引发的事件，下列不属于窗口事件的是(　　)。

A) 打开　B) 关闭　C) 加载　D) 取消

二、填空题

1．窗体中的数据来源主要包括表和________。

2．窗体由多个部分组成，每个部分称为一个________。

3．纵栏式窗体将窗体中的一个显示记录按列分隔，每列的左边显示________，右边显示________。

4．在显示具有________关系的表或查询中的数据时，子窗体特别有效。

5．组合框和列表框的主要区别为是否可以在框中________。

三、问答题

1．简述窗体的作用及组成。

2．选项组控件可以由哪些控件组成？

3．简述复选框控件、切换按钮控件、选项按钮控件三者的区别。

第 6 章 报表的创建与使用

◆◆◆

问题：

1. 报表由哪些部分组成？
2. 如何创建和设计报表？

引例：“学生选课成绩汇总”报表

报表是数据库中数据信息和文档信息输出的一种形式，与窗体类似，其数据来源于数据表或查询。窗体的特点是便于浏览和输入数据，报表的特点是便于打印输出。利用报表可以控制数据内容的大小及外观，排序、汇总相关数据，选择输出数据到屏幕或打印设备上。本章主要介绍报表的一些基本操作，如报表的创建、报表的设计与分组及报表的存储和打印等内容。

6.1 报表的定义与组成

报表主要用于对数据库中的数据进行分组、计算、汇总和打印输出。

6.1.1 报表的定义

报表是 Access 数据库的对象之一，它根据指定规则打印输出格式化的数据信息。例如，学校的学生信息表、教师信息表等。报表的功能包括：可以呈现格式化的数据；可以分组组织数据，进行汇总；可以包含子报表及图表数据；可以打印输出标签、发票、订单和信封等多种样式报表；可以进行计数、求平均、求和等统计计算；可以嵌入图像或图片，以丰富数据显示。

6.1.2 报表的视图

Access 的报表操作提供了 3 种视图：“设计”视图、“打印预览”视图和“版面预览”视图。“设计”视图用于创建和编辑报表的结构；“打印预览”视图用于查看报表的页面数据输出形态；“版面预览”视图用于查看报表的版面设置。

3 个视图的切换可以通过“报表设计”工具栏中“视图”工具按钮位置的 3 个选项(“设计”视图、“打印预览”视图和“版面预览”视图)来进行选择。

6.1.3　报表的组成

打开一个报表“设计”视图，如图 6.1 所示，可以看出报表的结构由如下几部分区域组成。

(1) 报表页眉：在报表的开始处，用来显示报表的标题、图形或说明性文字，每份报表只有一个报表页眉。

(2) 页面页眉：用来显示报表中的字段名称或对记录的分组名称。报表的每一页有一个页面页眉。

(3) 主体：显示表或查询中的记录数据，是报表显示数据的主要区域。

(4) 页面页脚：打印在每页的底部，用来显示本页的汇总说明。报表的每一页有一个页面页脚。

(5) 报表页脚：用来显示整份报表的汇总说明，在所有记录都被处理后，只打印在报表的结束处。

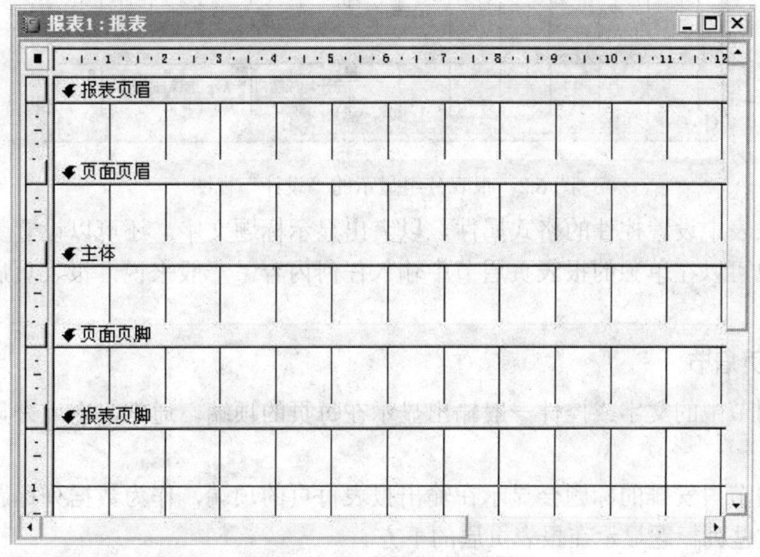

图 6.1　报表的组成区域

6.1.4　报表设计区

设计报表时，可以将各种类型的文本和字段控件放在报表“设计”窗体中的各个区域内，逐条处理记录。同时根据分组字段的值、页的位置或在报表中的位置，使一些操作作用在一些区段。在报表的“设计”视图中，区段被表示成带状形式，称为“节”。报表中的信息可以安排在多个节中，每个节在页面上和报表中具有特定的目的并按照设定顺序打印输出。

1．报表页眉节

报表页眉节中的任何内容都只能在报表的开始处，并且在报表的第一页只打印一次。在报表页眉节中，一般是以大字体将该份报表的标题放在报表顶端的一个标签控件中。如图 6.2 中报表页眉节内标题文字为“学生选课成绩汇总”的标签控件，会显示在报表输出内容的首页顶端作为报表标题。

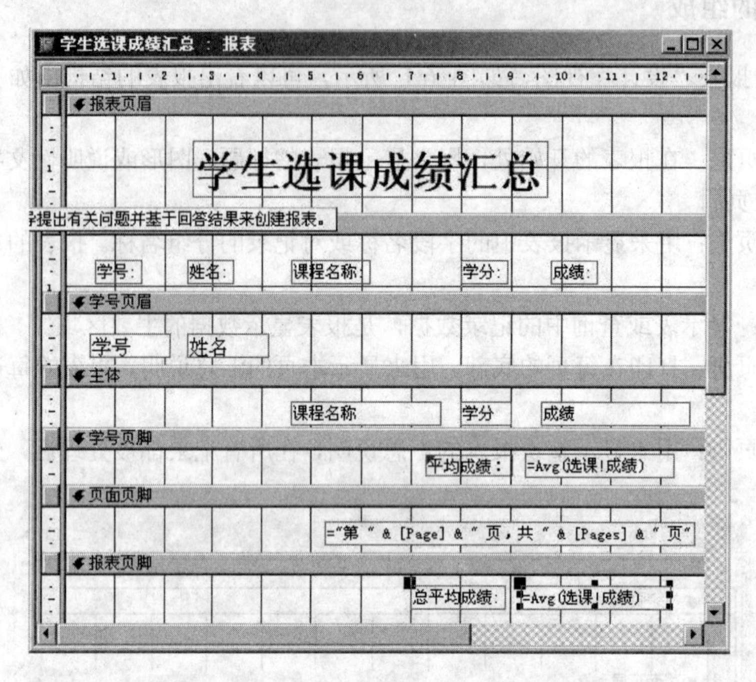

图 6.2　报表分组显示的“设计”视图

可以在报表中设置控件的格式属性，以突出显示标题文字，还可以设置颜色或阴影等特殊效果，也可以在单独的报表页眉节中输入任何内容。一般来说，报表页眉节主要用于封面。

2. 页面页眉节

页面页眉节中的文字或控件一般输出显示在每页的顶端。通常，它用来显示数据的列标题。

页面页眉节内安排的标题会显示在输出报表每页的顶端，作为数据列标题。在报表输出的首页，这些列标题显示在报表页眉的下方。

可以给每个控件文本标题加上特殊的效果，如颜色、字体种类和字体大小等。

一般来说，报表的标题放在报表页眉中，该标题打印时仅在第一页的开始位置出现。如果将标题移动到页面页眉中，则该标题在每一页上都显示。

3. 组页眉节

根据需要，在报表设计的 5 个基本节区域的基础上，还可以使用“排序与分组”属性来设置“组页眉/组页脚”区域，以实现报表的分组输出和分组统计。组页眉节内主要安排文本框或其他类型控件来显示分组字段等数据信息。

图 6.2 提供的“学生选课成绩汇总”报表中，是以学生“学号”进行分组显示的设计视图。

4. 主体节

主体节用来处理每条记录，其字段数据均须通过文本框或其他控件(主要是复选框和绑定对象框)绑定显示，也可以包含计算的字段数据。

根据主体节内字段数据的显示位置，报表又划分为多种类型，这将在下一节中详细介绍。

5. 组页脚节

组页脚节内主要安排文本框或其他类型控件来显示分组统计数据。

在实际操作中，组页眉节和组页脚节可以根据需要单独设置使用。可以执行“视图”→“排序与分组”菜单命令，打开“排序与分组”对话框进行设定。

6. 页面页脚节

页面页脚节一般包含页码或控制项的合计内容，数据显示安排在文本框和其他一些类型控件中。

7. 报表页脚节

该节区内容一般是在所有的主体和组页脚被输出完成后打印在报表的最后面。通过在报表页脚区域安排文本框或其他一些类型控件，可以显示整个报表的计算汇总或其他的统计数据信息。

6.2 报表的分类

报表主要分为纵栏式报表、表格式报表、图表报表和标签报表4种类型。

1. 纵栏式报表

纵栏式报表(也称为窗体报表)一般在一页中主体节区内显示一条或多条记录，而且以垂直方式显示。纵栏式报表记录的字段标题信息与字段记录数据一起被安排在每页的主体节区内显示。

这种报表可以安排显示一条记录的区域，也可同时显示一对多关系的“多”端的多条记录的区域，甚至包括合计。

2. 表格式报表

表格式报表是以整齐的行、列形式显示记录数据的，通常一行显示一条记录，一页显示多行记录。表格式报表与纵栏式报表不同，其记录数据的字段标题信息不是被安排在每页的主体节区内显示，而是安排在页面页眉节区显示。

3. 图表报表

图表报表是指包含图表显示的报表类型。报表中使用图表，可以更直观地表示出数据之间的关系。

4. 标签报表

标签报表是一种特殊类型的报表。在实际应用中，经常会用到标签，例如物品标签、客户标签等。

在上述各种类型报表的设计过程中，根据需要可以在报表页中显示页码、报表日期，甚至使用直线或方框等来分隔数据。此外，报表设计可以同窗体设计一样设置颜色和阴影等外观属性。

6.3 创 建 报 表

Access 中提供有 3 种创建报表的方式：使用“自动报表”功能、使用向导功能和使用“设计”视图创建。实际应用过程中，一般可以先使用“自动报表”或向导功能快速创建报表结构，然后再在“设计”视图环境中对其外观、功能加以“修缮”，这样可大大提高报表设计的效率。

6.3.1 使用“自动报表”创建报表

“自动报表”功能是一种快速创建报表的方法。设计时，先选择表或查询作为报表的数据源，然后选择报表类型(纵栏式或表格式)，最后会自动生成报表显示数据源的所有字段记录数据。

【例 6.1】 在“教学管理”数据库中使用“自动报表”创建学生信息报表。

具体操作步骤如下：

(1) 在 Access 中打开数据库文件，在“数据库”窗体中单击“报表”对象，再单击“数据库”窗体工具栏中的“新建”按钮。

(2) 在图 6.3 所示对话框中选择“自动创建报表:纵栏式”，则创建纵栏式显示报表；选择“自动创建报表:表格式”，则创建表格式显示报表。这里选择“自动创建报表:纵栏式”。

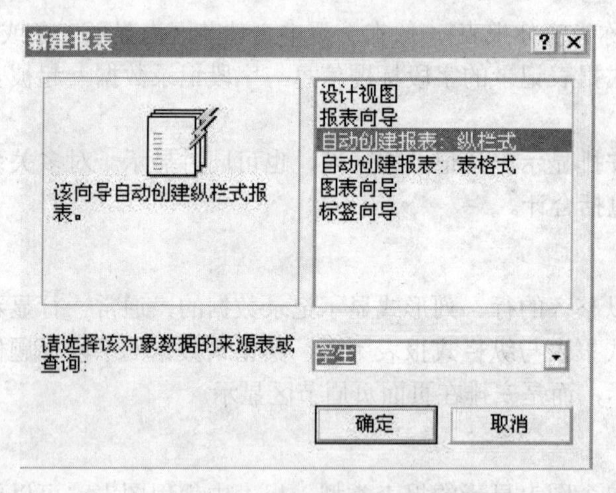

图 6.3　“新建报表”对话框

(3) 在“请选择该对象数据的来源表或查询”框内选择“学生”表。

(4) 单击“确定”按钮，即自动生成一个报表。

(5) 执行“文件”→“保存”菜单命令，命名并存储该报表。

此外，基于“数据库”窗体中当前选定的一个表对象或查询对象，可以通过在“插入”菜单中或“数据库”工具栏上选择“自动报表”命令选项来直接创建纵栏式显示报表。用这种方法创建出的报表只有主体节区，没有报表页眉、页脚和页面页眉、页脚节区。

6.3.2　使用“报表向导”创建报表

使用“报表向导”创建报表，“报表向导”会提示用户输入相关的数据源、字段和报表版面格式等信息，根据向导提示可以完成大部分报表设计的基本操作，加快了创建报表的过程。

【例 6.2】 以“教学管理”数据库中的“教师”和“课程”表为基础，利用“报表向导”创建“教师授课情况报表”。

具体操作步骤如下：

(1) 在“数据库”窗体中单击“报表”对象，再在右侧的窗体中双击“使用向导创建报表”选项，进入“报表向导”对话框。

(2) 选择数据源。创建报表需要选择一个或者多个数据源，数据源可以是表或查询对象。如图 6.4 所示，在“表/查询”下拉列表中选择“表:教师”，在“可用字段”列表框中就会列出“教师”表中的所有字段，从中选择教师编号、姓名、性别、职称等字段，通过单击 > 按钮，使它们显示在“选定的字段”列表中。按照同样的操作把“课程”表中的课程编号、课程名称、课程性质字段添加到选定字段列表中，然后单击“下一步”按钮。

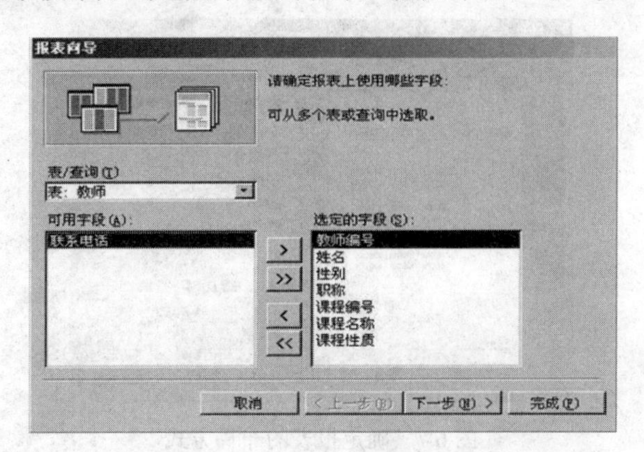

图 6.4　从多个数据源中选取字段

(3) 确定查看数据的方式。如图 6.5 所示，在确定了数据的查看方式后，定义分组的级别，然后单击“下一步”按钮。

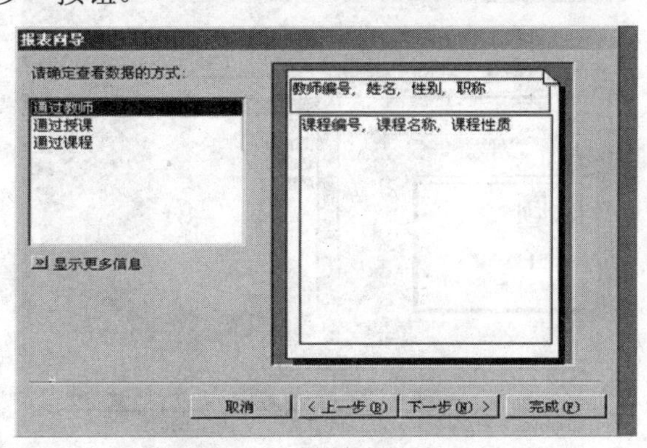

图 6.5　确定查看数据的方式

(4) 确定数据的排序次序。如图 6.6 所示，当定义好分组后，用户可以指定主体记录的排序次序。这里我们选择课程编号进行排序，然后单击“下一步”按钮。

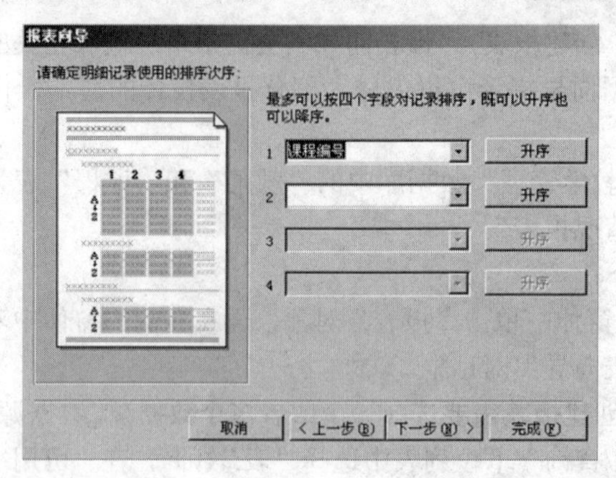

图 6.6　确定数据的排序次序

(5) 确定报表的布局方式。如图 6.7 所示，选择报表的布局方式，然后单击“下一步”按钮。

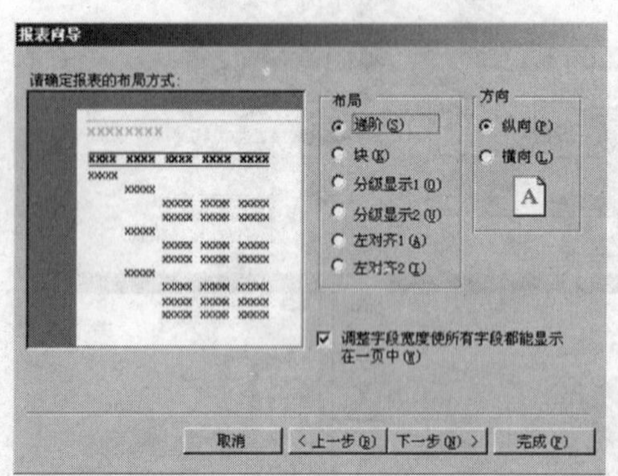

图 6.7　确定报表的布局方式

(6) 确定所用样式。如图 6.8 所示，选择报表标题的文字样式，然后单击“下一步”按钮。

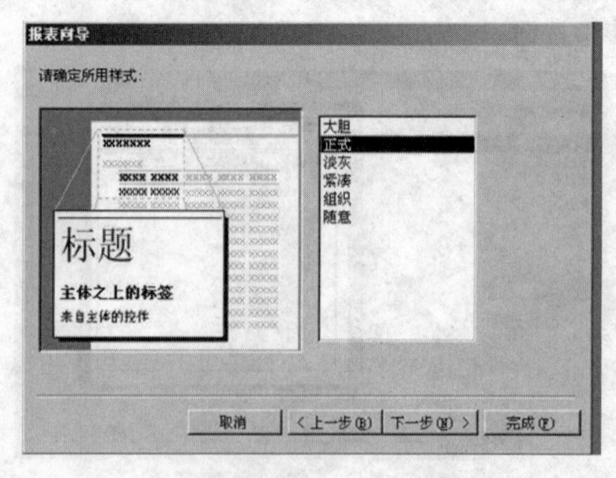

图 6.8　确定所用样式

(7) 为报表指定标题。如图 6.9 所示，按要求给出报表标题名称“教师授课情况报表”，然后单击“完成”按钮，就可以得到初步报表打印的预览效果，如图 6.10 所示，用户可以使用垂直和水平滚动条来调整预览报表。

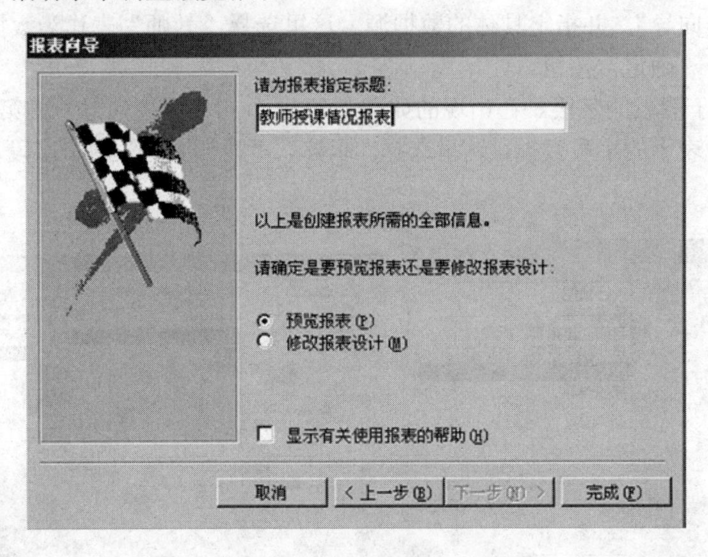

图 6.9　为报表指定标题

教师授课情况报表

教师编号	姓名	性别	职称	课程编	课程名称	课程性
TY101						
	王刚	男	教授			
				001	大学计算机基础	必修课
				002	C语言程序设计	必修课
TY102						
	李华	男	副教授			
				003	数据库技术与应	必修课
TY103						
	王梅	女	副教授			
				004	多媒体计算机技	选修课

图 6.10　“教师授课情况报表” 打印预览效果

在使用“报表向导”设计出的报表基础上，用户还可以做一些修改，以得到一个完善的报表。

6.3.3　使用“图表向导”创建报表

图表报表是 Access 特有的一种图表格式的报表，它用图表的形式表现数据库中的数据，相对于普通报表来说其数据的表现形式更直观。

在 Access 中可以用“图表向导”来创建图表报表。使用“图表向导”只能处理单一数据源的数据，如果需要从多个数据源中获取数据，需要创建一个基于多个数据源的查询，然后在“图表向导”中选择此查询作为数据源，之后再创建图表报表。

【例 6.3】 使用“图表向导”创建“教师职称统计”图表报表。

具体操作步骤如下：

(1) 在“数据库”窗口的“报表”对象下，单击“新建”按钮，在“新建报表”的对话框中选择“图表向导”，并指定具体的数据源。这里选择“教师”表作为数据源，如图 6.11 所示，然后单击“确定”按钮。

(2) 选择用于图表的字段。在出现的如图 6.12 所示的“图表向导”的第一个对话框中，选择需要由图表表示的字段数据，这里选择“职称”、“教师编号”两个字段，然后单击“下一步”按钮。

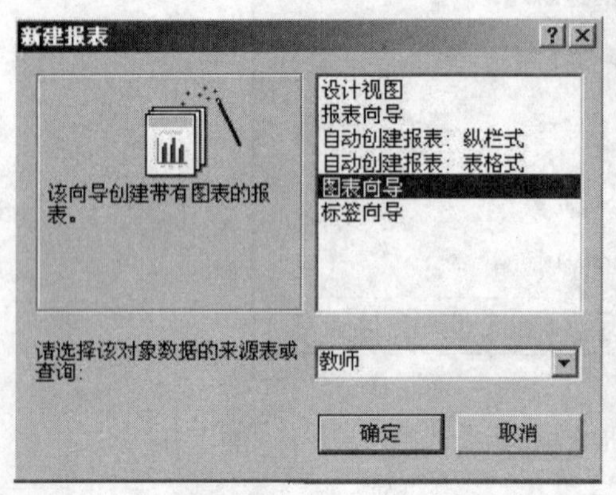

图 6.11 选择“图表向导”并指定数据源

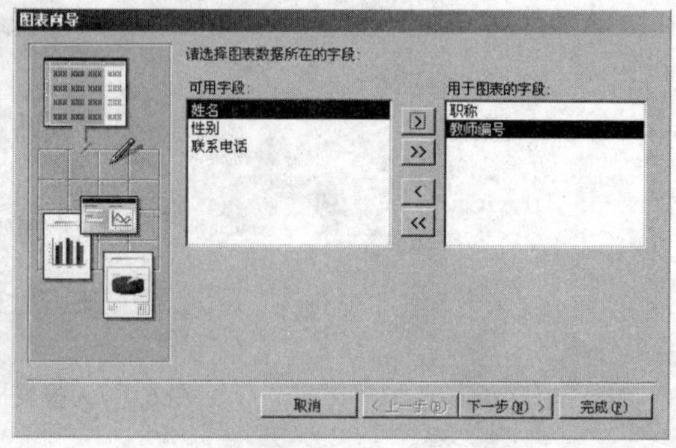

图 6.12 选择用于图表的字段

(3) 选择图表类型。在出现的如图 6.13 所示的“图表向导”的第二个对话框中，选择图表的类型，这里选择“柱形图”，然后单击“下一步”按钮。

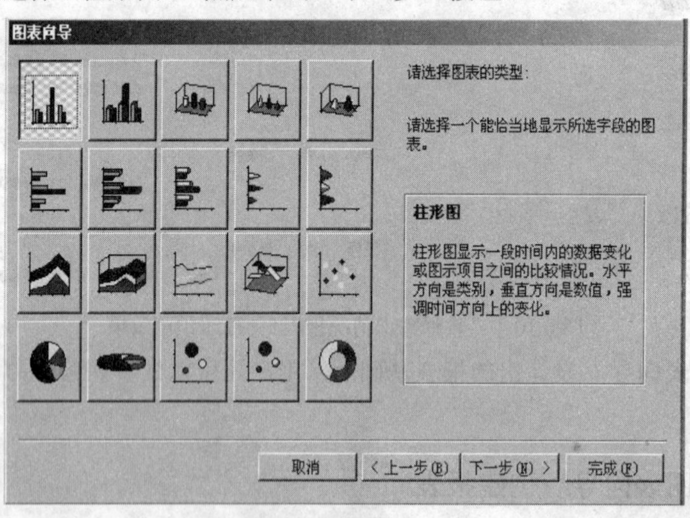

图 6.13 选择图表类型

(4) 指定图表的布局方式。在出现的如图 6.14 所示的“图表向导”的第三个对话框中，确定布局图表数据的方式。将“职称”按钮拖到横坐标中，将“教师编号”按钮拖到纵坐标中，然后单击“下一步”按钮。

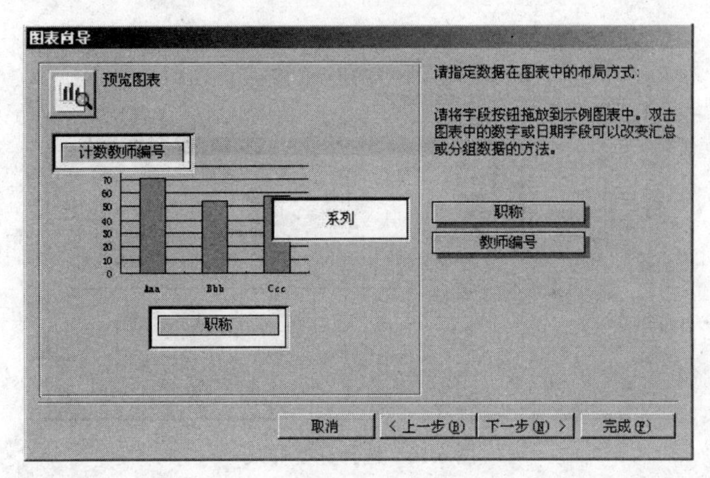

图 6.14 指定图表的布局方式

(5) 屏幕显示“图表向导”的第四个对话框，在此指定图表的标题，这里输入“教师职称统计”，然后单击“完成”按钮。图表的设计结果如图 6.15 所示。

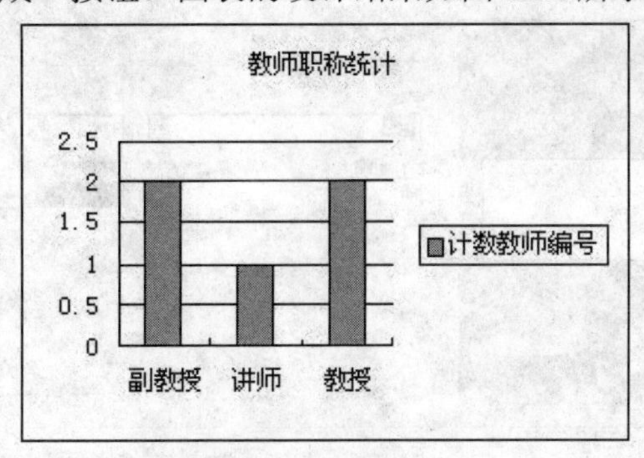

图 6.15 图表报表效果

如果用户对使用“图表向导”生成的图表不满意，可以在“设计”视图中对其进一步地修改和完善。

6.3.4 使用“标签向导”创建报表

在日常工作中，可能需要制作“物品”标签之类的标签。在 Access 中，用户可以使用“标签向导”快速地制作标签报表。

【例 6.4】 制作教师信息标签报表。

具体操作步骤如下：

(1) 在 Access 数据库中，单击“报表”对象。

(2) 单击“新建”按钮，在“新建报表”对话框中单击“标签向导”按钮。

(3) 选择包含标签数据的数据源，在“新建报表”对话框下面的列表框中，单击右侧的箭头，选择“教师”表作为报表的数据源。

(4) 单击“确定”按钮，这时屏幕显示“标签向导”第一个对话框，如图 6.16 所示。在该对话框中，可以选择标准型号的标签，也可以自定义标签的大小。这里选择“C2166”标签样式，然后单击“下一步”按钮。

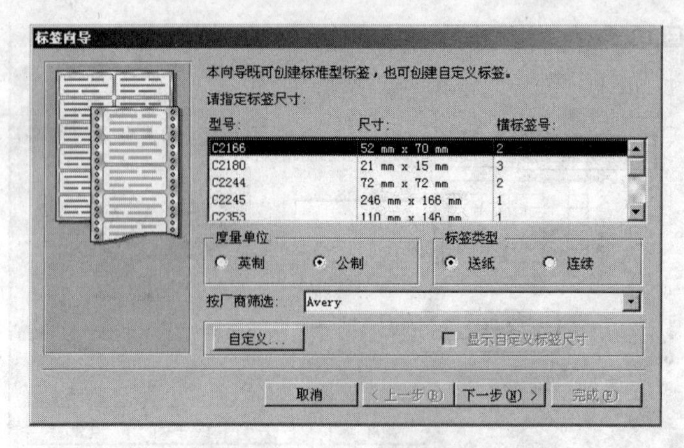

图 6.16　选择标签样式

(5) 选择标签字体和字号。在出现的“标签向导”的第二个对话框中，如图 6.17 所示，根据自己的喜好选择适当的字体及字体的大小、粗细和颜色，然后单击“下一步”按钮。

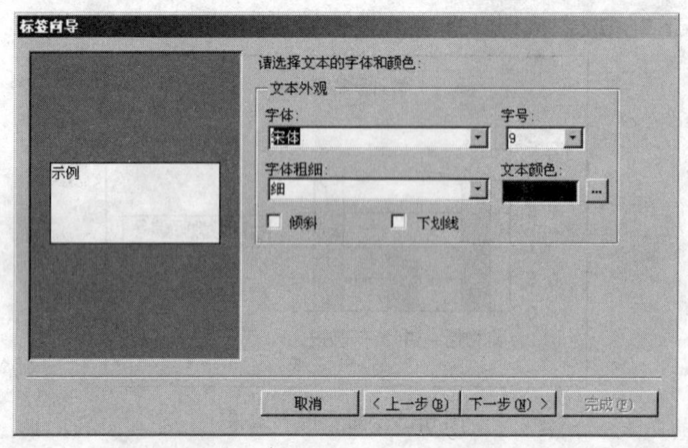

图 6.17　选择标签字体和字号

(6) 设计原型标签。在出现的如图 6.18 所示的“标签向导”的第三个对话框中，根据自己的需要选择创建标签要使用的字段，也可以直接输入所需文本，然后单击“下一步”按钮。

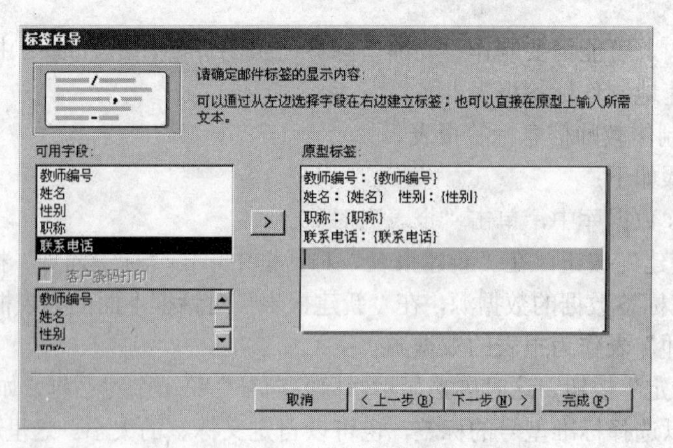

图 6.18　设计原型标签

(7) 选择排序字段。在出现的“标签向导”的第四个对话框中，可以选择“按哪些字段进行排序”，这里选择“教师编号”，然后单击“下一步”按钮。

(8) 指定标签名称。在出现的“标签向导”的最后一个对话框中，将新建的标签命名为“教师信息”，然后单击“完成”按钮。

至此，根据用户的要求创建了“教师信息”标签，如图6.19所示。

教师编号：TY101 姓名：王刚　性别：男 职称：教授 联系电话：13112345678	教师编号：TY102 姓名：李华　性别：男 职称：副教授 联系电话：89369871

图6.19　设计完成的“教师信息”标签(局部)

6.3.5　使用“设计”视图创建报表

除可以使用“自动报表”和向导功能创建报表外，还可以使用“设计”视图创建报表。其主要操作过程有：创建空白报表并选择数据源；添加页眉页脚；布置控件显示数据、文本和各种统计信息；设置报表排序和分组属性；设置报表和控件的外观格式、大小、位置和对齐方式等。

【例6.5】 使用“设计”视图来创建“学生选课成绩”报表。

具体操作步骤如下：

(1) 在Access中打开“教学管理”数据库。

(2) 在“数据库”窗体中选择“报表”对象，单击工具栏上的“新建”按钮，显示“新建报表”对话框。

(3) 在“新建报表”对话框中选择“设计视图”，单击“确定”按钮，在显示的“设计”视图中会打开一个空白报表。

(4) 用鼠标右键单击报表设计器，在弹出的快捷菜单中选择“属性”选项，打开报表的“属性”对话框；或双击报表设计器打开报表的“属性”对话框。

(5) 在报表“属性”对话框中单击“数据”选项卡，设置“记录源”属性为“查询:学生选课成绩”，并弹出相关字段列表窗口。

(6) 执行“视图”→“报表页眉/页脚”菜单命令或在报表设计区点击鼠标右键，在弹出的快捷菜单中选择“报表页眉/页脚”选项，在报表中添加报表的页眉和页脚节区。

(7) 在报表页眉节中添加一个标签控件，输入标题“学生选课成绩表”，并设置标签格式：字号20磅，居中。

(8) 从工具箱向主体节中添加5个文本框控件(产生5个附加标签)，分别设置文本框的控件源属性“学号”、“姓名”、“课程名称”、“学分”和“成绩”；或在字段列表中选择“学号”、“姓名”、“课程名称”、“学分”和“成绩”5个字段并将其拖到报表主体节区。两种方法均创建了绑定型文本框控件以显示字段数据。

(9) 将主体节区的5个标题标签控件剪切到页面页眉节区，然后调整各个控件的布局和大小、位置及对齐方式等。

(10) 修正报表页面页眉节和主体节的高度，以合适的尺寸容纳其中包含的控件。

(11) 利用“打印预览”工具查看报表显示，然后以“学生选课成绩”命名并保存报表。

在设计过程中，如果控件版面布局按照纵向布置显示，则会设计出纵栏式报表。

6.4 编辑报表

在报表的“设计”视图中可以对已经创建的报表进行编辑和修改，主要操作项目有设置报表格式，添加背景图案、日期和时间及页码等。

6.4.1 设置报表格式

Access 中提供了 6 种预定义的报表格式，有“大胆”、“正式”、“浅灰”、“紧凑”、“组织”和“随意”。通过使用这些自动套用格式，可以一次性更改报表中所有文本的字体、字号及线条粗细等外观属性。

设置报表格式的具体操作步骤如下：

(1) 以“设计”视图方式打开报表。

(2) 选择需更改格式的对象。若设置整个报表格式，则单击报表设计器；若设置某个节区格式，则单击相应节区；若设置报表中一个或多个控件格式，则在按下 Shift 键的同时单击这些控件。

(3) 单击工具栏上的“自动套用格式”按钮或执行“格式”→“自动套用格式”菜单命令。

(4) 在打开的“自动套用格式”对话框中选择一种格式。

(5) 单击“选项”按钮，展开该对话框，可从中选择需要更改的属性。

(6) 单击“自定义”按钮，打开“自定义自动套用格式”对话框。若选第一项，则基于当前打开的报表的格式新建一个自动套用格式；若选第二项，则使用当前打开的报表的格式更新所选的自动套用格式；若选第三项，则删除所选的自动套用格式。

(7) 单击“确定”按钮，关闭“自定义自动套用格式”对话框；再次单击“确定”按钮，关闭“自动套用格式”对话框。

6.4.2 添加背景图案

【例 6.6】 为报表添加图片背景，以增强显示效果。

具体操作步骤如下：

(1) 以“设计”视图方式打开报表。

(2) 通过报表设计器打开报表的“属性”窗体。

(3) 单击“格式”选项卡，选择“图片”属性进行背景图片的插入。

(4) 设置背景图片的其他属性，主要有：在“图片类型”属性框中选择“嵌入”或“链接”图片方式；在“图片缩放模式”属性框中选择“剪裁”、“拉伸”或“缩放”图片大小调整方式；在“图片对齐方式”属性框中选择图片对齐方式；在“图片平铺”属性框中选择是否平铺背景图片；在“图片出现的页”属性框中选择显示背景图片的报表页。

6.4.3　添加日期和时间

在报表“设计”视图中可给报表添加日期和时间，具体操作步骤如下：

(1) 以“设计”视图方式打开报表。

(2) 执行“插入”→“日期和时间”菜单命令。

(3) 在打开的“日期和时间”对话框中选择显示日期还是时间及其显示格式，然后单击“确定”按钮即可。

此外，也可在报表上添加一个文本框，通过设置其“控制源”属性为日期或时间的计算表达式(例如，=Date( )或 Time( )等)来显示日期和时间。该控件位置可以安排在报表的任何节区里。

6.4.4　添加分页符和页码

1. 在报表中添加分页符

可以在报表的某一节中使用分页控制符来标志要另起一页的位置，具体操作步骤如下：

(1) 以“设计”视图方式打开报表。

(2) 单击工具箱中的“分页符”按钮。

(3) 选择报表中需要设置分页符的位置后单击鼠标左键，分页符会以短虚线标志在报表的左边界上。

注意：分页符应设置在某个控件之上或之下，以免拆分了控件中的数据。如果要将报表中的每个记录组都另起一页，可以通过设置组标头、组注脚或主体节的“强制分页”属性来实现。

2. 在报表中添加页码

在报表中添加页码的具体操作步骤如下：

(1) 以“设计”视图方式打开报表。

(2) 执行“插入”→“页码”菜单命令。

(3) 在“页码”对话框中，根据需要选择相应的页码格式、位置和对齐方式。对齐方式有下列几个选项：

左——在左页边距添加文本框；

中——在左、右页边距的正中添加文本框；

右——在右页边距添加文本框；

内——在左、右页边距之间添加文本框，奇数页打印在左侧，偶数页打印在右侧；

外——在左、右页边距之间添加文本框，偶数页打印在左侧，奇数页打印在右侧。

(4) 如果要在第一页显示页码，选中“首页显示页码”复选框。

6.4.5　使用节

报表中的内容是能够以节划分的。每一节都有其特定的目的，而且按一定的顺序打印在页面及报表上。

在“设计”视图中，节代表各个不同的带区，每一节只能被指定一次。在打印报表时，某些节可以被指定很多次，可以通过放置控件来确定在节中显示内容的位置。

通过对属性值相等的记录进行分组，可以简化报表使其易于阅读。

1．添加或删除报表页眉、页脚和页面页眉、页脚

可通过执行“视图”→“报表页眉/页脚”菜单命令来操作。

页眉和页脚只能作为一对同时添加。如果不需要页眉和页脚，可以将不要的节的“可见性”属性设为“否”，或者删除该节的所有控件，然后将其“高度”属性设为 0。

如果删除页眉和页脚，Access 将同时删除页眉、页脚中的控件。

2．改变报表的页眉、页脚或其他节的大小

可以单独改变报表上各个节的大小。但是，报表只有唯一的宽度，改变一个节的宽度将改变整个报表的宽度。

可以将光标放在节的底边(改变高度)或右边(改变宽度)上，上下拖动鼠标改变节的高度，或左右拖动鼠标改变节的宽度。也可以将光标放在节的右下角，然后沿对角线的方向拖动鼠标，同时改变节的高度和宽度。

3．为报表中的节或控件创建自定义颜色

如果调色板中没有需要的颜色，用户可以利用节或控件的属性表中的“前景颜色”、“背景颜色”或“边框颜色”等属性框并配合使用“颜色”对话框来进行相应属性的颜色设置。

6.4.6　绘制线条和矩形

在报表设计中，经常还会通过添加线条或矩形来修饰版面，以达到更好的显示效果。

1．在报表中绘制线条

在报表中绘制线条的具体操作步骤如下：

(1) 以“设计”视图方式打开报表。

(2) 单击工具箱中的“直线”工具。

(3) 单击报表的任意处可以创建默认大小的线条，或通过单击并拖动的方式来创建自定义大小的线条。

如果要细微调整线条的长度或角度，可单击线条，然后按下 Shift 键并同时按下方向键中的任意一个。如果要细微调整线条的位置，则按下 Ctrl 键并同时按下方向键中的任意一个。

2．在报表上绘制矩形

在报表上绘制矩形的具体操作步骤如下：

(1) 以“设计”视图方式打开报表。

(2) 单击工具箱中的“矩形”工具。

(3) 单击窗体或报表的任意处可以创建默认大小的矩形，或通过单击并拖动的方式创建自定义大小的矩形。

利用“格式(窗体/报表)”工具栏中的“线条/边框宽度”按钮或者“报表设计”工具栏中的“属性”按钮，可以分别更改线条样式(实线、虚线和点划线等)和边框样式。

6.5　报表排序和分组

缺省情况下，报表中的记录是按照自然顺序，即数据输入的先后顺序来排列显示的。在实际应用过程中，经常需要按照某个指定的顺序来排列记录，例如，按照年龄从小到大排列等，称为报表“排序”操作。此外，报表设计时还经常需要就某个字段的值是否相等来将记录划分成组，从而进行一些统计操作并输出统计信息，这就是报表的“分组”操作。

6.5.1　记录排序

使用“报表向导”创建报表时，向导会提示设置报表中的记录排序，这时最多可以对 4 个字段进行排序，并且限制排序只能是字段，不能是表达式。实际上，一个报表最多可以安排 10 个字段或字段表达式进行排序。

在“排序与分组”对话框中，选择第一排序依据及其排列次序(升序或降序)；如果需要可以在第二行设置第二排序字段，依此类推设置多个排序字段。

在报表中设置多个排序字段时，先按第一排序字段值排列，第一排序字段值相同的记录再按第二排序字段值排序，依此类推。

6.5.2　记录分组

分组是指设计报表时按选定的某个(或几个)相等的字段值将记录划分成组的过程。操作时，先选定分组字段，再将这些字段上字段值相等的记录归为同一组，字段值不等的记录归为不同组。

报表通过分组可以实现同组数据的汇总和显示输出，增强了报表的可读性，提高了信息的利用率。一个报表中最多可以对 10 个字段或表达式进行分组。

【例 6.7】 设计报表对学生成绩进行分组统计。

具体操作步骤如下：

(1) 打开“教学管理”数据库。

(2) 按照要求设计报表数据源——“学生选课成绩”查询。

(3) 在“设计”视图中创建一个空白报表，设置其数据源属性为查询“学生选课成绩”，然后将“学号”、“姓名”、“课程名称”、“学分”和“成绩”字段拖至报表，再将文本框和附加标签分别移到报表主体和页面页眉节区里，并在报表页眉节区添加一个标签控件，设置其标题属性为“学生选课成绩汇总”，如图 6.20 所示。

(4) 执行“视图”→“排序与分组”菜单命令，或单击工具栏上的“排序与分组”按钮，打开“排序与分组”对话框。

(5) 在“排序与分组”对话框中，单击“字段与表达式”列的第一行，选择“学号”字段作为分组字段，保留排列次序为“升序”。

图 6.20　分组前的报表布局

(6) 在“排序与分组”对话框下部设置分组属性：“组页眉”属性设置为“是”，以显示组页眉节；“组页脚”属性设置为“是”，以显示组页脚节；“分组形式”属性设置为“每一个值”，以“学号”字段的不同值划分组；“组间距”属性设置为“1”，以指定分组的间隔值；“保持同页”属性设置为“不”，以指定打印时组页眉、主体和组页脚不在同一页上；若设置为“整个组”，则组页眉、主体和组页脚会打印在同一页上。此时，“排序与分组”对话框显示状态如图 6.21 所示。

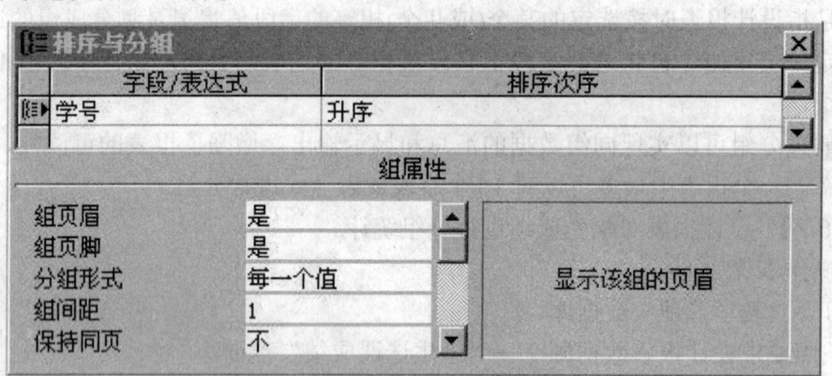

图 6.21　设置报表分组属性

(7) 设置完分组属性后，会在报表中添加组页眉和组页脚两个节区，分别用“学号页眉”和“学号页脚”来标识；将主体节内的“学号”和“姓名”两个文本框移至“学号页眉”节，并设置其格式：字体为“宋体”，字号为 11 磅。

分别在“学号页脚”节和报表页脚节内添加一个“控件源”为计算成绩平均值表达式的绑定型文本框及相应的附加标签；在“页面页脚”节，添加一个绑定型文本框以输出显示报表页码信息，如图 6.22 所示。

图 6.22　设置组页眉和组页脚区的内容

(8) 单击工具栏上的“打印预览”按钮，预览上述分组数据，如图 6.23 所示，从中可以看到分组显示的统计效果。

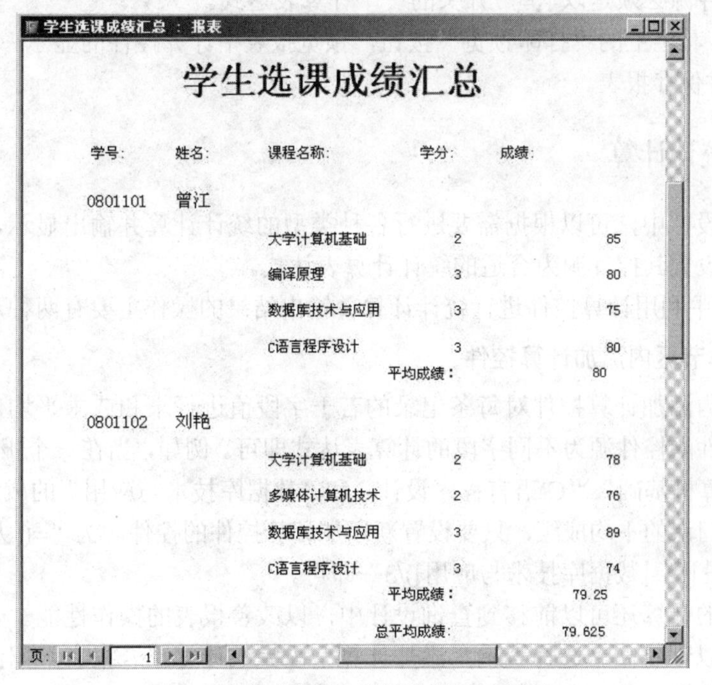

图 6.23　用“学号”字段分组显示(局部)

(9) 报表命名保存。在报表分组操作中设置字段的"分组形式"属性时，属性值的选择是由分组字段的数据类型决定的。对已经设置排序或分组的报表，可以进行以下操作：添加排序、分组字段或表达式，删除排序、分组字段或表达式，更改排序、分组字段或表达式。

6.6 使用计算控件

设计报表的过程中，除在版面上布置绑定型控件直接显示字段数据外，还经常要进行各种运算并将结果显示出来。例如，报表设计中页码的输出、分组统计数据的输出等均是通过设置绑定型控件的控件源为计算表达式形式而实现的，这些控件就称为"计算控件"。

6.6.1 为报表添加计算控件

计算控件的控件源是计算表达式，当表达式的值发生变化时，会重新计算结果并输出显示。文本框是最常用的计算控件。

【例 6.8】 在"学生信息"报表的设计中，可根据学生的"出生日期"字段值使用计算控件来计算学生的年龄。

具体操作步骤如下：

(1) 使用前述设计方法，设计出以"学生"表为数据源的一个表格式报表。

(2) 将页面页眉节区内的"出生日期"标签标题更改为"年龄"。

(3) 在主体节区内选择"出生日期"绑定型文本框，打开其"属性"窗体，选择"数据"卡片，设置"控件源"属性为计算年龄的表达式"=Year(Date())-Year([出生日期])"。注意：计算控件的控件源必须是以"="开头的一个计算表达式。

(4) 单击工具栏上的"打印预览"按钮，预览报表中计算控件的显示。

(5) 命名并保存报表。

6.6.2 报表统计计算

在报表的设计中，可以根据需要进行各种类型的统计计算并输出显示，操作方法就是使用计算控件设置其控件源为合适的统计计算表达式。

在 Access 中利用计算控件进行统计计算并输出结果的操作主要有两种形式：

1. 在主体节区内添加计算控件

在主体节内添加计算控件对每条记录的若干字段值进行求和或求平均值的计算时，只要设置计算控件的控件源为不同字段的计算表达式即可。例如，当在一个报表中列出学生 3 门课"大学计算机基础"、"C 语言程序设计"和"数据库技术与应用"的成绩时，若要对每位学生计算 3 门课的平均成绩，只要设置新添加计算控件的控件源为"=([大学计算机基础]+[C 语言程序设计]+[数据库技术与应用])/3"即可。

这种形式的计算还可以前移到查询设计中，以改善报表的操作性能。若报表数据源为表对象，则可以创建一个选择查询，添加计算字段完成计算；若报表数据源为查询对象，则可以再添加计算字段完成计算。

2. 在组页眉/组页脚节区内或报表页眉/报表页脚节区内添加计算字段

在组页眉/组页脚节区内或报表页眉/报表页脚节区内，添加计算字段对某些字段的一组记录或所有记录进行求和或求平均值的计算，一般是对报表字段列的纵向记录数据进行统计，而且要使用 Access 提供的内置统计函数(Count 函数完成计数，Sum 函数完成求和，Avg 函数完成求平均)来完成相应的计算操作。例如，要计算上述报表中所有学生的“大学计算机基础”课程的平均分成绩，需要在报表页脚节内对应“大学计算机基础”字段列的位置添加一个文本框计算控件，设置其控件源属性为“=Avg([大学计算机基础])”即可。

如果是进行分组统计并输出，则统计计算控件应该布置在“组页眉/组页脚”节区内相应位置，然后使用统计函数设置控件源即可。

6.7　预览、打印和保存报表

预览报表可显示打印页面的版面，这样可以快速查看报表打印结果的页面布局，并通过查看预览报表的每页内容，在打印之前确认报表数据的正确性。

打印报表则是将设计报表直接送往选定的打印设备进行打印输出。

按照需要可以将设计报表以对象方式命名保存在数据库中。

6.7.1　预览报表

1. 预览报表的页面布局

在报表“设计”视图中，单击工具栏中“视图”按钮右侧的向下箭头，然后单击“版面预览”按钮。通过“版面预览”可以快速检查报表的页面布局，因为 Access 数据库只是使用基本表中的数据或通过查询得到的数据来显示报表版面，所以这些数据只是报表上实际数据的示范。如果要审阅报表中的实际数据，可以使用“打印预览”的方法。

如果选择“版面预览”按钮，对于基于参数查询的报表，用户不必输入任何参数，直接单击“确定”按钮即可，因为 Access 数据库将会忽略这些参数。

2. 预览报表中的数据

在“设计”视图中预览报表的方法是：在“设计”视图中单击工具栏中的“打印预览”按钮。如果要在数据库窗体中预览报表，具体操作步骤如下：

(1) 在数据库窗口中单击“报表”标签。

(2) 选择需要预览的报表。

(3) 单击“打印预览”按钮。

如果要在页间切换，可以使用“打印预览”窗体底部的定位按钮；如果要实现页中移动，可以使用滚动条。

6.7.2　打印报表

第一次打印报表时，需要检查页边距、页方向和其他页面设置的选项。当确定一切布局都符合要求后，可以开始打印报表。具体操作步骤如下：

(1) 在数据库窗口中选定需要打印的报表，或在“设计视图”、“打印预览”或“布局预览”中打开相应的报表。

(2) 执行“文件”→“打印”菜单命令。

(3) 在“打印”对话框中进行以下设置：在“打印机”中，指定打印机的型号；在“打印范围”中，指定打印所有页或者确定打印页的范围；在“份数”中，指定复制的份数或是否需要对其进行分页。

(4) 单击“确认”按钮。

如果要在不激活对话框的情况下打印报表，可以直接单击工具栏上的“打印”按钮。

6.7.3 保存报表

通过“预览报表”功能检查报表设计，保存报表只需单击工具栏上的“保存”按钮即可。

第一次保存报表时，应按照 Access 数据库对象命名规则在“另存为”对话框中输入一个合法名称，然后单击“确定”按钮。

本章小结

报表和窗体类似，其数据来源于数据表或查询。窗体的特点是便于浏览和输入数据，报表的特点是便于打印输出数据。报表能够按照用户需求的详细程度来概括和显示数据，并且可以用多种格式来显示和打印数据。可打印输出标签、发票、订单和信封等多种格式；可以进行计数、求平均值、求和等统计计算；可以在报表中嵌入图像或图片来丰富数据显示的内容。

习　题

一、选择题

1．以下叙述中正确的是(　　)。

A) 报表只能输入数据　　B) 报表只能输出数据

C) 报表可以输入和输出数据　　D) 报表不能输入和输出数据

2．要实现报表的分组统计，其操作区域是(　　)。

A) 报表页眉或报表页脚区域　　B) 页面页眉或页面页脚区域

C) 主体区域　　D) 组页眉或组页脚区域

3．关于报表数据源的设置，以下说法正确的是(　　)。

A) 可以是任意对象　　B) 只能是表对象

C) 只能是查询对象　　D) 只能是表对象或查询对象

4．要设置只在报表最后一页主体内容之后输出的信息需要设置(　　)。

A) 报表页眉　B) 报表页脚　C) 页面页眉　D) 页面页脚

5．在报表设计中，以下可以做绑定型控件显示字段数据的是(　　)。

A) 文本框　B) 标签　C) 命令按钮　D) 图像

6．要设置在报表每一页的底部都输出信息，需要设置(　　)。

A) 报表页眉　B) 报表页脚　C) 页面页眉　D) 页面页脚

二、填空题

1．完整的报表设计通常由报表页眉、______、______、______、_______、_______和组页脚 7 个部分组成。

2．目前比较流行的有 4 种报表，它们是_____、_______、______和______。

3．在 Access 中，报表设计时分页符以______标志显示在报表的左边界上。

4．在 Access 中，“自动创建报表”分为________和________两种。

5．Access 的报表对象的数据源可以设置为______。

三、简答题

1．Access 报表的结构是什么，由哪几部分组成？

2．美化报表可以从哪些方面入手？

第7章 数据访问页

问题：

1. 数据访问页有什么作用？
2. 如何创建和编辑数据访问页？

引例：教师表的纵栏式数据访问页

随着计算机网络技术的飞速发展，网页已经成为越来越重要的信息发布手段，Access 支持将数据库中的数据通过 Web 页发布。Web 页使得 Access 与 Internet 紧密地结合了起来。通过 Web 页，用户可以方便、快捷地将所有文件作为 Web 发布程序存储到指定的文件夹，或者将其复制到 Web 服务器上，在网络上发布信息。在 Access 的数据访问页中，相关数据会随数据库中的内容而变化，以便用户随时通过 Internet 访问这些资料。

在 Access 中，有静态 HTML 文件，也有动态 HTML 文件。用户可以根据应用程序的需求来确定使用哪一种 HTML 文件格式。如果数据不常更改而且 Web 应用程序不需要窗体，则使用静态 HTML 格式；如果数据需要经常更改，而且 Web 应用程序需要使用窗体来保存和获得 Access 数据的现有数据，则使用动态 HTML 格式。

7.1 数据访问页视图

数据访问页有三种视图方式：页视图、设计视图和网页预览。

1. 页视图

页视图是查看所生成的数据访问页样式的一种视图方式。例如，在教学管理数据库的“页”对象中，双击“学生信息”页，则系统以页视图方式打开该数据访问页。

2. 设计视图

以设计视图方式打开数据访问页通常是要对数据访问页进行修改。例如，想要改变数据访问页的结构或显示内容等。

单击要打开的数据访问页名称，然后选择“设计”按钮，即可打开数据访问页的设计视图。此外，用右键单击页名，并从弹出的快捷菜单中选择“设计视图”命令也可以打开数据访问页的设计视图。

“设计视图”是创建与设计数据访问页的一个可视化的集成界面，在该界面下可以修改数据访问页。

打开数据访问页的设计视图时，系统会同时打开工具箱，如果系统没有自动打开工具箱，则可通过执行“视图”→“工具箱”菜单命令或单击“工具箱”按钮来打开工具箱。

与其他数据库对象设计视图所有的标准工具箱相比，数据访问页的工具箱中增加了一些专用于网上浏览数据的工具，主要包括：

(1) 绑定范围：在当前数据访问页中添加一个绑定的HTML控件，用户可以将绑定的HTML设置为分组数据页的默认控件。

(2) 滚动文字：在数据访问页中插入一段移动的文本或者在指定框内滚动的文本。

(3) 展开：在数据访问页中插入一个展开或收缩按钮，以便显示或隐藏已被分组的记录。

(4) 超链接：在数据访问页中插入一个包含超链接地址的文本字段，使用该字段可以快速链接到指定的Web页。

(5) 图像超链接：在数据访问页中插入一个包含超链接的图像，以便快速链接到指定的Web页。

(6) 影片：在数据访页中创建影片控件，用户可以指定播放影片的方式，如打开数据页、鼠标移过等。

用户可以从工具箱向新的数据访问页添加控件，并且通过修改控件属性来改变数据约束或外观界面。

3. 网页预览

网页预览是在Internet Explorer浏览器中显示数据访问页，与人们通常看到的Web页是一样的。

7.2　创建数据访问页

创建数据访问页和在Access中创建窗体或者报表类似，可以通过向导来创建，也可以直接利用现有的Web页创建。

7.2.1　自动创建数据访问页

创建数据访问页最为快捷的方法就是自动创建数据访问页，使用这种方法，用户不需要做任何设置，所有工作都由Access自动来完成。

【例7.1】 以“教学管理”数据库为例，采用自动创建数据访问页的方法生成“教师”表的纵栏式数据访问页。

具体操作步骤如下：

(1) 在数据库窗口的页对象中，单击“新建”按钮，系统弹出“新建数据访问页”对话框，如图7.1所示。

(2) 在“新建数据访问页”对话框中选择“自动创建数据页:纵栏式”，然后在数据来源下拉列表框中选择“教师”表。

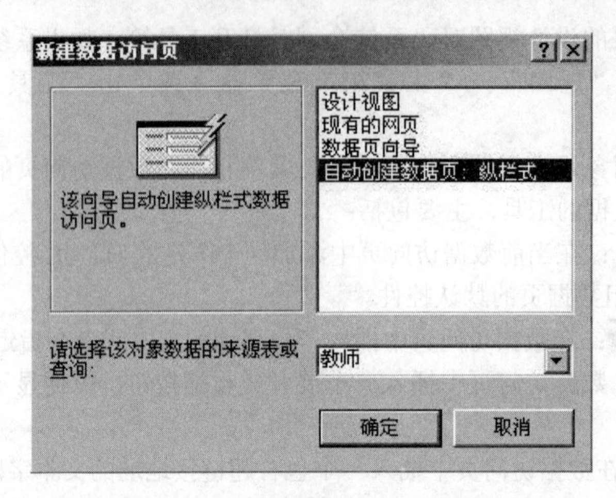

图 7.1　“新建数据访问页”对话框

(3) 单击“确定”按钮，Access 自动创建所需的数据访问页，如图 7.2 所示。

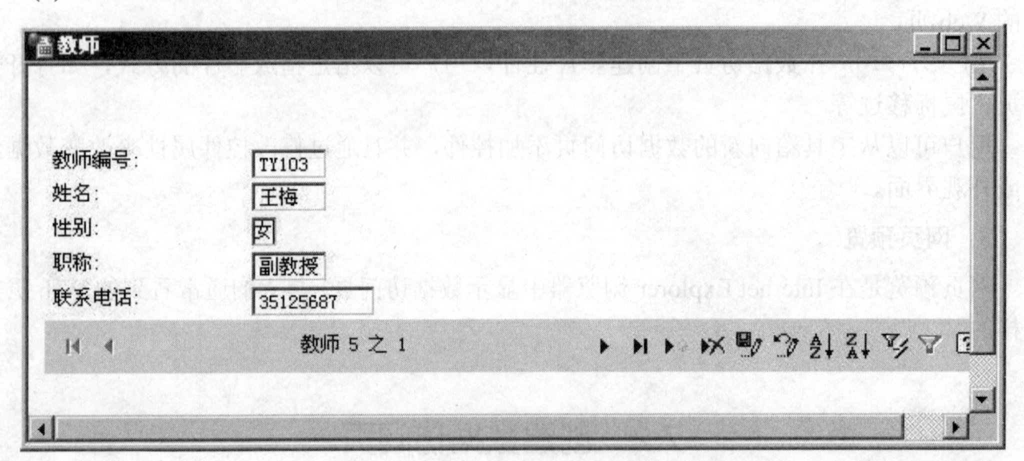

图 7.2　自动创建的数据访问页

(4) 关闭数据访问页，系统提示是否保存该数据访问页，单击“是”按钮，则显示“另存为数据访问页”对话框，在该对话框中指定 Web 页存放的路径和文件名，单击“确定”按钮。这样就完成了自动创建数据访问页的过程。

使用“自动创建数据访问页”创建数据访问页时，Access 自动在当前文件夹下将创建的页保存为 HTML 格式，并在数据库窗口中添加一个访问该页的快捷方式。将鼠标指针指向该快捷方式时，可以显示文件的路径。

7.2.2　使用向导创建数据访问页

Access 提供了 Web 页向导，它通过对话的方式，让用户根据自己的需要选择一定的选项，然后由 Access 根据用户的选择来创建 Web 页。

【例 7.2】 用向导创建数据访问页的方法来创建“教学管理”数据库中“学生”表的数据访问页。

具体操作步骤如下：

(1) 在数据库窗口的页对象中，单击“新建”按钮，显示 “新建数据访问页”对话框，从中选择“数据页向导”。

(2) 单击“确定”按钮，屏幕显示“数据页向导”对话框(一)，如图 7.3 所示，要求用户确定数据页上使用哪些字段。这里在“表/查询”框中选择“表：学生”，并将“可用字段”中的“学号”、“姓名”、“性别”、“出生日期”、“团员否”和“入学成绩”添加到“选定的字段”框中。

(3) 单击“下一步”按钮，屏幕显示“数据页向导”对话框)二)，如图 7.4 所示，要求添加分组级别。这里采用一级分组，使用字段“学号”作为分组依据。

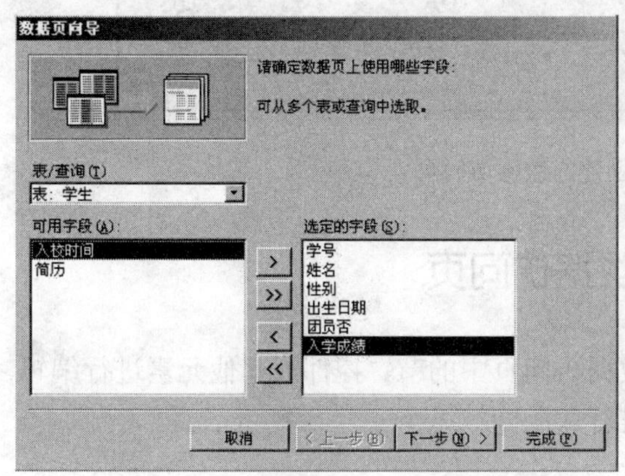

图 7.3 “数据页向导”对话框(一)

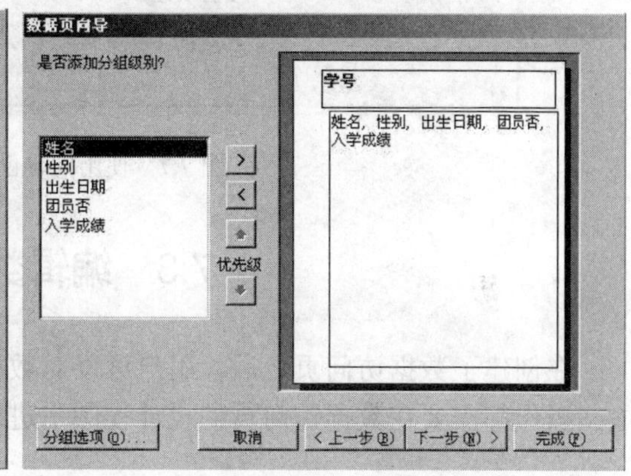

图 7.4 “数据页向导”对话框(二)

(4) 单击“下一步”按钮，屏幕显示“数据页向导”对话框(三)，如图 7.5 所示，要求用户确定排序次序，这里选择以“姓名”为依据进行升序排序。

(5) 单击“下一步”按钮，屏幕显示“数据页向导”对话框(四)，如图 7.6 所示，要求用户为数据页指定标题，并决定是在 Access 中打开数据页还是修改其设计。这里选择打开数据页，并为该数据页指定标题“学生信息”。

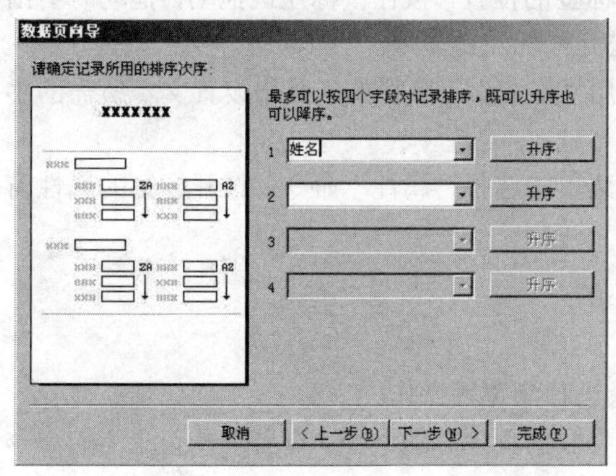

图 7.5 “数据页向导”对话框(三)

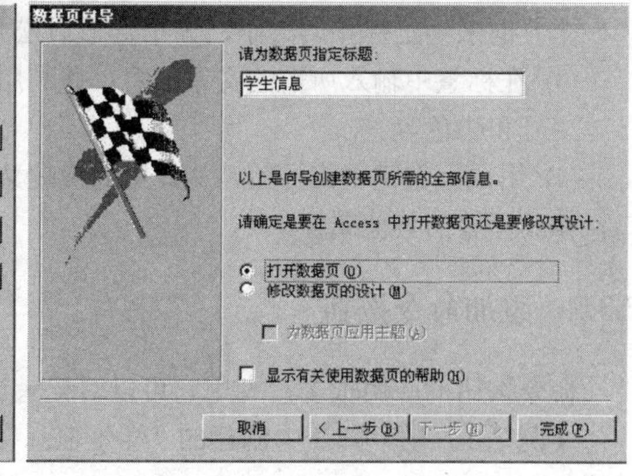

图 7.6 “数据页向导”对话框(四)

(6) 单击“完成”按钮，则 Access 会根据用户提供的信息显示新创建的数据访问页的浏览页面，如图 7.7 所示。

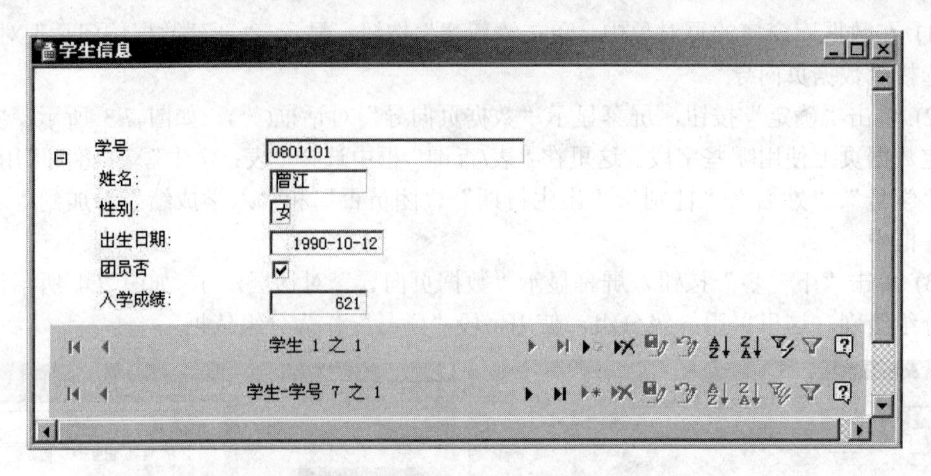

图 7.7　使用向导创建的数据访问页

7.3　编辑数据访问页

在创建了数据访问页之后，用户可以对数据访问页中的节、控件或其他元素进行编辑，这些操作都需要在数据访问页的设计视图中进行。

7.3.1　添加标签

标签在数据访问页中主要用来显示描述性文本信息。例如，页标题、字段内容说明等。如果要向数据访问页中添加标签，则其具体操作步骤如下：

(1) 在数据访问页的设计视图中，单击工具箱中的“标签”按钮，如果系统中没有显示工具箱，可以通过执行“视图”→“工具箱”菜单命令打开。

(2) 将鼠标指针移到数据访问页上要添加标签的位置，按住鼠标左键拖动，拖动时会出现一个方框来确定标签的大小，大小合适后松开鼠标左键。

(3) 在标签中输入所需的文本信息，并利用“格式”工具栏的工具来设置文本所需的字体、字号和颜色等。

(4) 用鼠标右键单击标签，从弹出的快捷菜单中选择“属性”命令，打开标签的属性窗口，修改标签的其他属性。

7.3.2　添加命令按钮

命令按钮的应用很多，利用它可以对记录进行浏览等操作。

【例 7.3】 在例 7.2 中创建的“学生信息”数据页中添加一个“查看下一记录”的命令按钮。

具体操作步骤如下：

(1) 在数据访问页“学生信息”的设计视图中，单击工具箱中的“命令按钮”。

(2) 将鼠标指针移动到数据访问页上要添加命令按钮的位置，按下鼠标左键。

(3) 松开鼠标左键，此时屏幕显示“命令按钮向导”对话框(一)，如图 7.8 所示。在该对话框的“类别”框中选择“记录导航”，在“操作”框中选择“转至下一项记录”。

(4) 单击“下一步”按钮，屏幕显示“命令按钮向导”对话框(二)，如图 7.9 所示。在对话框中要求用户选择按钮上面显示文字还是图片，这里选择“图片”，并选择图片框中的“指向右方”。

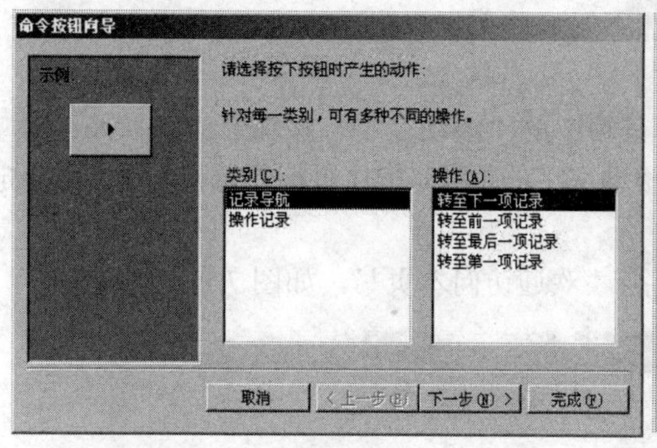

图 7.8　“命令按钮向导”对话框(一)

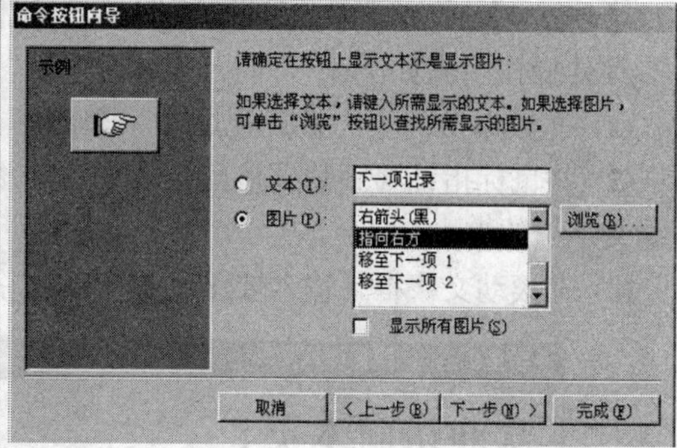

图 7.9　“命令按钮向导”对话框(二)

(5) 单击“下一步”按钮，在显示的对话框中输入按钮的名称，如输入“下一记录”。然后单击“完成”按钮。

(6) 用鼠标调整该命令按钮的大小和位置。如果需要，可以用鼠标右键单击命令按钮，从弹出的快捷菜单中选择“属性”命令，打开命令按钮的属性窗口，根据需要修改命令按钮的属性。

至此，就完成了命令按钮的创建。切换到页视图，结果如图 7.10 所示。

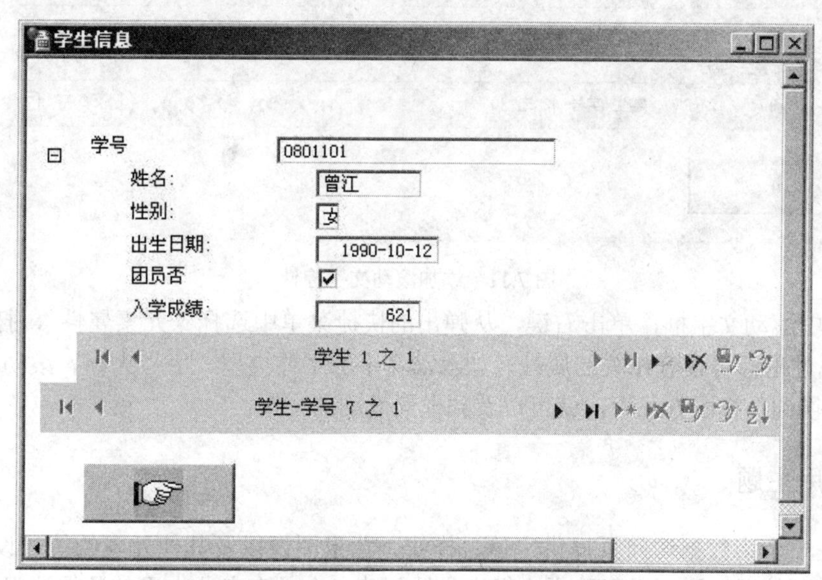

图 7.10　添加命令按钮的数据访问页

在该数据页视图中，单击新添加的命令按钮，则会显示学生信息的下一条记录。可见，使用命令按钮可以实现对数据访问页记录的浏览功能，除此之外，命令按钮的作用还有很多，用户可以按照上面的步骤尝试命令按钮的其他功能。

7.3.3　添加滚动文字

在网上浏览时，我们会发现有许多滚动的文字，这很容易吸引人的注意力。在 Access 中，可以利用“滚动文字”控件来添加滚动文字。

【例 7.4】 在“学生信息”数据页的顶部添加滚动文字“欢迎访问本页!”。

具体操作步骤如下：

(1) 在数据访问页的设计视图中，单击工具箱中的“滚动文字”按钮。

(2) 将鼠标指针移到数据访问页上要添加滚动文字的位置，按住鼠标左键拖动，以便确定滚动文字框的大小。

(3) 在滚动文字框中输入要滚动显示的文字：“欢迎访问本页!”，如图 7.11 所示。

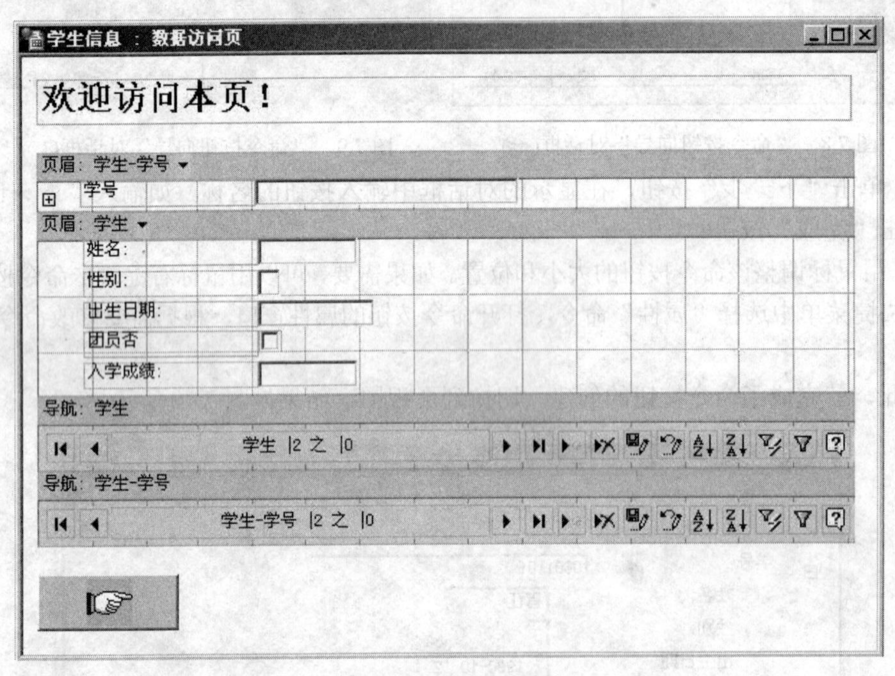

图 7.11　添加滚动文字控件

(4) 选中滚动文字框，单击右键，从弹出的快捷菜单中选择“元素属性”，打开滚动文字控件的属性框，可设置相关的属性，如滚动文字的字体类型、字号大小、滚动方向等。

(5) 切换到页视图方式下，就可以看到横向滚动的文字。

7.3.4　使用主题

主题是一个为数据访问页提供字体、横线、背景图像以及其他元素的统一设计和颜色方案的集合。使用主题可以帮助用户很容易地创建一个具有专业水平的数据访问页。

【例 7.5】 在“学生信息”数据页中使用主题。

具体操作步骤如下：

(1) 以设计视图方式打开“学生信息”数据访问页，执行“格式”→“主题”菜单命令，系统弹出“主题”对话框，如图 7.12 所示。

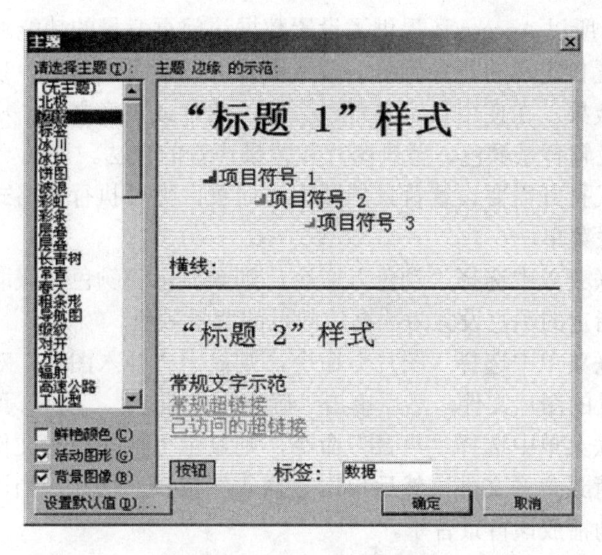

图 7.12　“主题”对话框

(2) 在“请选择主题”列表框中选择所需的主题，在右侧的预览框可以看到当前所选择主题的效果，在此我们选择“边缘”主题。

(3) 在主题列表的下方设置相关的复选框，以便确定主题是否使用鲜艳颜色、活动图形和背景图像。

(4) 单击“确定”按钮，所选择的主题就会应用于当前的数据访问页。如图 7.13 所示为给“学生信息”数据页应用了“边缘”主题之后的效果。

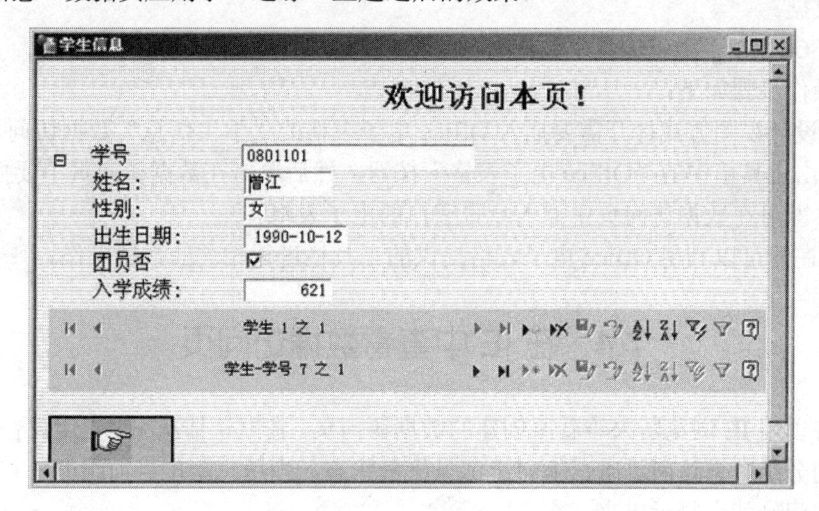

图 7.13　“学生信息”数据页应用“边缘”主题

如果在“请选择主题”列表框中选择了“(无主题)”，则可以从现有的数据访问页中删除主题。

7.3.5　设置背景

在 Access 中，使用主题可以使数据访问页具有一定的图案和颜色效果，但这不一定能够满足用户的需要，所以 Access 还提供了设置数据访问页背景的功能。在 Access 数据访问页中，用户可以设置自定义的背景颜色、背景图片以及背景声音等，以便增强数据访问页的视觉效果和音乐效果。在使用自定义背景颜色、图片或声音之前，必须删除已经应用的主题。本小节介绍设置背景颜色、背景图片和背景声音的方法。

以设计视图方式打开需要设置背景的数据访问页，然后执行“格式”→“背景”菜单命令，显示背景级联菜单。

如果在背景级联菜单中选择“颜色”命令，则会显示“颜色”级联菜单，从中单击所需的颜色，即可将指定的颜色设置为数据访问页的背景颜色。

如果在背景级联菜单中选择“图片”命令，则显示“插入图片”对话框，在该对话框中找到需要作为背景的图片文件，然后单击“确定”按钮。

如果在背景级联菜单中选择“声音”命令，则显示“插入声音文件”对话框，在该对话框中找到需要的背景声音文件，然后单击“插入”按钮。这样，当以后每次打开该数据访问页时，就会自动播放该背景音乐。

7.3.6　添加 Office 电子表格

Office 电子表格类似于 Microsoft Excel 工作表，用户可以在 Office 电子表格中输入原始数据、添加公式以及执行电子表格运算等。

在 Access 数据库中，用户可以在数据访问页中添加 Office 电子表格。在数据访问页中添加了电子表格后，用户可以利用数据访问页的页视图或 Internet Explorer 浏览器查看和分析相关的数据。

【例 7.6】 在“学生信息”数据访问页中插入 Office 电子表格。

具体操作步骤如下：

(1) 以设计视图方式打开需要插入 Office 电子表格的“学生信息”数据访问页。

(2) 单击工具箱中的“Office 电子表格”按钮，然后单击在数据访问页中要插入电子表格的位置，即可在数据访问页中插入一张空白的电子表格。

(3) 现在即可以利用 Office 电子表格提供的工具栏进行相关的数据操作。

7.4　在 IE 中查看数据访问页

用户可以用 IE 浏览器来查看所创建的数据访问页。在默认情况下，当用户在 IE 窗口中打开创建的分组数据访问页时，下层组都呈折叠状态，当用户单击当前组的“+”按钮时，下层组中的记录就会显示出来。

本 章 小 结

本章介绍的数据访问页是一种特殊的网页，它是由 Access 发布的动态网页，包含与数据库的连接。在数据访问页中，可显示甚至编辑数据库中存储的数据，以便用户随时通过 Internet 访问这些资料。

习　题

一、选择题

1．下面关于数据访问页的导航栏的控件及控件上所有按钮的说法中，错误的是(　　)。

A) 控件及控件上的按钮外观都是基于 HTML 样式来创建的

B) 控件及控件上的按钮外观都是用<STYLE>标记来实现的

C) 导航栏上的按钮是不能删除的

D) 导航栏按钮上的图像可以进行修改

2．创建数据访问页最重要的是确定(　　)。

A) 字段　　B) 样式　　C) 记录　　D) 布局

3．在数据访问页的 Office 电子表格中可以(　　)。

A) 输入原始数据　　B) 添加公式

C) 执行电子表格运算　　D) 以上都可以

二、填空题

1．数据访问页是直接与_______联系的 Web 页。

2．创建数据访问页最简单的方法就是使用_______。

3．_______中包含各种可以添加到数据访问页上的控件。

4．在_______中可以编辑已有的数据访问页。

三、简答题

1．什么是数据访问页？

2．创建数据访问页有几种方法？

第 8 章　宏的建立和使用

◆◆

问题：

1. 使用宏可以做什么？
2. 如何建立和使用宏？

引例： 欢迎消息宏

宏是一些操作的集合，使用这些“宏操作”(以下简称“宏”)可以使用户更加方便快捷地操纵 Access 数据库系统。在 Access 数据库系统中，通过直接执行宏或者使用包含宏的用户界面，可以完成许多繁杂的人工操作；而在许多其他数据库管理系统中，要想完成同样的操作，就必须通过编程的方法才能实现。编写宏的时候，不需要记住各种语法，每个宏操作的参数都显示在宏的设计环境里，设置简单。本章介绍如何在 Access 中创建和使用宏，主要内容有宏的基本概念、宏的创建、调试和运行。

8.1　宏 的 概 念

宏是 Access 的一个对象，其主要功能就是使操作自动进行。

8.1.1　宏的基本概念

宏是由一个或多个操作组成的集合，其中的每个操作能够自动地实现特定的功能。在 Access 中，可以为宏定义各种类型的操作，例如，打开和关闭窗体、显示及隐藏工具栏、预览或打印报表等。通过执行宏，Access 能够有次序地自动执行一连串的操作。

宏可以是包含操作序列的一个宏，也可以是一个宏组。如果设计时有很多的宏，将其分类组织到不同的宏组中会有助于数据库的管理。使用条件表达式可以决定在某些情况下运行宏时，某个操作是否进行。

使用宏可以实现以下操作：

(1) 在首次打开数据库时，执行一个或一系列操作。

(2) 建立自定义菜单栏。

(3) 通过工具栏上的按钮执行自己的宏或者程序。

(4) 将筛选程序加到各个记录中，从而提高记录查找的速度。

(5) 随时打开或者关闭数据库对象。

(6) 设置窗体或报表控件的属性值。

(7) 显示各种信息，并能够使计算机扬声器发出报警声，以引起用户的注意。

(8) 实现数据自动传输，可以自动地在各种数据格式之间导入或导出数据。

(9) 可以为窗体定制菜单，并可以让用户设计其中的内容。

图 8.1 是宏的一个示例，它被命名为“欢迎消息宏”。这个宏中只包含一个 MsgBox 操作，用于打开一个提示窗口，并显示“欢迎使用本教学管理系统”信息，其效果如图 8.2 所示。

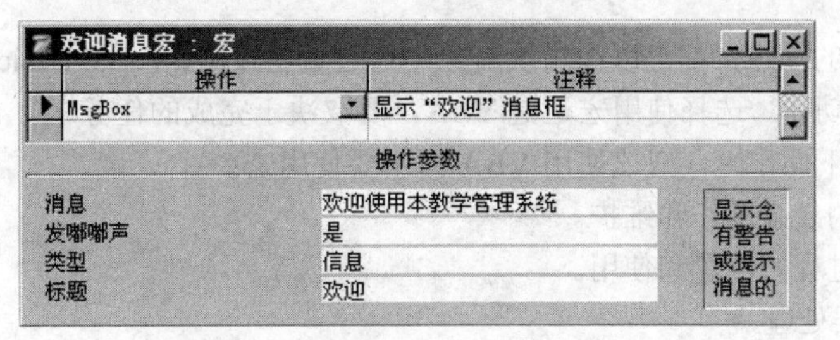

图 8.1　宏设计示例

图 8.2　宏运行示例

图 8.3 是宏组的例子。它被命名为宏组，其中包含了两个宏：micro2_1 和 micro2_2。宏 micro2_1 里有两个操作：OpenReport 操作在“打印预览”视图中打开“教师信息”报表；Maximize 操作使活动窗口最大化。宏 micro2_2 里有三个操作：Beep 操作使计算机扬声器发出“嘟嘟”声；OpenTable 操作在“数据表”视图中打开“教师”表；MsgBox 操作则是弹出一个窗口提示信息。

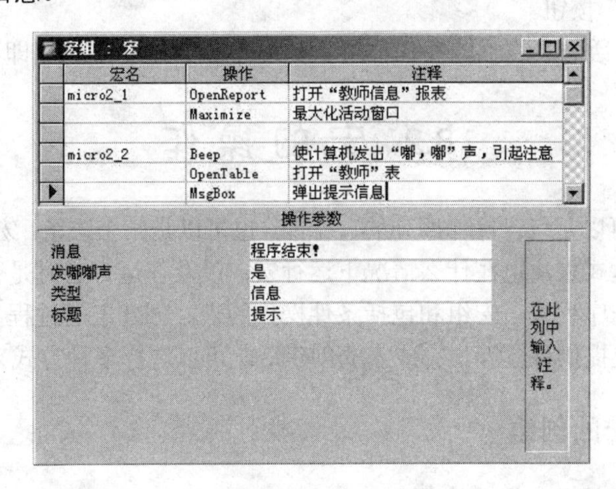

图 8.3　宏组示例

Access 系统中，宏及宏组保存都需要命名，命名方法与其他数据库对象的相同。宏按名调用；宏组中的宏则按“宏组名.宏名”格式调用。需要注意的是宏中包含的每个操作也有名称，但都是系统提供、用户选择的操作命令，用户不能随意更改其名称。此外，一个宏中的各个操作命令，运行时一般都会被执行，不会只执行其中的部分操作，但设计了条件宏，有些操作就会根据条件情况来决定是否执行。

8.1.2　宏与 Visual Basic

Access 中宏的操作，都可以在模块对象中通过编写 VBA(Visual Basic for Application)语句来达到相同的功能。选择使用宏还是 VBA，要取决于完成的任务。

当要进行以下操作时，应该使用 VBA 而不要使用宏：

(1) 数据库的复杂操作和维护。

(2) 自定义过程的创建和使用。

(3) 一些错误处理。

8.1.3　宏向 Visual Basic 程序转换

在 Access 中提供了将宏转换为等价的 VBA 事件过程或模块的功能。转换操作分为两种情况：转换窗体或报表中的宏，转换不属于任何窗体与报表的全局宏。

转换窗体或报表中的宏的具体操作步骤如下：

(1) 在“设计”视图中打开窗体或报表。

(2) 执行“工具”→“宏”菜单命令，在打开的对话框中单击“将窗体的宏转换为 Visual Basic 代码”或“将报表的宏转换为 Visual Basic 代码”。

(3) 单击对话框的“转换”按钮，再单击“确定”按钮即可。

转换全局宏的具体操作步骤如下：

(1) 在“数据库”窗口中打开宏对象，选择要转换的宏。

(2) 执行“文件”→“另存为”菜单命令，在打开的对话框的“保存类型”框中选择“模块”，再单击“确定”按钮。

(3) 单击转换对话框中的“转换”按钮，然后单击“确定”按钮即可。

8.2　宏 的 操 作

Access 里的宏可以是包含操作序列的一个宏，也可以是某个宏组。宏组由若干个宏构成；还可以使用条件表达式来决定在什么情况下运行宏，以及在运行宏时是否进行某项操作。宏可以分为三类：操作序列宏、宏组和包括条件操作的宏。创建宏的过程主要有指定宏名、添加操作、设置参数及提供备注等。完成宏的创建后，可以选择多种方式来运行、调试宏。

8.2.1　操作序列宏的创建

创建操作序列宏的具体操作步骤如下：

(1) 进入“宏”对象窗口，单击“新建”工具按钮打开“宏”设计窗口。

(2) 光标定位在“操作”列的第一个空白行，单击右侧向下箭头打开操作列表，从中选择要使用的操作。

(3) 如有必要，在设计窗口的下半部分设置操作参数。

(4) 在“注释”列中可以为操作输入一些解释性文字，此列为可选项。

(5) 如需增添更多的操作，可以把光标移到下一操作行并重复步骤(1)～(4)完成新操作。

(6) 命名并保存设计好的宏。需要指出的是，被命名为 AutoExec 的宏，在打开该数据库时会自动运行。要想取消自动运行，打开数据库时按住 Shift 键即可。

在宏的设计过程中，也可以通过将某些对象(窗体、报表及其上的控件对象等)拖动至“宏”窗体的操作行内的方式来快速创建一个在指定数据库对象上执行操作的宏。

图 8.1 就是一个操作序列宏的示例。

8.2.2　宏组的创建

如果将相关的几个宏组织在一起，就构成了一个宏组。其具体操作步骤如下：

(1) 进入“宏”对象窗口，单击“新建”工具按钮打开“宏”设计窗口。

(2) 执行“视图”→“宏名”菜单命令，使此命令上带复选标记√；或者单击“宏名”工具按钮，确保此按钮按下，此时“宏”设计窗口会增加一个“宏名”列。

(3) 在“宏名”列内，输入宏组中的第一个宏的名字。

(4) 添加需要宏执行的操作，并设置操作参数、添加注释文字。

(5) 如果希望在宏组内包含其他的宏，请重复步骤(3)、(4)。

(6) 命名并保存设计好的宏组。

保存宏组时，指定的名字是宏组的名字，也是显示在“数据库”窗体中的宏和宏组列表的名字。

图 8.3 就是一个宏组的示例。

8.2.3　条件操作宏

在数据处理过程中，如果只希望执行宏中满足指定条件的一个或多个操作，可以设置条件来控制这种执行。在宏中添加条件的操作步骤如下：

(1) 执行“视图”→“条件”菜单命令，或者单击工具栏上的“条件”按钮，在宏设计窗口中增加一个“条件”列。

(2) 将所需的条件表达式输入到“宏”设计窗口的“条件”列中。

在输入条件表达式时，可能会引用窗体或报表上的控件值，可使用如下语法：

Forms！[窗体名]！[控件名]

Reports！[报表名]！[控件名]

(3) 在“操作”列中选择条件表达式为真时执行的操作。

如果条件表达式结果为真，则执行此行中的操作；如果条件表达式结果为假，则忽略其后的操作。如果以下的操作条件与此操作相同，只要在相应的“条件”栏输入省略号(…)即可。

在宏的操作序列中，如果既存在带条件的操作又存在无条件的操作，那么带条件的操作是否执行取决于条件表达式结果的真假，而没有指定条件的操作则会无条件地执行。

图 8.4 就是一个带条件的宏的示例。它被命名为条件宏，包含 6 个操作命令，其中第 3、4、5 和 6 个操作都附上了条件表达式，只有当条件表达式的结果为真时才执行对应的操作。这里，由于第 4、5、6 个操作条件表达式与第 3 个操作条件式相同，可以简单地用省略号(…)来表示。

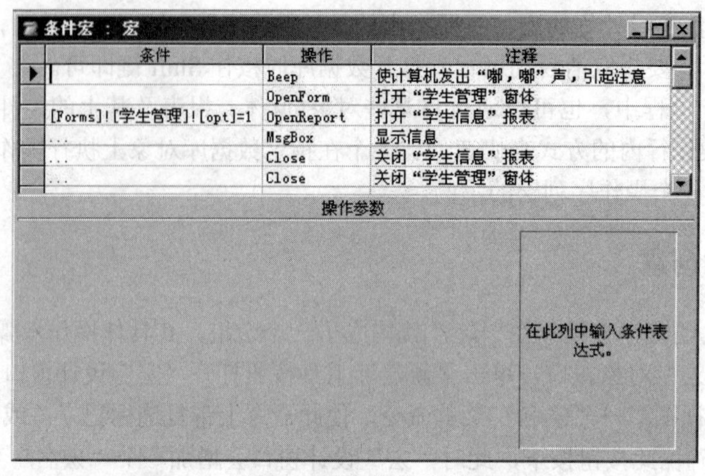

图 8.4　带条件宏示例

需要指出的是：示例中的条件表达式里引用了“学生管理”窗体上“opt”控件的值。

8.2.4　宏的操作参数设置

在宏中添加了某个操作之后，可以在“宏”设计窗体的下部设置这个操作的相关参数。关于操作参数的设置，简要说明如下：可以用前面加等号“=”的表达式来设置操作参数，但不可以对表 8.1 中的参数使用表达式。

表 8.1　不能设置成表达式的操作参数

参　数	操　　作
对象类型	Close,DeleteObject,GoToRecord,OutputTo,Rename,Save,SelectObject, RepaintObject, TransferDatabase
源对象类型	CopyObject
数据库类型	TransferDatabase
电子表格类型	TransferSpreadsheet
规格名称	TransferText
工具栏名称	ShowToolbar
输出格式	OutputTo,SendObject
命令	RunCommand

可以在参数框中键入数值，也可以从列表中选择某个设置。通常按参数排列顺序来设置操作参数。一般通过从“数据库”窗体拖动数据库的方式向宏中添加操作，系统会设置

适当的参数。

如果操作中有调用数据库对象名的参数，则可以将对象从“数据库”窗体中拖动到参数框，从而由系统自动设置操作及对应的对象类型参数。

8.2.5　宏的运行

宏有多种运行方式，可以直接运行某个宏，可以运行宏组里的宏，还可以为窗体、报表及其上控件的事件响应而运行宏。

1. 直接运行宏

执行下列操作之一，可直接运行宏：

(1) 从“宏”设计窗体中运行宏，即单击工具栏上的“运行”按钮。

(2) 从“数据库”窗体中运行宏，即单击“宏”对象选项，然后双击相应的宏名。

(3) 执行“工具”→“宏”菜单命令，单击“运行宏”命令，再选择或输入要运行的宏。

(4) 使用 DoCmd 对象的 RunMacro 方法，从 VBA 代码过程中运行。

2. 运行宏组中的宏

执行下列操作之一，可运行宏组中的宏：

(1) 将宏指定为窗体或报表的事件属性设置，或指定为 RunMacro 操作的宏名参数。使用下列方法来引用宏：

　　宏组名. 宏名

(2) 执行“工具”→“宏”菜单命令，单击“运行宏”命令，再选择或输入要运行的宏组里的宏。

(3) 使用 DoCmd 对象的 RunMacro 方法，从 VBA 代码过程中运行。

通常情况下，直接运行宏或宏组里的宏只是进行宏的测试。在确保宏的设计无误后，可以将宏附加到窗体、报表或控件中，以对事件做出响应，或创建一个执行宏的自定义菜单命令。

3. 运行宏或事件过程以响应窗体、报表或控件的事件

在 Access 中可以通过选择运行宏或事件过程来响应窗体、报表或控件上发生的事件。其具体操作步骤如下：

(1) 在“设计”视图中打开窗体或报表。

(2) 设置窗体、报表或控件的有关事件属性为宏的名称或事件过程。

8.2.6　宏的调试

在 Access 系统中提供了“单步”执行的宏调试工具。使用单步跟踪执行，可以观察宏的流程和每一个操作的结果，从中发现并排除出现问题和错误的操作。

以图 8.1 所示“欢迎消息宏”为例，给出调试，其具体操作步骤如下：

(1) 打开要调试的宏。

(2) 在工具栏上单击“单步”按钮，使其处于凹陷(起作用)状态。

(3) 在工具栏上单击“运行”按钮，系统将出现“单步执行宏”对话框，如图 8.5 所示。

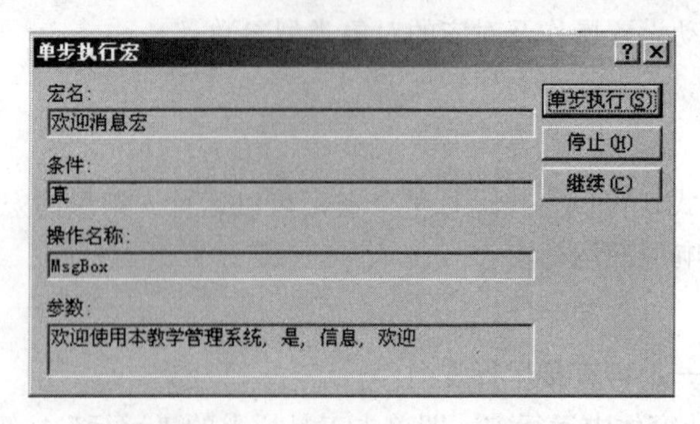

图 8.5　“单步执行宏”对话框

(4) 单击“单步执行”按钮，执行其中的操作。

(5) 单击“停止”按钮，停止宏的执行并关闭对话框。

(6) 单击“继续”按钮，关闭“单步执行宏”对话框，并执行宏的下一个操作命令。如果宏的操作有误，则会出现图 8.6 所示的“操作失败”对话框。如果要在宏执行过程中暂停宏的执行，请按组合键 Ctrl+Break。

图 8.6　“操作失败”对话框

8.2.7　常用宏操作

宏的设计窗体中有一列是用于选择宏的操作命令。一个宏可以含有多个操作，并且可以定义它们执行的顺序。

Access 中提供了 50 多个可选的宏操作命令，其中常用的宏操作如下：

(1) 打开或关闭数据表对象命令：

OpenForm 命令	用于打开窗体
OpenReport 命令	用于打开报表
OpenQuery 命令	用于打开查询
Close 命令	用于关闭数据库对象

(2) 运行和控制流程命令：

RunSQL 命令	用于执行指定的 SQL 语句
RunApp 命令	用于执行指定的外部应用程序
Quit	用于退出 Access

(3) 设置值命令：

SetValue 命令	用于设置属性值

(4) 刷新、查找数据或定位记录命令：

Requery 命令	用于实施指定控件重新查询，即刷新控件数据
FindRecord 命令	用于查找满足指定条件的第一条记录
FindNext 命令	用于查找满足指定条件的下一条记录
GoToRecord	用于指定当前记录

(5) 控制显示命令：

Maximize 命令	用于最大化激活窗口
Minimize 命令	用于最小化激活窗口
Restore 命令	用于将最大化或最小化窗口恢复至原始大小

(6) 通知或警告用户命令：

Beep 命令	用于使计算机发出“嘟嘟”声
MsgBox 命令	用于显示消息框
SetWarnings 命令	用于关闭或打开系统消息

(7) 导入和导出数据命令：

TransferDatabase 命令	用于从其他数据库导入和导出数据
TransferText 命令	用于从文本文件导入和导出数据

当我们把鼠标放到“操作”列中的某一行后，在该单元格中的右侧会出现一个向下箭头按钮，单击这个按钮，就会显示可供选择的操作命令序列。

选择操作命令后，宏窗体的左下方会出现一些操作参数供设置使用。对于各个操作，命令参数可能不一样。每选择一个宏的操作命令，操作参数右侧就会自动显示出该操作的提示信息，在我们设置参数时就可以参阅这些提示信息，对操作参数进行正确的设置。

本章小结

本章主要介绍如何使用宏实现自动处理功能，包括宏和宏组的基本概念，宏的创建和运行方法。宏是一些操作的集合，使用这些“宏操作”可以使用户更加方便、快捷地操纵 Access 系统。

习　题

一、选择题

1．下列关于宏的描述中错误的是(　　)。

A) 宏是能被自动执行的某种操作或操作的集合

B) 构成宏的基本操作也叫宏命令

C) 运行宏的条件是有触发宏的事件发生

D) 如果宏与窗体连接，则宏是它所连接的窗体中的一个对象

2．关于宏命令 MsgBox，下列描述错误的是(　　)。

A) 可以在消息框给出提示或警告

B) 可以设置在显示消息框的同时扬声器发出“嘟嘟”声

C) 可以设置消息框中显示的按钮的数目

D) 可以设置消息框中显示的图标的类型

3．下列不可以用来创建宏的方法是(　　)。

A) 在数据库设计窗口的宏面板上单击“新建按钮”

B) 执行“文件”→“宏”命令

C) 在窗体的“设计”视图中右击控件，在快捷菜单中选择“事件发生器”命令

D) 执行“插入”→“宏”命令

二、填空题

1．使用________创建宏对象，创建宏时宏窗口中必有________列。

2．在设计宏时，应该先选择具体的宏命令，再设置其________。

3．若要在宏中打开某个窗体，应该使用的宏命令是________。

4．如果要调出宏窗口中的“宏名”列，应该使用的菜单命令是________。

三、简答题

1．什么是宏？使用宏的目的是什么？

2．什么是宏组？创建宏组的目的是什么？

第 9 章　Visual Basic for Application

问题：

1. 什么是对象？
2. 什么是 VBA 模块？

9.1　VBA 概述

VBA(Visual Basic for Application)是微软公司推出的可视化 BASIC 语言，是一种编程简单、功能强大的面向对象开发工具。

同其他任何面向对象的编程语言一样，VBA 里也有对象、属性、方法和事件。对象就是代码和数据的组合，可将它看做单元，例如表、窗体或文本框等都是对象。每个对象由类来定义。属性定义了对象的特性，如大小、颜色、对象状态等。方法是对象能执行的动作，如刷新等。事件是一个对象可以辨认的动作，如单击鼠标或按下某键等，并且可以编写某些代码针对此动作来做出响应。

9.2　VBA 编程基础

9.2.1　VBA 的数据类型

VBA 支持多种数据类型，不同的数据类型有不同的存储空间，对应的数值范围也不同，这为用户进行编程提供了很大的方便。VBA 编程中常用的数据类型以及它们的存储空间和取值范围如表 9.1 所示。

表 9.1　常用变量的数据类型

数据类型	存储空间大小	范　围
Byte(字节型)	1 个字节	0～255
Boolean(布尔型)	2 个字节	True 或 False
Integer(整型)	2 个字节	–32 768～32 767
Long(长整型)	4 个字节	–2 147 483 648～2 147 483 647

续表

数据类型	存储空间大小	范　围
Single(单精度浮点型)	4 个字节	负数时：−3.402 823E38～−1.401 298E−45； 正数时：1.401 298E−45～3.402 823E38
Double(双精度浮点型)	8 个字节	负数时：−1.797 693 134 862 32E308 ～−4.940 656 458 412 47E−324； 正数时：4.940 656 458 412 47E−324 ～1.797 693 134 862 32E308
Currency (货币型)	8 个字节	−922 337 203 685 477.5808 ～ 922 337 203 685 477.5807
Decimal	12 个字节	没有小数点时的数值范围为 +/−79 228 162 514 264 337 593 543 950 335； 小数点右边有 28 位数时的数值范围为 +/−7.922 816 251 426 433 759 354 395 033 5； 最小的非零小数值为 +/−0.000 000 000 000 000 000 000 000 000 1
Date	8 个字节	100 年 1 月 1 日～9999 年 12 月 31 日
Object	4 个字节	任何 Object 引用
String(变长)	10 字节加字符串长度	0～大约 20 亿
String(定长)	字符串长度	1～大约 65 400
Variant(数字)	16 个字节	任何数字值，最大可达 Double 的范围
Variant(字符)	22 个字节加字符串长度	与变长 String 有相同的范围
Type(自定义类型)	所有元素所需数目	每个元素的范围与它本身的数据类型的范围相同

9.2.2　变量声明

变量是内存中用于存储数据的临时存储区域，在使用前必须先声明。在 VBA 应用程序中，可以使用 Dim 来声明变量，其语句的语法格式为

Dim　变量名　[As　类型]

其中各参数的说明如下：

(1) Dim：必需的参数，用于声明变量的语法格式关键字。

(2) 变量名：必需的参数，用于表示变量的名称，要遵循标识符的命名约定。

(3) As：用于声明变量的语法格式关键字。

(4) 类型：可选参数，用于表示变量的数据类型。

注意：变量名必须以字符开头，其最大长度为 255 个字符，变量名中不能包括 +、−、/、*、!、<、>、.、@、&、$ 等字符。变量名中不能含空格，但可以含有下划线(_)。如果在定义变量时省略了“As　类型”，则定义的变量默认为 Variant，即隐式声明变量，例如：

Dim X

当然一个 Dim 语句也可以在一行中定义多个变量，但每个变量之间须用 “,” 隔开。

9.2.3　常量声明

常量是指在程序运行过程中，其值保持不变的量。它可以是数字、字符串，也可以是其他值。如果在程序中经常用到某些值以及一些难以记忆且无明确意义的数值，使用声明常量的方法可以增加程序的可读性，且便于管理和维护。在 VBA 中，通常使用 Const 关键字来声明常量。常量声明的基本格式为

Const 常量名 [As 类型] =表达式

例如：

Const PI As Integer=3.1415926　'声明了一个整型常量 PI，代表的值为 3.1415926

9.2.4　表达式

表达式用来求取一定运算的结果，由变量、常量、函数、运算符和圆括号等构成。VBA 包含丰富的运算符，其中包括算术运算符、比较运算符、连接运算符和逻辑运算符等，通过这些运算符可以完成各种运算。

1．算术运算符

算术运算符具体如表 9.2 所示。

表 9.2　算术运算符

符　号	描　述	实　例
^	求幂	X^3(X 的三次方)
*	乘	X*Y*Z*20
/	除	X/30/Y
\	整除	10\4(等于 2)
Mod	求余	10 Mod 4(余数为 2)
+	加	X+50+Y
−	减	60−X−Y−Z

算术运算符的优先顺序由高到低为 ^、−(负号)、* 或 /、\、Mod、+ 或 − (减号)，优先级高者先进行运算。

2．比较运算符

比较运算符用于两个操作数进行大小比较，若关系成立，则返回值为 True，否则返回 False。VBA 中的比较运算符有 6 个，如表 9.3 所示。

表 9.3　比较运算符

符　号	描　述	实　例
>	大于	6>5
<	小于	6<5
=	等于	6=5
>=	大于等于	6>=5
<=	小于等于	6<=5
<>	不等于	6<>5

3．连接运算符

连接运算符具体如表9.4所示。

表9.4 连接运算符

符号	描述	实例
&	字符串连接	"中国"&2009
+	字符串连接	"中国"+"北京"

4．逻辑运算符

逻辑运算符用于将操作数据进行逻辑运算，返回的结果为True或False，具体如表9.5所示。

表9.5 逻辑运算符

符号	描述	实例
Not	逻辑非，将True变False或将False变True	Not True
And	逻辑与，两边都是真，结果才为真	6>5 And "ab"="bc"
Or	逻辑或，两边有一个是真，结果就为真	6>5 Or "ab"="bc"
Xor	逻辑异或，两边同时为真或同时为假时值为假，否则就为真	6>5 Xor "ab"="bc"
Eqv	等价，两边同时为真或同时为假时值为真，否则就为假	6>5 Eqv "ab"="bc"
Imp	隐含，当左边为真且右边为假时，则值为假	6>5 Imp "ab"="bc"

注意：表达式由各种运算符将变量、常量和函数连接起来构成。但是在表达式的书写过程中要注意运算符不能相邻，乘号不能省略，括号必须成对出现。对于包含多种运算符的表达式在计算时，会按照预定的顺序计算每一部分，这个顺序被称为运算符优先级。各种运算符的优先级顺序从函数运算符、算术运算符、连接运算符、比较运算符到逻辑运算符而逐渐降低。如果表达式中出现括号，则先执行括号内的运算，在括号内部仍按照运算符的优先级顺序进行运算。

9.3 VBA的基本语句

程序是由语句组成的。每个程序语句是由VBA中的关键字、标识符、运算符和表达式等基本元素组成的指令集合。其中关键字可以是If、Dim等，标识符则指程序中用到的各种变量名、对象名和函数名等。每条语句都指明了计算机要进行的具体操作。

按照语句所执行的功能不同分为两大类型：一是声明语句，用于给变量、常量或过程定义命名；二是执行语句，用于执行赋值操作、调用过程、实现各种流程控制。

9.3.1 程序语句的书写

1．VBA代码书写规则

(1) 一般情况下，一行书写一条语句，一行最多可以书写255个字符。若需要在同一行书写多条语句，语句间用冒号“：”隔开；若需要将一条语句分多行书写，则必须在行末加续行符“ _”(空格 + 下划线)。

(2) VBA 代码中不区分字母大小写。除汉字外，全部字符都用半角符号。

(3) 在程序中可适当添加空格和缩进。

(4) 使用程序的注释增加程序的可读性。

2．注释语句

在 VBA 中注释可以加在程序的适当位置，以增加程序的可读性及后期的可维护性。

格式：

```
Rem 注释内容
```

或

```
'注释内容
```

说明：

(1) 在 Rem 关键字与注释内容之间要加一个空格。可以用一个英文单引号来代替 Rem 关键字。

(2) 如果在其他语句行后使用 Rem 关键字，则必须用冒号“:”与前面的语句隔开。若使用英文单引号，则在其他语句之后不必加冒号。例如：

```
Private Sub Test_Click( )
    Dim Str                     : Rem  注释，语句之后要用冒号隔开
    Str= "Guangzhou"            ' 这也是注释。这时，无需使用冒号
End Sub
```

这里，“'”和“:”后开始的字符为注释部分，系统字体显示为绿色。

9.3.2　声明语句

声明语句用于命名和定义常量、变量、数组和过程。在定义了这些内容的同时，也定义了它们的声明周期与作用范围，这取决于定义位置(局部、模块或全局)和使用的关键字(Dim、Public、Static 或 Global 等)。

```
Sub Sample( )
    Dim N As Integer
    SUM = 1
    …
End Sub
```

上述语句定义了一个子过程 Sample。当这个子过程被调用运行时，包含在 Sub 与 End Sub 之间的语句都会被执行。Dim 语句定义了一个名为 SUM 的整型变量。

9.3.3　赋值语句

赋值语句是将指定的值赋给某个变量。

格式：

```
<变量名>=<值或表达式>
```

例如：

```
Dim Num As Integer
Label2.FontSize = 20                    '给变量赋值
```

9.3.4 条件语句

条件语句是一种常用的基本语句，在日常生活和工作中，经常会根据实际情况的不同而选择对事情不同的处理方法。在设计程序时，也存在同样的问题，即根据不同的条件来选择不同的程序处理方式。

条件语句的特点是根据所给条件的成立与否，决定从不同的分支中执行某一分支的相应操作。VBA 提供了多种形式的条件语句。

1. 单行条件语句

单行条件语句比较简单，流程如图 9.1 所示，其语法格式为

If <条件表达式> Then 语句组 1 [Else 语句组 2]

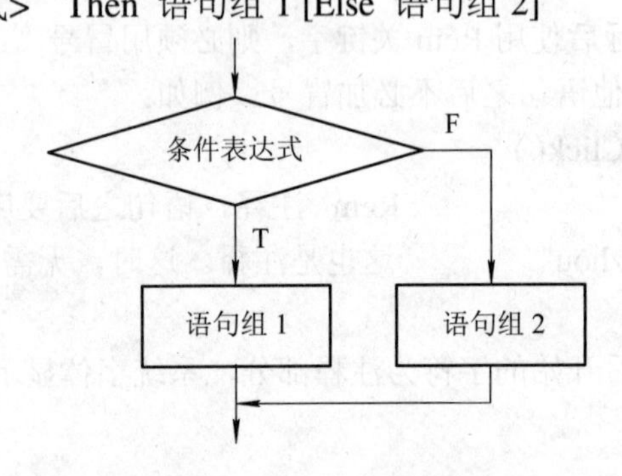

图 9.1　单行条件语句流程

说明：

(1) 条件表达式一般是关系表达式或逻辑表达式，也可以是算术表达式，表达式的值按非零和零转换成 True 或 False。

(2) 单行条件语句的执行过程为：判断条件表达式若为真，则执行语句组 1；否则执行 Else 后面的语句组 2。

(3) 如果没有 Else 语句，在条件表达式为真时执行语句组 1；条件表达式为假时，什么都不做，执行 If 后面的语句。

【例 9.1】 任意输入一个数，判断其奇偶性。

新建一个窗体，在其中添加一个文本框、两个标签、一个命令按钮，如图 9.2 所示。

打开代码编辑窗口，在其中输入如下代码：

```
Private Sub Command1_Click()
    Dim n As Integer
    n = Text0.Value
    Label2.FontSize = 20   '设置判断结果中显示的字体大小为 20
    If n Mod 2 = 0 Then Label2.Caption = "偶数" Else Label2.Caption = "奇数"
End Sub
```

程序运行后，在文本框中任意输入一个数，然后单击“判断”按钮，将显示该数的奇偶性，如图 9.3 所示。

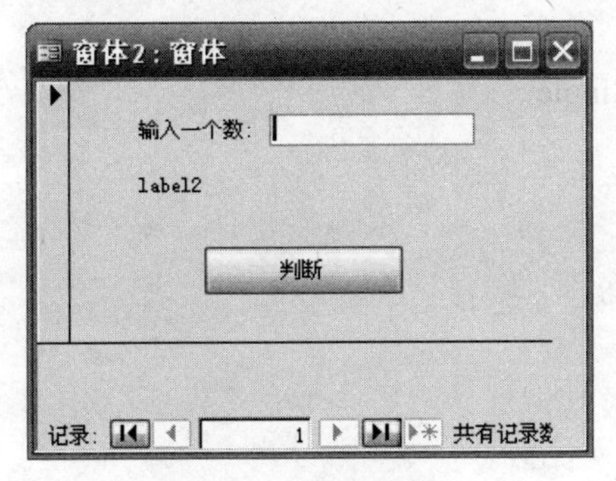

图 9.2　新建窗体

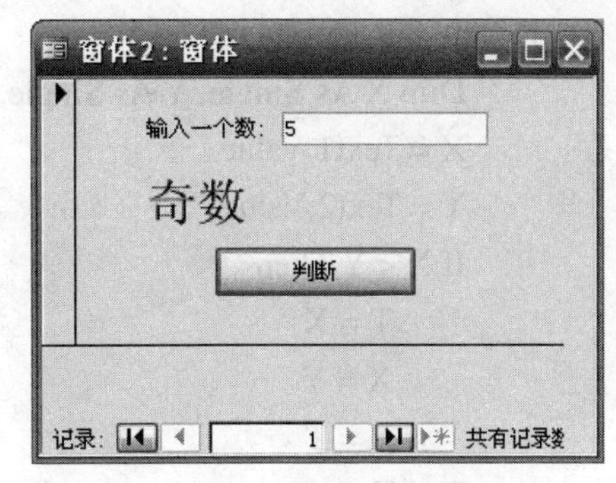

图 9.3　程序运行结果

2．块结构条件语句

使用单行条件语句，可以满足一些选择结构程序设计的需要，但是当 Then 或 Else 部分包含的内容较多时，在一行中就很难写下所有命令。这时，可以使用 VBA 的块结构条件语句，将一个选择结构分多行来写，流程如图 9.4 所示。

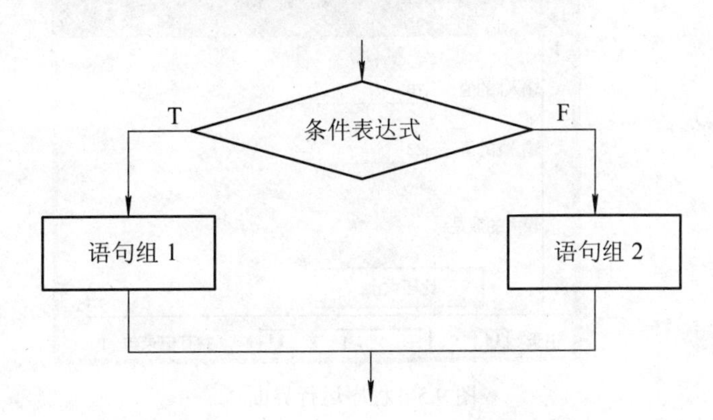

图 9.4　块结构条件语句流程

格式：

```
If  <条件表达式>  Then
    语句组 1
Else
    语句组 2
End If
```

说明：

(1) 在块结构中，If 语句必须是第一行语句。If 块必须以一个 End If 语句结束。

(2) 当程序运行到 If 块时，首先对条件表达式进行测试，如果为真，则执行 Then 之后的语句组 1；如果为假，且有 Else 子句，则执行 Else 之后的语句组 2。执行完后从 End If 之后的语句继续执行。

(3) Else 子句是可选择的。

【例 9.2】 已知两个数 X 和 Y，设计程序，比较它们的大小，并输出较大数。

新建一个窗体，打开代码生成器窗口，在其中输入如下代码：

```
Private Sub Command1_Click()
    Dim X As Single, Y As Single, T As Single
    X = Text1.Value
    Y = Text2.Value
    If X < Y Then
        T = X
        X = Y
        Y = T
    End If
    Label4.Caption = Str(X)
End Sub
```

程序运行后，分别输入 X 和 Y 的值，单击“比较大小”按钮，则输出较大的数，如图 9.5 所示。

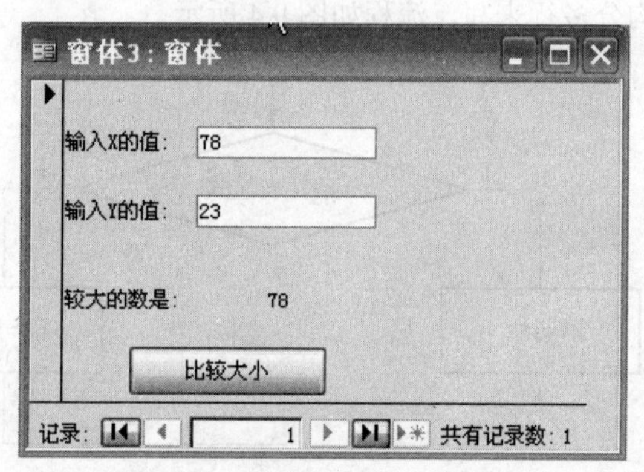

图 9.5　程序运行界面

3. 多分支结构条件语句

无论是单行还是块结构的 If 语句，都只有一个条件表达式，只能根据一个条件来判断程序执行的方向，最多只能有两个分支结构。如果程序稍复杂一些，需要有多个条件表达式进行判断，那么这两种 If 语句结构就显得力不从心了。VBA 提供了多分支的选择结构语句：If…Then…ElseIf 和 Select…Case 语句，使用多分支结构语句可以满足多重条件判断的程序。

1) If…Then…ElseIf 语句

If…Then…ElseIf 语句的流程如图 9.6 所示。

格式：

```
If  <条件表达式 1>  Then
    语句组 1
ElseIf  <条件表达式 2>  Then
    语句组 2
```

```
    …
    [Else
        语句组 n+1]
    End If
```

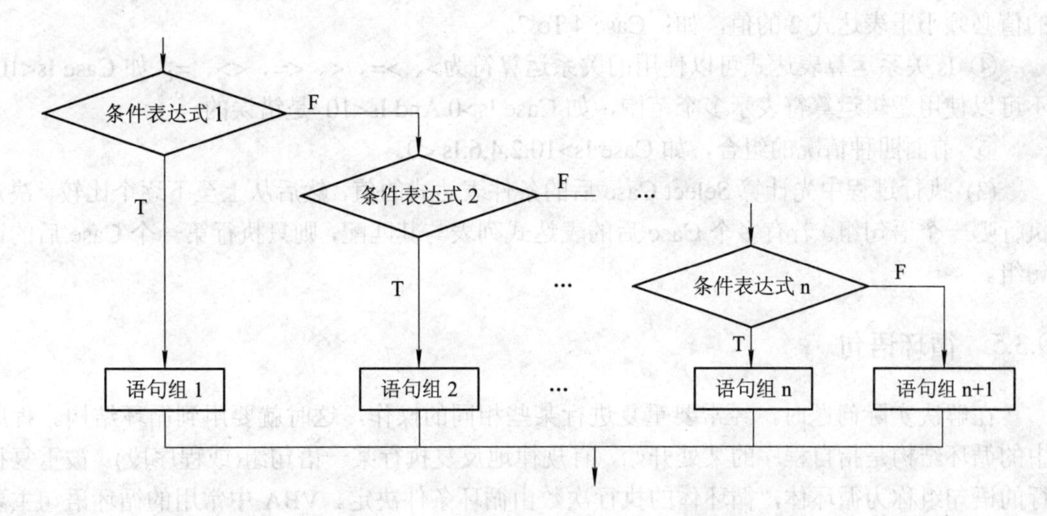

图 9.6 多分支结构条件语句流程

说明：

该语句的功能是根据各个条件表达式的值判断执行哪个语句组，判断的顺序为条件表达式 1、条件表达式 2……，即只有当条件表达式 1 为假时才判断条件表达式 2，当条件表达式 1 和条件表达式 2 都为假时，才判断条件表达式 3。这样，程序执行语句组 n+1 的条件为前 n 个条件表达式均为假。如果所有条件表达式都不为真，则执行 Else 后面的语句。

2) 多分支 Select Case 语句

该语句的功能是：根据“条件表达式”的值，从多个语句块中选择一个符合条件的执行。

格式：

```
    Select Case  <条件表达式>
        Case  表达式列表 1
            语句组 1
        Case  表达式列表 2
            语句组 2
    …
        [Case Else
            <语句组 n+1>]
    End Select
```

说明：

(1) Select Case 后的条件表达式可以是数值或字符串表达式。

(2) 表达式列表一般可以是以下几种形式之一：

① 一个常量或常量表达式。

② 多个常量或常量表达式，用逗号隔开，逗号相当于“或”，只要测试表达式等于其中的某个值就是匹配，如：Case 3,5,7,9。

③ “表达式 1 To 表达式 2”表示从表达式 1 到表达式 2 中所有的值，其中表达式 1 的值必须小于表达式 2 的值，如：Case 4 To 7。

④ Is 关系运算表达式可以使用的关系运算符为>、>=、<、<=、<>、=，如 Case Is<10。不可以使用逻辑运算符表示多个范围，如 Case Is>0 And Is<10 是错误的。

⑤ 前面四种情况的组合，如 Case Is>10,2,4,6,Is <0。

(3) 执行过程中先计算 Select Case 后的条件表达式的值，然后从上至下逐个比较，决定执行哪一个语句组。若有多个 Case 后的表达式列表与其匹配，则只执行第一个 Case 后的语句组。

9.3.5　循环语句

在解决实际问题时，经常要重复进行某些相同的操作，这时就要用到循环结构。程序中的循环结构是指自程序的某处开始，有规律地反复执行某一语句组(或程序段)。被重复执行的语句组称为循环体，循环体的执行次数由循环条件决定。VBA 中常用的循环语句主要有 For…Next、Do While…Loop、For Each…Next 和 While…End 四种。下面介绍最常用的 For…Next 和 Do While…Loop 两种循环。

1．For…Next 循环

如果事先已知循环次数，则可使用 For…Next 循环结构语句，又称这种循环为计数循环。格式：

```
For 循环变量 = 初值 To 终值 [Step 步长]
    语句组(循环体)
Next 循环变量
```

说明：

(1) 循环变量也称为“控制变量”或“循环计数器”，它必须为数值型变量，但不能是下标变量或记录元素。

(2) 初值、终值和步长也必须是数值表达式。其中，步长是指每次循环变量的增量，一般当初值小于终值时，步长应取正数；当初值大于终值时，则步长应取负值。仅当步长为 1 时，Step 步长可以省略。

(3) For 语句和 Next 语句之间的循环体，可以由多条语句构成。其中 Next 表示循环变量取下一个值，即首先完成循环变量的递增操作，循环变量=循环变量+步长，然后再返回至 For 语句行。

(4) For…Next 循环结构语句的执行过程为：进入 For…Next 循环后，首先把初值赋给循环变量，检查循环变量的值是否超过终值，如果超过则停止执行循环体，执行 Next 后面的语句；否则执行一次循环体，然后把“循环变量+步长”的值赋给循环变量，重复上述过程。其对应的流程如图 9.7 所示。

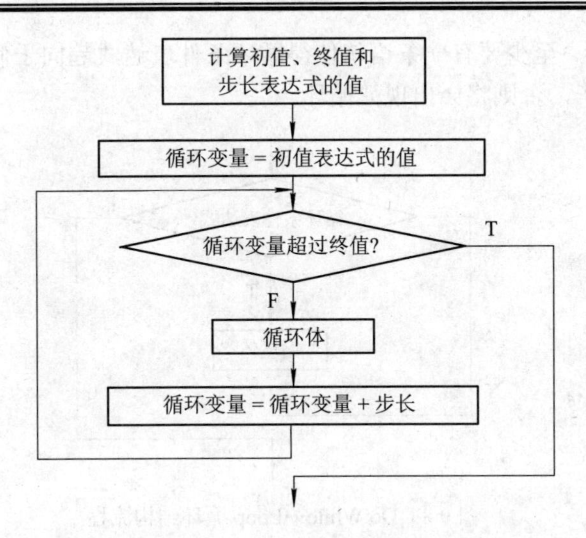

图 9.7　For…Next 循环结构流程

【例 9.3】 用 For…Next 循环结构计算 1+2+…+10 的值。

打开代码编辑窗口，在其中输入如下代码：

```
Sub Sum( )
    Dim N As Integer, SUM As Long
    SUM = 0                  ' 给变量 SUM 赋初值 0
    : Rem  可循环 10 次，每一次循环使变量 N 自动加 1，N 依次取值 1、2、…、10
    For N = 1 To 10
        SUM = SUM + N
    Next N
End Sub
```

2．Do While…Loop 循环

Do While…Loop 循环通常用于循环次数未知的程序中，不过 Do While…Loop 与 For…Next 并无本质区别，仅仅是使用的场合不同，相互可以替代。

格式：

```
Do While  <循环条件表达式>
    语句组(循环体)
Loop
```

其对应的流程如图 9.8 所示。

说明：

(1) 在 Do 语句和 Loop 语句之间的语句即为循环体，循环体可以由若干条语句构成；循环条件表达式通常是一个关系或逻辑表达式，其值为真或假。

(2) 仅当循环条件表达式成立，即为真时，重复执行循环体，否则循环条件表达式不成立，即为假时，结束循环。

(3) 每一次进入循环，总是先判断循环条件表达式是否为真，然后再决定是否进入循环体执行，即循环有可能一次也没进入循环体执行。

(4) 在循环体中，至少要有一条语句使得循环条件表达式趋向于假，即使循环语句在有限的时间内执行完毕，否则将会出现死循环。

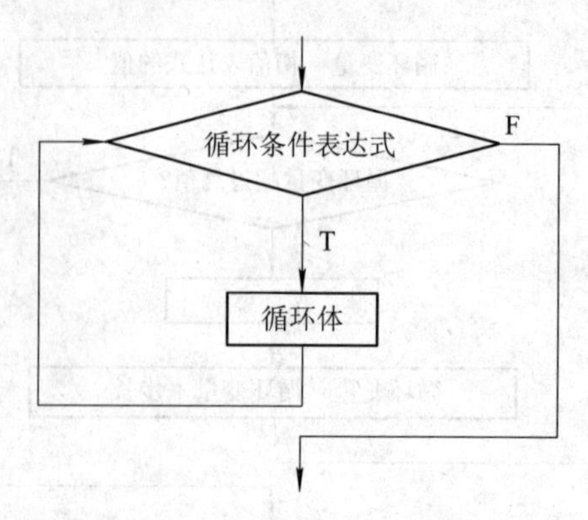

图 9.8　Do While…Loop 循环结构流程

【例 9.4】 用 Do While…Loop 循环结构计算 1+2+3+…+10 的值。

打开代码编辑窗口，在其中输入如下代码：

```
Sub Sum ( )
    Dim SUM As Integer, N As Integer
    SUM = 0
    N = 1
    Do While  N <= 10
        SUM = SUM + N
        N = N + 1
    Loop
End Sub
```

9.4 数　组

在程序设计中，利用简单变量可以解决不少问题。但是仅使用简单变量，必然受到简单变量单独性和无序性的限制，难于解决那些不仅与取值有关而且与其所在位置有关的复杂问题。因此，需要引入功能更强的数据结构——数组。

数组是由一组具有相同数据类型的变量(称为数组元素)构成的集合。

9.4.1 数组的声明

数组声明的一般格式：

Dim 数组名称([索引下界 To] 索引上界)[As 数据类型]

例如：语句

Dim Count(1 To 16) As Integer

声明了具有 16 个元素的整型数组，索引号是 1～16，即变量 Count(1)，Count(2)，Count(3)，…，Count(16)，当缺省索引下界时默认为 0。

例如：语句

```
Dim Student(7) As Long
```

声明了一个具有8个元素的长整型数组，索引号是0～7，各个变量是Student(0)，Student(1)，Student(2)，…，Student(7)。

定义多维数组的格式：

Dim 数组名称([索引下界 To] 索引上界,[索引下界 To] 索引上界…)[As 数据类型]

在VBA中，还允许定义动态数组。创建动态数组的方法是，先使用Dim语句来声明数组，但不指定数组元素个数，而在以后使用ReDim来指定数组元素个数，称为数组重定义。在对数组重定义时，可以使用ReDim后加保留字Preserve来保留以前的值，否则使用ReDim后，数组元素的值会被重新初始化为默认值。例如：

```
Dim Array( ) As Integer          '声明部分
ReDim Preserve Array(10)         '在过程中重定义，保留以前的值
ReDim Array(10)                  '在过程中重新初始化
```

此外，还可以使用Public、Private或Static来声明公共数组、私有数组或静态数组。

9.4.2　数组的使用

数组声明后，数组中的每个元素都可以当作单个变量来使用，其使用方法同相同类型的普通变量。

引用格式：

数组名(索引值表)

例如，可以通过如下语句引用前面定义的数组元素：

```
Count(1)                 '引用一维数组Count的第1个元素
```

9.5　VBA模块

模块是用VBA语言编写的程序代码，它以Visual Basic为内置的数据库程序语言。对于数据库的一些较为复杂或高级的应用功能，需要使用VBA代码编程实现。通过在数据库中添加VBA代码，可以创建出自定义菜单、工具栏和具有其他功能的数据库应用系统。

模块由声明、语句和过程组成。Access有两种基本类型的模块：标准模块和类模块。

可在“数据库”窗口的对象栏中单击“模块”来查看数据库拥有的标准模块。用户可以像创建新的数据库对象一样创建包含VBA代码的标准模块。在“数据库”窗口的对象栏中单击“模块”，然后单击工具栏上的“新建”按钮，可打开VBA编辑器，为数据库创建新的模块对象。也可在Access菜单中执行“插入”→“模块”命令来创建标准模块。

类模块属于一种与某一特定窗体或报表相关联的过程集合，这些过程均被命名为事件过程，作为窗体或报表处理某些事件的方法。

模块都是由一个模块通用声明部分以及一个或多个过程或函数组成的。模块中可以使用的Option语句包括Option Base语句、Option Compare语句、Option Explicit语句以及Option Private语句。

本 章 小 结

本章介绍了 Access 的内置编程语言 VBA 的有关知识，包括 VBA 的数据类型、程序语句和数组等。VBA 程序由模块组成，Access 有两种基本类型的模块：标准模块和类模块。

习　题

一、填空题

1. VBA 的全称是_______。
2. VBA 中的条件语句有______、______、______。
3. 数组声明的一般格式为______。
4. VBA 程序模块有______、______两种基本类型。
5. VBA 程序的多条语句可以写在一行中，其分隔符必须使用符号______。

二、设计题

1. 编写程序，要求：输入一个数，判断其正负。
2. 编写程序，要求：通过输入一个半径值来求该圆的面积。
3. 编写程序，要求：输入两个数 x 和 y，求它们的乘积。
4. 编写程序，要求：计算 1+2+3+…+10 的值。

第 10 章 “教学管理系统”实例

◆◆

问题：

1. 如何创建和设计模块？
2. 怎样集成管理系统？

前面我们讨论了 Access 数据库管理系统的特点、功能，以及相关的概念。例如，如何建立和管理表，如何创建和使用查询，如何设计和应用窗体，以及如何应用宏和 VBA 等内容。学习这些操作的目的是开发和创建数据库应用系统，以真正实现数据的有效管理和应用。本章将简单介绍数据库应用系统的开发理论和方法。

10.1 系统分析和设计

10.1.1 背景概述

某学校教学管理一直采用手工管理方式。建校以来，这种管理方式已经为广大师生所接受，但随着信息时代的到来，人们对信息的需求量越来越大，对信息处理的要求也越来越高，手工管理的弊端日益显露出来。由于管理方式的落后，处理数据的能力有限，工作效率低，不能及时为领导和教师提供所需信息，各种数据得不到充分利用，造成数据的极大浪费。解决这些问题的最好办法是实现教学管理的自动化，用计算机处理来代替手工管理。利用计算机中最为友好、最为方便的 Windows 界面进入系统，使用鼠标、键盘轻松地完成数据的录入、浏览、查询和统计等操作。

10.1.2 功能分析

教学管理系统是一个简单的数据库应用系统，它所要实现的功能如下：

1．学生管理

管理学生的基本资料和成绩，可以浏览、增加、修改和删除学生资料信息和成绩信息。

2．教师管理

管理教师的基本信息以及教师的授课信息，可以浏览、增加、修改和删除教师信息和授课信息。

3. 课程管理

管理课程信息录入、学生选课信息录入以及学生选课信息查询。

虽然该系统从功能上看比较简单，但在这里我们将大量地应用 Access 数据库所提供的基本向导、设计视图、多种控件以及切换面板管理器等，介绍快速创建数据库应用系统的一般步骤和系统集成方法。总之，该实例将汇集 Access 开发简单应用系统的基本方法，具有较强的示范功能。

10.1.3 模块的设计

根据上述的分析，可以将系统的主要功能分解成几个模块，基本设计结构如图 10.1 所示。

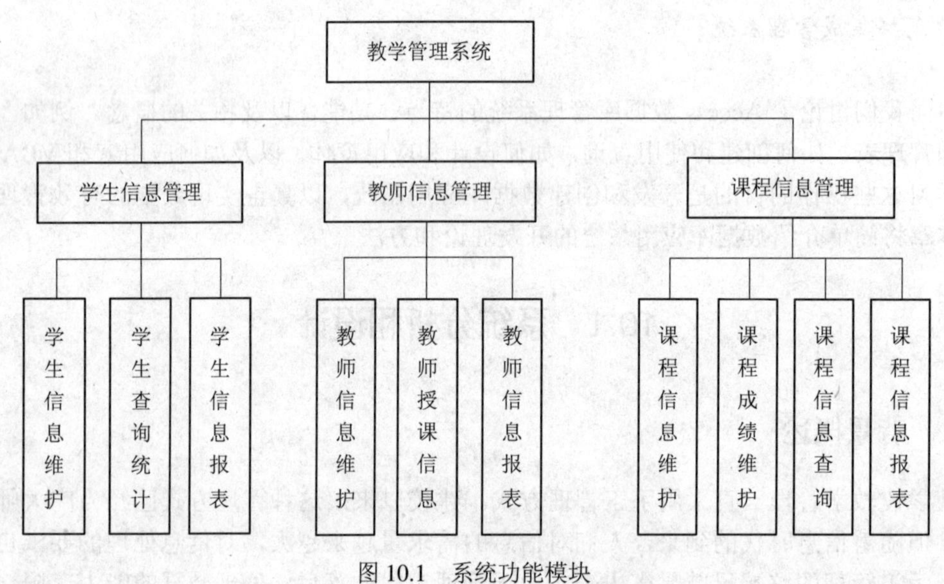

图 10.1 系统功能模块

10.2 数据库设计

使用 Access 数据库管理系统建立应用系统，首先需要创建一个数据库，然后在该数据库中添加所需的表、查询、窗体、报表、宏等对象。

10.2.1 数据库的创建

首先创建“教学管理系统”数据库，然后进行表的设计。其具体操作步骤如下：

(1) 启动 Microsoft Access 2003，出现“Microsoft Access”数据库设计界面。

(2) 单击工具栏上的新建按钮，在 Access 2003 窗体的右边出现“新建文件”任务窗格。

(3) 在“新建文件”任务窗格中选择“空数据库”，弹出“文件新建数据库”对话框。

(4) 在“文件名”文本框中输入“教学管理系统”。

(5) 单击“创建”按钮，完成空数据库的创建。

10.2.2 数据表的逻辑结构设计

根据上述的分析，本系统应该包括教师、课程、授课、选课、学生五个表。各表的逻辑结构设计如下：教师表的逻辑结构设计如表 10.1 所示，课程表的逻辑结构设计如表 10.2 所示，授课表的逻辑结构设计如表 10.3 所示，选课表的逻辑结构设计如表 10.4 所示，学生表的逻辑结构设计如表 10.5 所示。

表 10.1 教师表的逻辑结构

字 段 名	字段类型	格式	索引否	说 明
教师编号	文本	标准	有	教师的编号
姓名	文本	标准	无	教师的姓名
性别	文本	标准	无	教师的性别
职称	文本	标准	无	教师的职称
联系电话	数字	标准	无	教师的联系电话

表 10.2 课程表的逻辑结构

字 段 名	字段类型	格式	索引否	说 明
课程编号	文本	标准	有	课程的编号
课程名称	文本	标准	无	课程的名称
学时	文本	标准	无	课程对应的学时数
学分	文本	标准	无	课程对应的学分
课程性质	数字	标准	无	课程的性质可以是“必修”或“选修”

表 10.3 授课表的逻辑结构

字 段 名	字段类型	格式	索引否	说 明
授课 ID	自动编号	标准	有	授课的编号
课程编号	文本	标准	无	课程的编号
教师编号	文本	标准	无	教师的编号

表 10.4 选课表的逻辑结构

字 段 名	字段类型	格式	索引否	说 明
选课 ID	自动编号	标准	有	选课的编号
学号	文本	标准	无	学生的编号
课程编号	文本	标准	无	课程的编号
成绩	数字	标准	无	某门课的成绩

表 10.5　学生表的逻辑结构

字 段 名	字段类型	格式	索引否	说　明
学号	文本	标准	有	学生的编号
姓名	文本	标准	无	学生的姓名
性别	文本	标准	无	学生的性别
出生日期	日期/时间	标准	无	学生的出生日期
团员否	是/否	标准	无	学生的政治面貌
入校时间	日期/时间	标准	无	学生的入学时间
入学成绩	数字	标准	无	学生的入学成绩
简历	备注	标准	无	学生的简历
照片	OLE 对象	标准	无	学生的照片

10.2.3　创建表间关系

创建表间关系的具体操作步骤如下：

(1) 单击 Access 2003 窗口中菜单栏上的“工具”→“关系”选项，或者直接单击工具栏上的关系按钮，系统弹出如图 10.2 所示的“显示表”对话框和“关系”窗口。

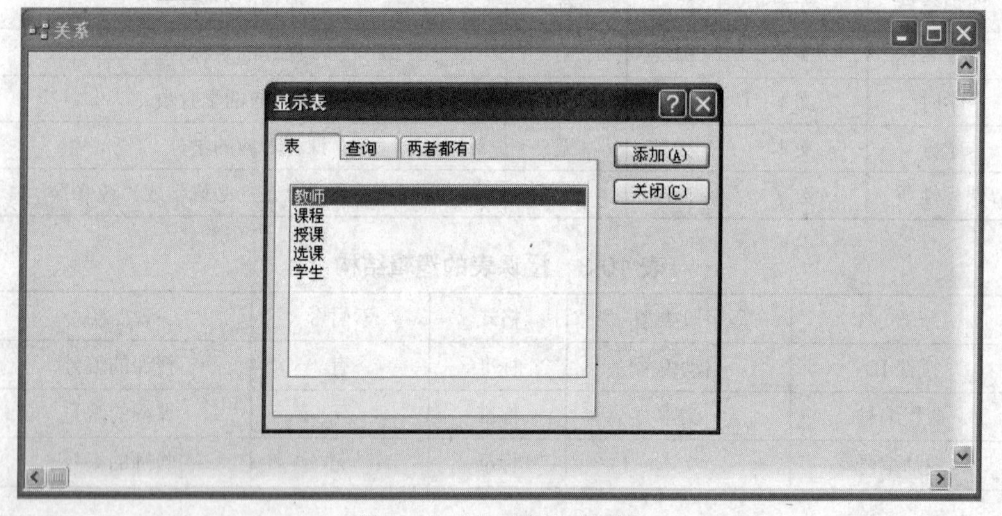

图 10.2　“显示表”对话框

(2) 在“显示表”对话框中，单击“教师”表，然后单击“添加”按钮，接着使用同样方法将“课程”、“授课”、“选课”和“学生”等表添加到“关系”窗口中。单击“关闭”按钮，关闭“显示表”窗口。

(3) 用鼠标从“课程”字段列表中选定“课程编号”字段，按住鼠标左键将其拖动到“选课”字段列表中的“课程编号”字段，然后放开鼠标左键，这时会出现“编辑关系”对话框，如图 10.3 所示。

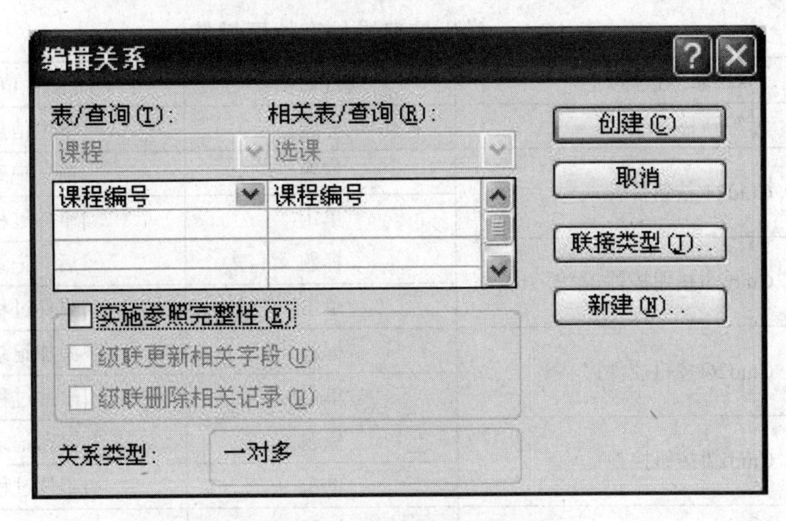

图 10.3　“编辑关系”对话框

(4) 单击“创建”按钮，两个表间就建立了联系。

(5) 用同样的方法创建其他表间的关系，结果如图 10.4 所示。

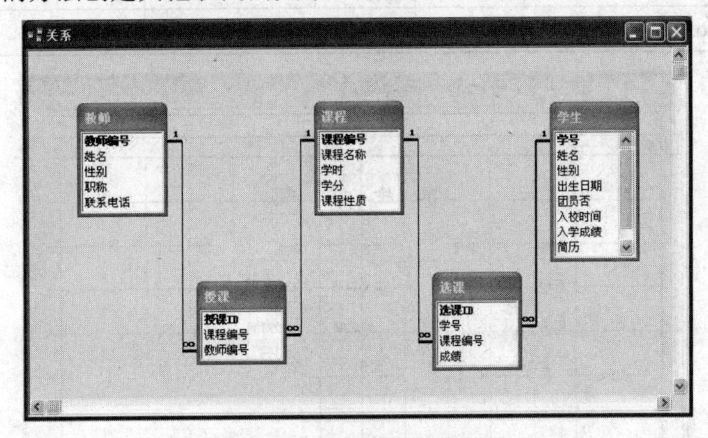

图 10.4　建立表间关系结果

(6) 单击“关闭”按钮![X]，这时 Access 询问是否保存布局的更改，单击“是”按钮。

10.3　系统模块设计

教学管理系统含有 3 个功能模块：学生信息管理模块、教师信息管理模块、课程信息管理模块。

10.3.1　学生信息管理模块的设计

1. 学生信息维护窗体

学生信息维护窗体设计视图中包含的主要控件属性如表 10.6 所示。最终的窗体设计视图如图 10.5 所示。

表 10.6　学生信息维护窗体属性值

对 象 名 称	属性名称	属性值
标签 0(标签控件)	标题	学生信息
Cmd24(按钮控件)	标题	前一记录
	单击	[事件过程]
Cmd25(按钮控件)	标题	后一记录
	单击	[事件过程]
Cmd26(按钮控件)	标题	添加记录
	单击	[事件过程]
Cmd27(按钮控件)	标题	保存记录
	单击	[事件过程]
Cmd28(按钮控件)	标题	退出
	单击	[事件过程]
Box1(矩形控件)		
Box2(矩形控件)		

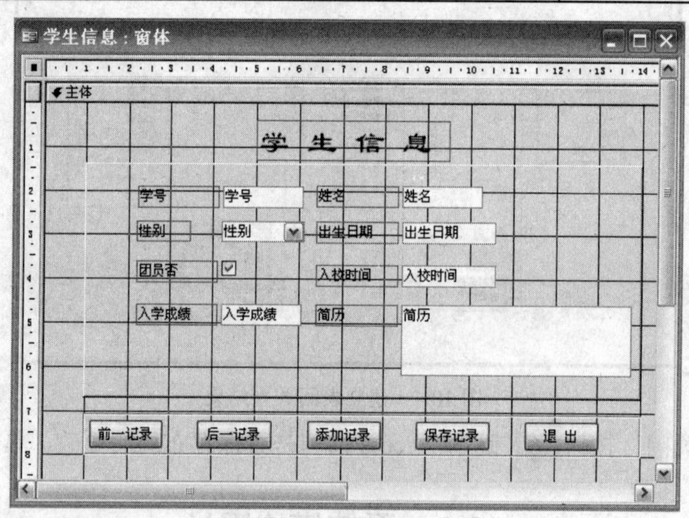

图 10.5　学生信息维护

各功能按钮的事件过程如下：

(1) “前一记录”按钮事件代码：

```
Private Sub Cmd24_Click( )
    On Error GoTo Err_Cmd24_Click
        DoCmd.GoToRecord , , acPrevious
    Exit_Cmd24_Click:
        Exit Sub
    Err_Cmd24_Click:
        MsgBox Err.Description
```

```
        Resume Exit_Cmd24_Click
End Sub
```

(2) “后一记录”按钮事件代码：

```
Private Sub Cmd25_Click( )
    On Error GoTo Err_Cmd25_Click
        DoCmd.GoToRecord , , acNext
    Exit_Cmd25_Click:
        Exit Sub
    Err_Cmd25_Click:
        MsgBox Err.Description
        Resume Exit_Cmd25_Click
End Sub
```

(3) “添加记录”按钮事件代码：

```
Private Sub Cmd26_Click( )
    On Error GoTo Err_Cmd26_Click
        DoCmd.GoToRecord , , acNewRec
    Exit_Cmd26_Click:
        Exit Sub
    Err_Cmd26_Click:
        MsgBox Err.Description
        Resume Exit_Cmd26_Click
End Sub
```

(4) “保存记录”按钮事件代码：

```
Private Sub Cmd27_Click( )
    On Error GoTo Err_Cmd27_Click
        DoCmd.DoMenuItem acFormBar, acRecordsMenu, acSaveRecord, ,
    acMenuVer70
    Exit_Cmd27_Click:
        Exit Sub
    Err_Cmd27_Click:
        MsgBox Err.Description
        Resume Exit_Cmd27_Click
End Sub
```

(5) “退出”按钮事件代码：

```
Private Sub Cmd28_Click( )
    On Error GoTo Err_Cmd28_Click
        DoCmd.Close
    Exit_Cmd28_Click:
        Exit Sub
```

```
    Err_Cmd28_Click:
        MsgBox Err.Description
        Resume Exit_Cmd28_Click
End Sub
```

2. 学生信息查询

1) 学生信息查询设计

首先用查询“设计”视图来设计一个“按学号查找”查询。设计步骤如下：

(1) 在“教学管理系统”数据库窗口，单击“对象”栏中的“查询”，然后单击工具栏上的“新建”按钮，这时会弹出“新建查询”对话框，如图 10.6 所示。

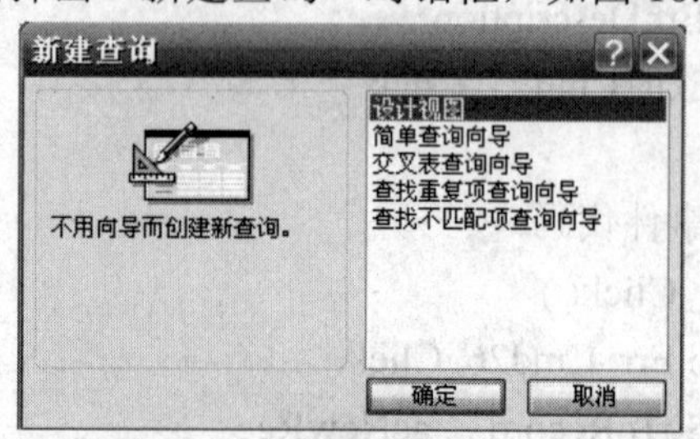

图 10.6　“新建查询”对话框

(2) 在“新建查询”对话框中选择“设计视图”项，然后单击“确定”按钮，这时会出现如图 10.7 所示的对话框。

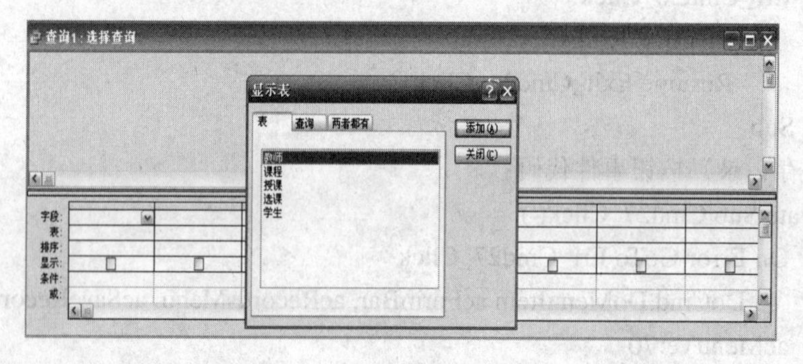

图 10.7　查询“设计”视图

(3) 在“显示表”对话框中单击“表”选项卡，选择“学生”项，然后单击“添加”按钮，再单击“关闭”按钮，将“显示表”对话框关闭，结果如图 10.8 所示。

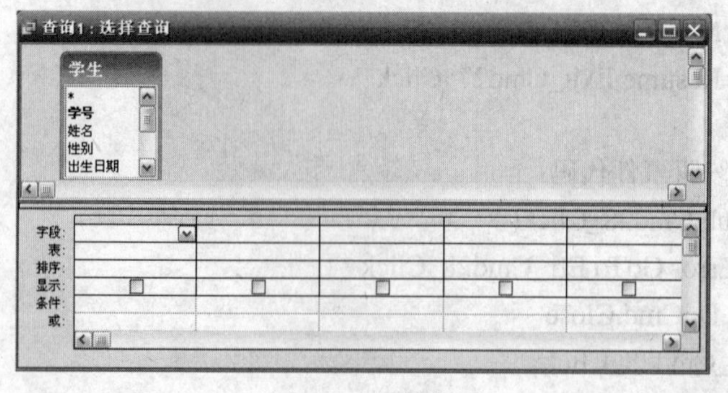

图 10.8　添加表

(4) 首先双击“学生”字段列表中的“*”号，将所有字段添加到查询设计窗口中，然后添加“学号”字段，但“显示”栏中设置为不显示，再于对应的“条件”栏中输入“[请输入学号]”，如图 10.9 所示。

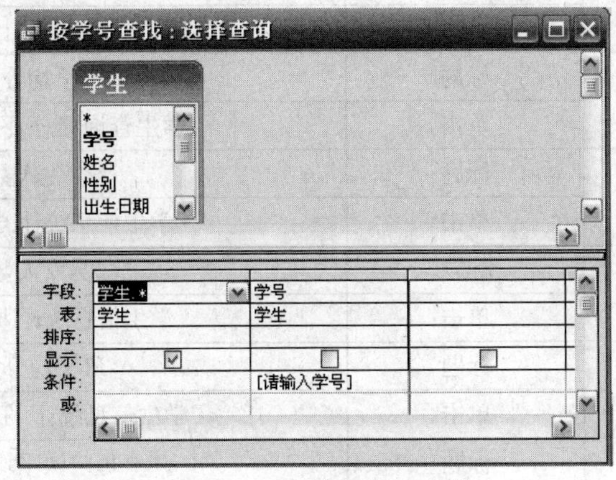

图 10.9 添加字段设置条件

(5) 单击工具栏中的“保存”按钮，在弹出的“保存”窗口中将该查询命名为“按学号查找”。

以相同的方法分别设计按以下条件查找学生基本信息：姓名、学号、90 以上学生信息、不及格学生信息、入学成绩、低于平均分学生、学生人数、男女人数、班平均分数、每门课平均分。

2) 窗体设计

在“学生信息查询统计”窗体的设计视图中包含 1 个标签控件、1 个选项卡控件、3 个列表框控件和 11 个按钮控件，其中的主要控件属性如表 10.7 所示。

表 10.7 “学生信息查询统计”窗体属性值

对象名称	属性名称	属性值
标签 0(标签控件)	标题	学生信息查询统计
列表 2(列表控件)	行来源	学生信息查询
列表 8(列表控件)	行来源	学生成绩查询
列表 10(列表控件)	行来源	学生信息统计
Cmd4	标题	按姓名查
	单击	学生查询.按姓名查
Cmd5	标题	按学号查
	单击	学生查询.按学号查
Cmd6	标题	按入学成绩查
	单击	学生查询.按入学成绩查
Cmd7	标题	不及格学生信息
	单击	学生查询.不及格学生信息

续表

对 象 名 称	属性名称	属 性 值
Cmd8	标题	查 90 以上学生信息
	单击	学生查询.90 以上学生信息
Cmd9	标题	低于平均分学生
	单击	学生查询.低于平均分学生
Cmd10	标题	学生人数
	单击	学生信息统计.学生人数
Cmd11	标题	男女人数
	单击	学生信息统计.男女人数
Cmd12	标题	班平均分数
	单击	学生信息统计.班平均分数
Cmd13	标题	每门课平均分
	单击	学生信息统计.每门课平均分
Cmd14	标题	退出
	单击	[事件过程]

最终的设计视图如图 10.10 所示。

3) 宏设计

在图 10.10 中，当单击“按姓名查”按钮时，需要给出查询的结果，这里使用宏来完成这一操作。具体设计步骤如下：

(1) 在打开的“教学管理”数据库窗口中，单击对象中的“宏”选项。

(2) 单击数据库窗口中的“新建”按钮，弹出如图 10.11 所示的宏“设计”视图，在“设计”视图上方表格中含有“操作”和“注释”两项，在下方可以设置“操作”的参数，当没有设定“操作”时不会显示操作参数设置区域。

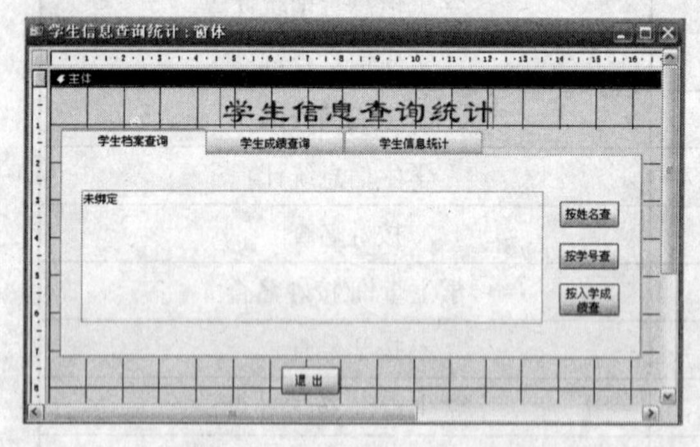

图 10.10　学生信息查询统计

图 10.11　“宏设计”视图

(3) 执行“视图”→“宏名”菜单命令，结果如图 10.12 所示。

这里设置“学生信息查询”和“学生信息统计”两个宏组，其中“学生信息查询”宏组包含 6 个宏，“学生信息统计”宏组包含 5 个宏。宏的最终“设计”视图如图 10.13 和图 10.14 所示。

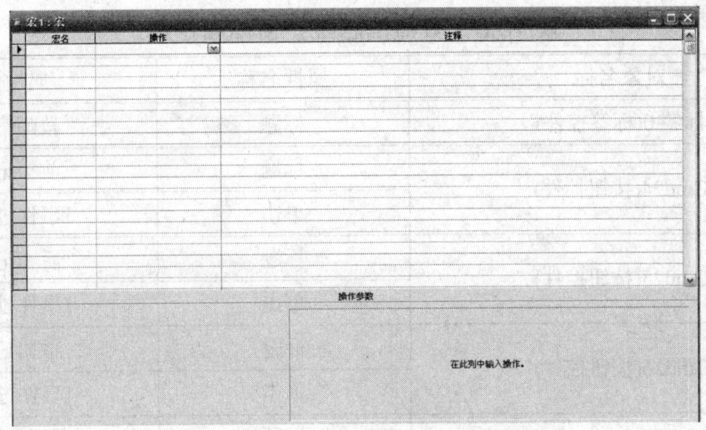

图 10.12 添加了“宏名”的“设计”视图

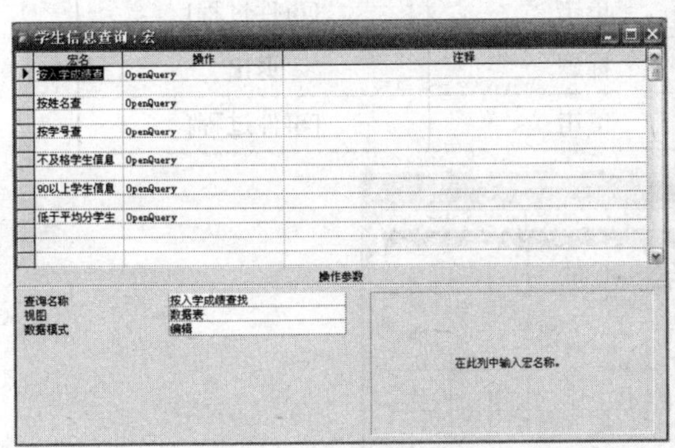

图 10.13 “学生信息查询”宏“设计”视图

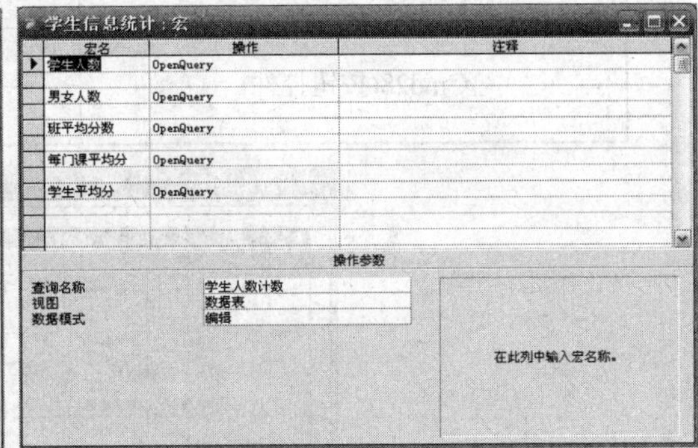

图 10.14 “学生信息统计”宏“设计”视图

4) 报表设计

“学生信息表”报表如图 10.15 所示，“学生课程成绩”报表如图 10.16 所示。

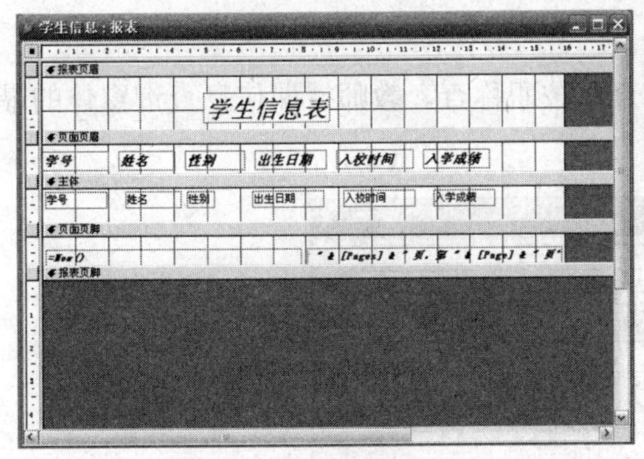

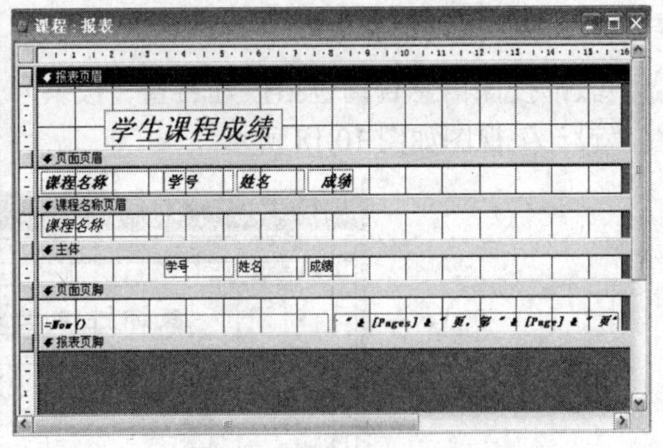

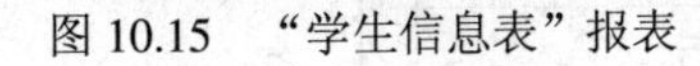

图 10.15 “学生信息表”报表

图 10.16 “学生课程成绩”报表

10.3.2 教师信息管理模块的设计

1. 教师信息维护窗体

教师信息维护窗体“设计”视图中包含的主要控件及其属性如表 10.8 所示。最终的视图如图 10.17 所示。

表 10.8　教师信息维护窗体属性值

对象名称	属性名称	属性值
标签 0(标签控件)	标题	教师信息
Cmd24(按钮控件)	标题	前一记录
	单击	[事件过程]
Cmd25(按钮控件)	标题	后一记录
	单击	[事件过程]
Cmd26(按钮控件)	标题	添加记录
	单击	[事件过程]
Cmd27(按钮控件)	标题	保存记录
	单击	[事件过程]
Cmd28(按钮控件)	标题	退出
	单击	[事件过程]

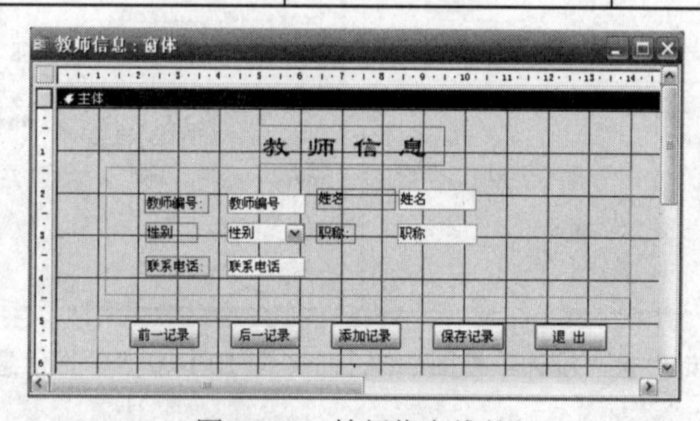

图 10.17　教师信息维护

窗体中各个功能按钮的事件过程代码可参照学生信息维护窗体代码。

2. 教师授课信息查询

教师授课信息查询包括按姓名查、按编号查、按职称查。教师授课信息查询窗体的最终“设计”视图如图 10.18 所示。

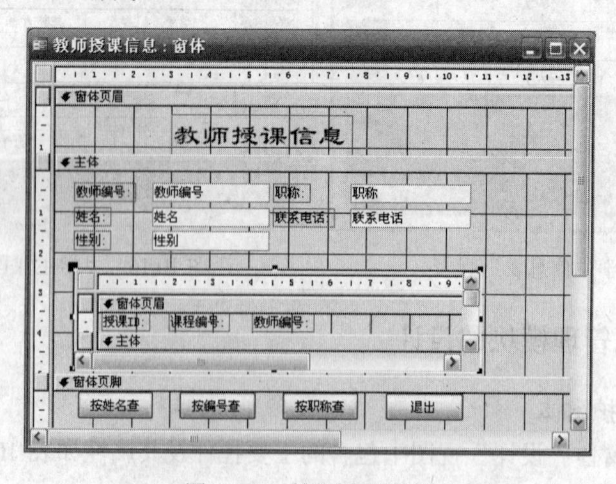

图 10.18　教师授课信息

设计完查询和窗体视图后，需要设计宏来分别执行上面的查询，宏的最终设计视图如图 10.19 所示。

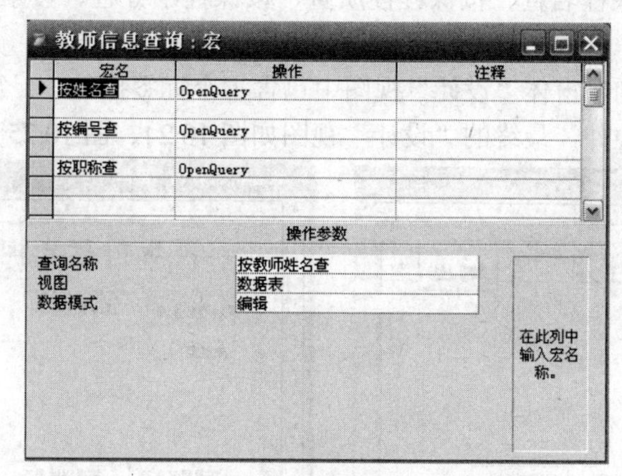

图 10.19 “教师信息查询”宏设计视图

3. 教师信息报表

“教师信息浏览”报表和“教师授课浏览”报表分别如图 10.20 和图 10.21 所示。

图 10.20 “教师信息浏览”报表

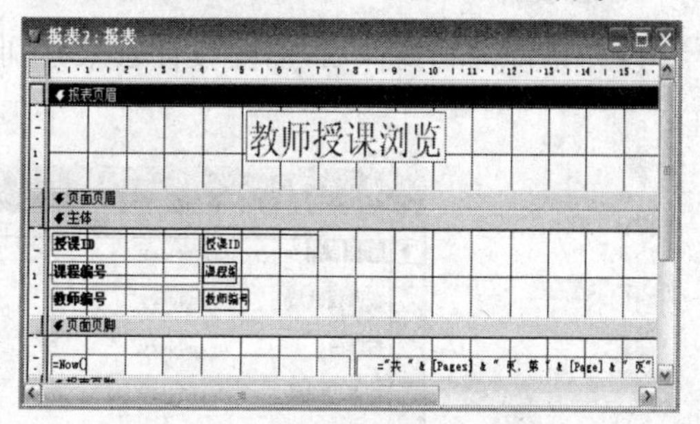

图 10.21 “教师授课浏览”报表

10.3.3 课程信息管理模块的设计

1. 学生成绩维护窗体

学生成绩维护窗体主要用于添加新的学生成绩信息，在该窗体的“设计”视图中包含 4 个标签控件、3 个文本框控件和 3 个按钮控件，最终的“设计”视图如图 10.22 所示。课程信息录入窗体主要用于添加新的学生选课信息，在该窗体的“设计”视图中包含 5 个标签控件、4 个文本框控件和 3 个按钮控件，最终的“设计”视图如图 10.23 所示。

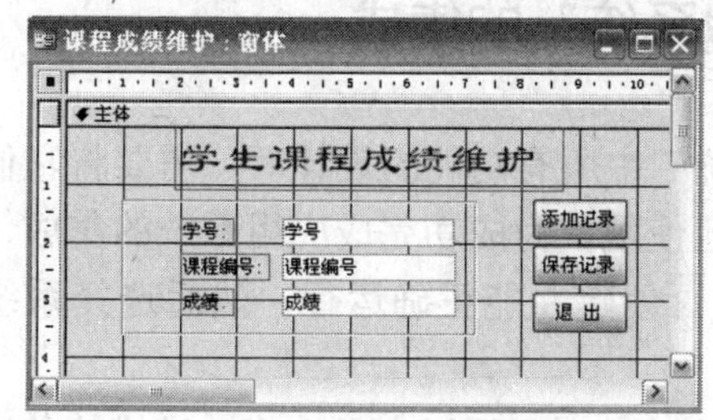

图 10.22 学生成绩维护

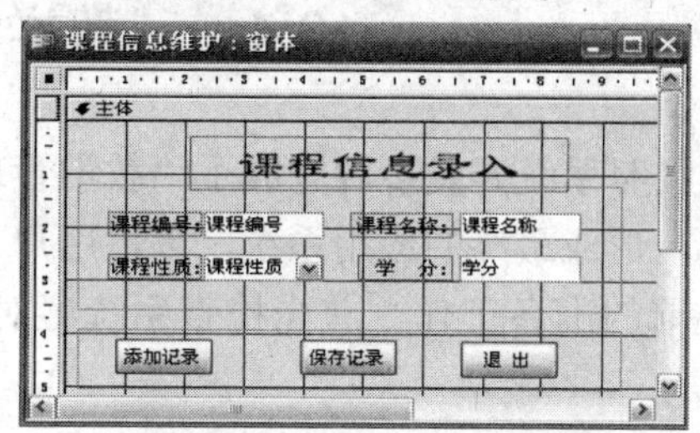

图 10.23 课程信息录入

2. 课程查询

课程查询包括按课程名查、按课程性质查、按课程学分查、按学号查、按学时查。在设计“课程信息查询”窗体之前，需要先设计上面提到的这些查询。

在“课程信息查询”窗体“设计”视图中包含 1 个标签控件、1 个选项卡控件、2 个列表框控件和 7 个按钮控件，最终的“设计”视图如图 10.24、图 10.25 所示。

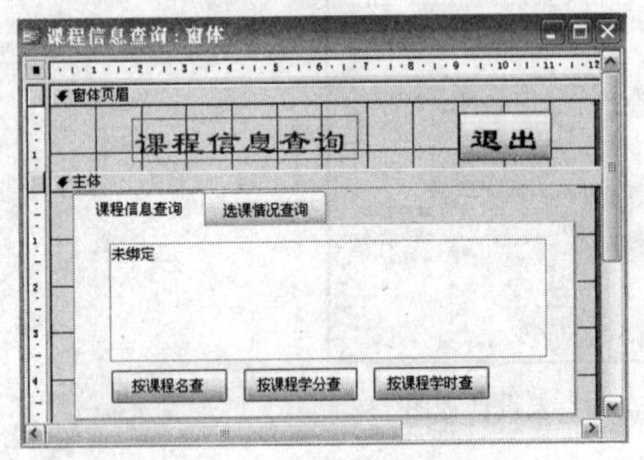

图 10.24　课程信息查询(1)

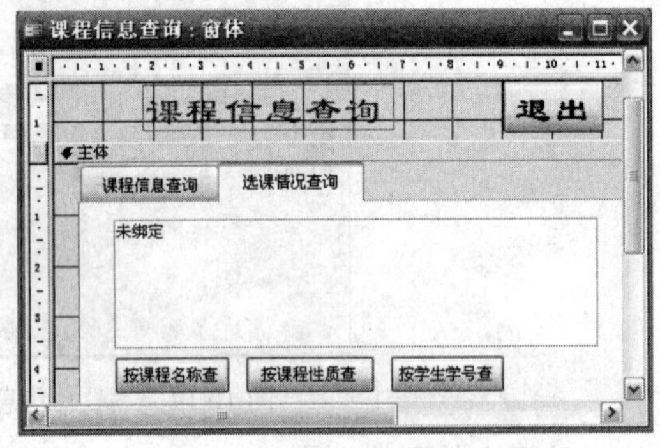

图 10.25　课程信息查询(2)

3. 宏设计

设计完查询和窗体后，需要设计宏来分别执行上面的查询，宏的最终设计视图如图 10.26 所示。

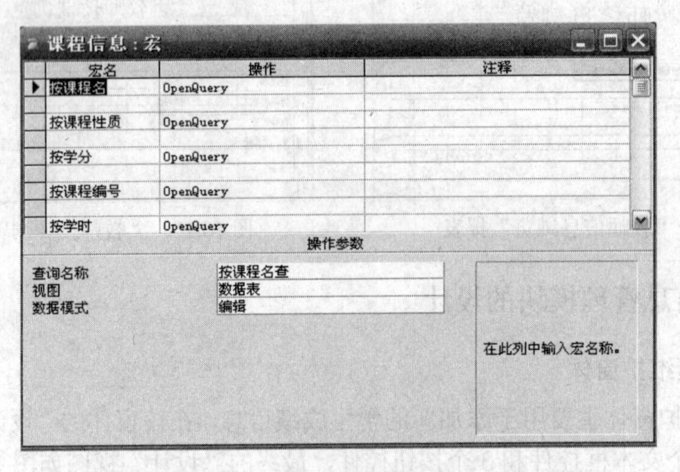

图 10.26　“课程信息”宏“设计”视图

10.4　“教学管理系统”的集成

当按照系统开发步骤完成了“教学管理系统”中所有功能的设计后，需要将它们组合在一起，形成最终的应用系统，以供用户方便地使用。为成功完成应用系统的集成，要做好集成前的准备工作。首先检查系统各对象是否创建并能正确运行，然后选择系统集成方法。

Access 提供了切换面板管理器工具，通过该工具用户可以方便地将已完成的各项功能集成起来。本系统选择此工具来创建应用系统，其具体操作步骤如下：

1. 启动切换面板

(1) 执行“工具”→“数据库实用工具”菜单命令，在弹出的级联菜单中执行“切换面板管理器”命令，系统弹出如图 10.27 所示的提示窗口。

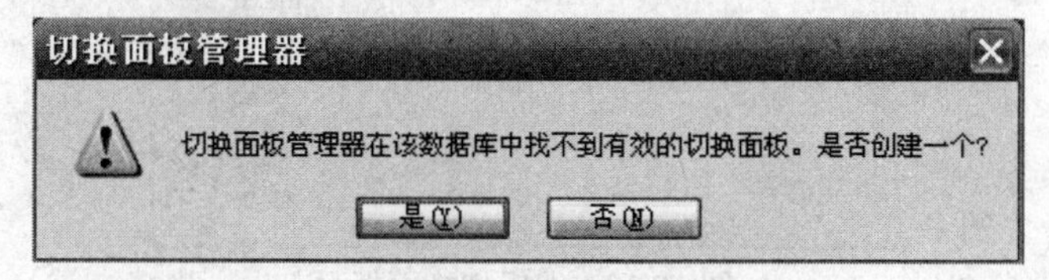

图 10.27 提示窗口

(2) 单击“是”按钮，弹出如图 10.28 所示“切换面板管理器”对话框。

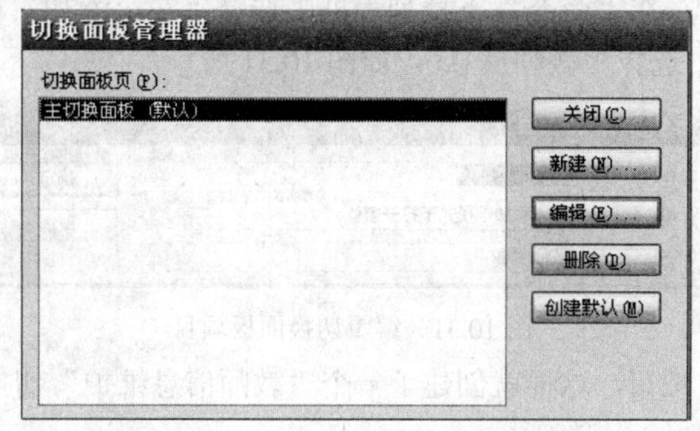

图 10.28 “切换面板管理器”对话框(一)

2. 创建系统新的切换面板页

(1) 在“切换面板管理器”对话框中单击“新建”按钮，弹出 “新建”对话框。

(2) 在“新建”对话框中的“切换面板页”文本框中输入新的切换面板页名称“学生管理”，然后单击“确定”按钮。这时在“切换面板页”列表框中就出现一个名为“学生管理”的切换面板页。

(3) 按照同样的方法创建“教师管理”、“选课管理”的切换面板页，创建后的“切换面板管理器”对话框(二)如图 10.29 所示。

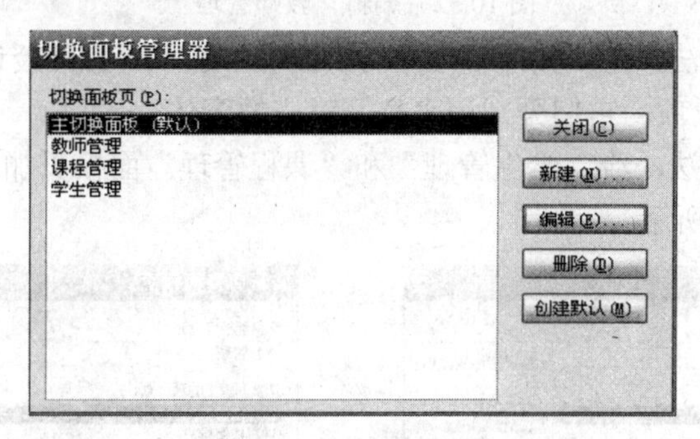

图 10.29 “切换面板管理器”对话框(二)

3. 编辑子切换面板页

(1) 单击“切换面板页”列表中的“教师管理”项，然后单击“编辑”按钮，这时屏幕上弹出“编辑切换面板页”对话框，如图 10.30 所示。

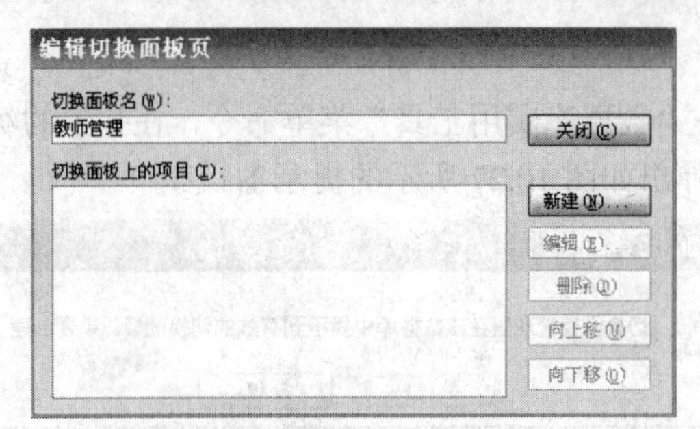

图 10.30　编辑切换面板页

(2) 单击“新建”按钮，弹出“编辑切换面板项目”对话框。在“文本”后的文本框中输入“教师信息维护”，在“命令”下拉列表框中选择“在‘添加’模式下打开窗体”，在“窗体”下拉列表框中选择“教师信息”，如图 10.31 所示。

图 10.31　编辑切换面板项目

(3) 单击“确定”按钮，这样就创建了一个“教师信息维护”切换面板项，如图 10.32 所示。

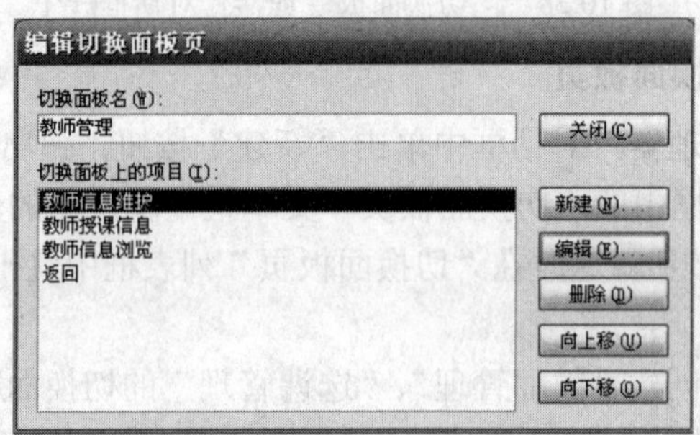

图 10.32　编辑“教师管理”

(4) 使用同样的方法，在“教师管理”切换面板中加入“教师授课信息”、“教师信息浏览”、“返回”切换面板项，它们分别用来打开对应的窗体。

(5) 使用同样的方法，给“学生管理”和“课程管理”面板页加入对应的切换面板项，如图 10.33 和图 10.34 所示。

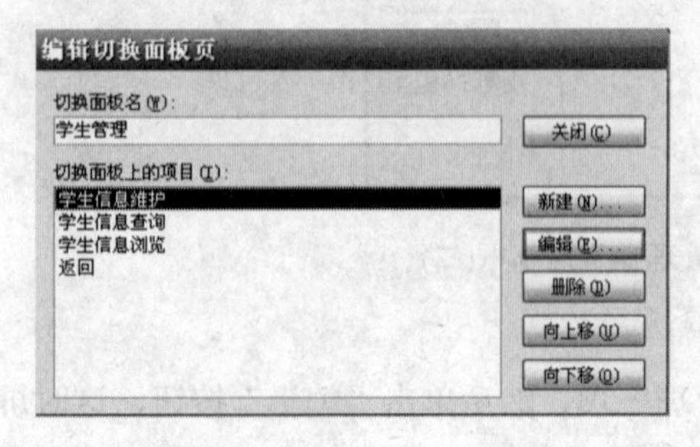

图 10.33　编辑“学生管理”

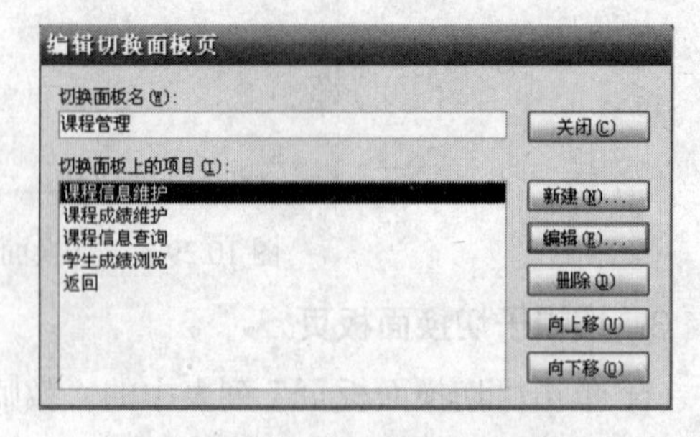

图 10.34　编辑“课程管理”

4．编辑主切换面板

(1) 单击“切换面板页”列表中的“主切换面板(默认)”项，然后单击“编辑”按钮，这时屏幕上弹出“编辑切换面板页”对话框，单击“新建”按钮，弹出“编辑切换面板项目”对话框。

(2) 在“文本”的文本对话框中输入“学生管理”，在“命令”下拉列表框中选择“转至‘切换面板’”，在“切换面板”下拉列表框中选择“学生管理”，如图 10.35 所示。以同样的方法，编辑“课程管理”、“教师管理”的切换面板项目。

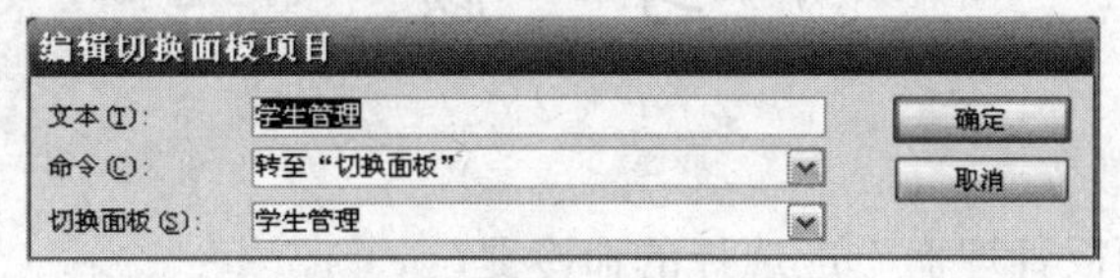

图 10.35　设置“学生管理”

(3) 在默认切换面板上建立一个“退出数据库”切换面板项，退出应用程序。

(4) 单击“关闭”按钮，关闭“切换面板管理器”对话框。

5．启动

(1) 为了便于用户使用该系统，可以将 Access 的启动窗体设为该主切换面板。执行“工具”→“启动”菜单命令，弹出如图 10.36 所示的“启动”窗口。

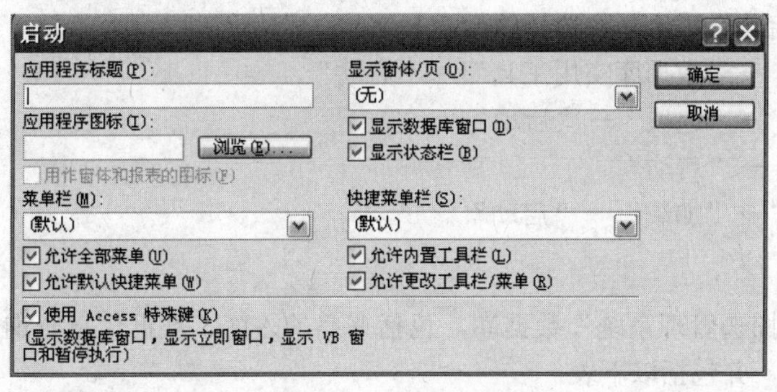

图 10.36　“启动”窗体界面

(2) 在“显示窗体/页”下拉列表框中选择“切换面板”窗体作为启动窗体，单击“确定”按钮即完成设置，如图 10.37 所示。

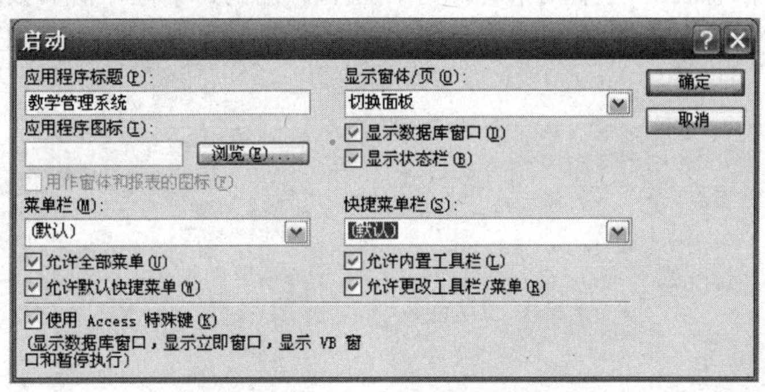

图 10.37　设置启动窗体

至此，该教学管理系统就设计完了。

本 章 小 结

本章实例为一个小型数据库管理系统的全面设计，贯穿了前述各章所学的知识点，归纳了各个主要数据库对象的模块设计，并介绍了该数据库系统集成的方法。

习　题

一、选择题

1. 启动“切换面板管理器”应选择的命令是(　　)。

A) “工具”→“数据库实用工具”→“切换面板管理器”

B) “工具”→“启动”→“切换面板管理器”

C) “工具”→“选项”→“切换面板管理器”

D) “工具”→“加载”→“切换面板管理器”

2. 若将“系统界面”窗体作为系统的启动窗体，应在(　　)对话框中进行设置。

A) 选项　B) 启动　C) 打开　D) 设置

3. 打开“启动”对话框应选择的命令是(　　)。

A) “工具”→“数据库实用工具”→“启动”

B) “工具”→“选项”→“启动”

C) “工具”→“启动”

D) “工具”→“加载”→“启动”

二、设计题

设计一个“图书管理系统”数据库，包括书籍的入库、数据信息查询、书籍借阅情况查询等基本功能，并包括以下表：

(1) 图书基本信息表：图书(图书编号、书号、书名、作者、出版社、定价、库存量、入库时间)。

(2) 读者基本信息表：读者(借书证编号、姓名、性别、单位、借书数量)。

(3) 借书基本信息表：借书(借书证号码、图书编号、借出日期、应还日前、过期天数)。

参 考 文 献

[1] 卢湘鸿，李吉梅，何胜利. Access 数据库技术应用. 北京：清华大学出版社，2007.
[2] 萨师煊，王珊. 数据库系统概论. 北京：高等教育出版社，2000.
[3] 蒋文蓉，肖满生. 数据库应用基础. 北京：高等教育出版社，2004.
[4] 施伯乐，丁宝康. 数据库教程. 北京：电子工业出版社，2004.
[5] Cary N Prague. 中文版 Access 2003 宝典. 赵传启，等译. 北京：电子工业出版社，2004.
[6] 张玲，刘玉玫. Access 数据库技术实训教程. 北京：清华大学出版社，2008.
[7] 赵乃真，等. 信息系统设计与应用. 北京：清华大学出版社，2005.
[8] 周忠荣. 数据库原理与应用(Access). 北京：清华大学出版社，2007.
[9] 李雁翎. 数据库技术与应用(Access). 北京：高等教育出版社，2004.
[10] 肖慎勇，杨博. 数据库技术及其应用(Access 及 Excel). 北京：清华大学出版社，2009.
[11] 刘钢，程克明. Access 数据库程序设计教程. 北京：清华大学出版社，2005.
[12] 张婷，余健. Access 2007 课程设计案例精编. 北京：清华大学出版社，2008.
[13] 郑小玲. Access 数据库实用教程. 北京：人民邮电出版社，2007.
[14] 史令. Access 应用系统的开发. 北京：清华大学出版社，2008.
[15] 全国计算机等级考试教材编写组. 全国计算机等级考试教程二级 Access. 北京：人民邮电出版社，2008.